11—067职业技能鉴定指导书

职业标准·试题库

锅炉受热面安装

（第二版）

电力行业职业技能鉴定指导中心 编

电力工程 锅炉安装专业

中国电力出版社
CHINA ELECTRIC POWER PRESS

内 容 提 要

本《指导书》是按照劳动和社会保障部制定国家职业标准的要求编写的，其内容主要由职业概况、职业技能培训、职业技能鉴定和鉴定试题库四部分组成，分别对技术等级、工作环境和职业能力特征进行了定性描述；对培训期限、教师、场地设备及培训计划大纲进行了指导性规定。本《指导书》自1999年出版后，对行业内职业技能培训和鉴定工作起到了积极的作用，本书在原《指导书》的基础上进行了修编，补充了内容，修正了错误。

试题库是根据《中华人民共和国国家职业标准》和针对本职业（工种）的工作特点，选编了具有典型性、代表性的理论知识（含技能笔试）试题和技能操作试题；还编制有试卷样例和组卷方案。

本《指导书》是职业技能培训和技能鉴定考核命题的依据，可供劳动人事管理人员、职业技能培训及考评人员使用，亦可供电力（水电）类职业技术学校和企业职工学习参考。

图书在版编目（CIP）数据

锅炉受热面安装/电力行业职业技能鉴定指导中心编. —2版. —北京：中国电力出版社，2011.10（2019.8重印）

（职业标准·试题库）

11-067职业技能鉴定指导书

ISBN 978-7-5123-2185-4

Ⅰ.①锅… Ⅱ.①电… Ⅲ.①火电厂-锅炉-受热面-设备安装-职业技能-鉴定-习题集 Ⅳ.①TM621.2-44

中国版本图书馆CIP数据核字（2011）第203878号

中国电力出版社出版、发行

（北京市东城区北京站西街19号 100005 http://www.cepp.sgcc.com.cn）

北京雁林吉兆印刷有限公司印刷

各地新华书店经售

*

2002年1月第一版

2012年3月第二版 2019年8月北京第四次印刷

850毫米×1168毫米 32开本 11印张 279千字

印数10001—11000册 定价**44.00**元

电力职业技能鉴定题库建设工作委员会

主　任：徐玉华

副主任：方国元　王新新　史瑞家　杨俊平
陈乃灼　江炳思　李治明　李燕明
程加新

办公室：石宝胜　徐纯毅

委　员：（按姓氏笔画为序）
马建军　马振华　马海福　王　玉
王中奥　王向阳　王应永　丘佛田
吕光全　朱兴林　刘树林　许佐龙
李　杰　李生权　李宝英　杨　威
杨文林　杨好忠　杨耀福　吴剑鸣
张　平　张龙钦　张彩芳　陈国宏
季　安　金昌榕　南昌毅　倪　春
徐　林　奚　珣　高　琦　高应云
章国顺　谌家良　董双武　景　敏
焦银凯　路俊海　熊国强

第一版编审人员

编写人员：万小红　曹　晖　汪胜年　刘永贵

审定人员：刘明忠　周开山　路兴槟　杜　明

第二版编审人员

编写人员（修订人员）：

张　勇　李金喜　邵顺敏

审定人员：蔡新春　范德煌　李春银

说　明

为适应开展电力职业技能培训和实施技能鉴定工作的需要，按照劳动和社会保障部关于制定国家职业标准，加强职业培训教材建设和技能鉴定试题库建设的要求，电力行业职业技能鉴定指导中心统一组织编写了电力职业技能鉴定指导书（以下简称《指导书》）。

《指导书》以电力行业特有工种目录各自成册，于 1999 年陆续出版发行。

《指导书》的出版是一项系统工程，对行业内开展技能培训和鉴定工作起到了积极作用。由于当时历史条件和编写力量所限，《指导书》中的内容已不能适应目前培训和鉴定工作的新要求，因此，电力行业职业技能鉴定指导中心决定对《指导书》进行全面修编，在各网省电力（电网）公司、发电集团和水电工程单位的大力支持下，补充内容，修正错误，使之体现时代特色和要求。

《指导书》主要由职业概况、职业技能培训、职业技能鉴定和鉴定试题库四部分内容组成。其中，职业概况包括职业名称、职业定义、职业道德、文化程度、职业等级、职业环境条件、职业能力特征等内容；职业技能培训包括对不同等级的培训期限要求，对培训指导教师的经历、任职条件、资格要求，对培训场地设备条件的要求和培训计划大纲、培训重点、难点以及对学习单元的设计等；职业技能鉴定的依据是《中华人民共和国国家职业标准》，其具体内容不再在本书中重复；鉴定试题库是根据《中华人民共和国国家职业标准》所规定的范围和内容，以实际技能操作为主线，按照选择题、判断题、简答题、计算题、识绘图题和论述题六种题型进行选题，并以难易程度组合排列，同时汇集了大量电力生产建设过程中具有普遍代表性和典型性的实际操作试题，构成了各工种的技能鉴定试题库。试题库的深度、广度涵盖了本职业技能鉴定的全部内容。题库之后还附有试卷样例和组卷方案，为实施鉴定命题提供依据。

《指导书》力图实现以下几项功能：劳动人事管理人员可根据《指导书》进行职业介绍，就业咨询服务；培训教学人员可按照《指导书》中的培训大纲组织教学；学员和职工可根据《指导书》要求，制订自学计划，确立发展目标，走自学成才之路。《指导书》对加强职工队伍培养，提高队伍素质，保证职业技能鉴定质量将起到重要作用。

本次修编的《指导书》仍会有不足之处，敬请各使用单位和有关人员及时提出宝贵意见。

电力行业职业技能鉴定指导中心

2008 年 6 月

目　录

1 职业概况

1.1 职业名称

锅炉受热面安装（11-067）。

1.2 职业定义

专门从事火力发电厂锅炉受热面安装及试运的人员。

1.3 职业道德

热爱本职工作，刻苦钻研技术，遵守劳动纪律，爱护工具、设备，安全、文明生产，诚实，团结协作，艰苦朴素，尊师爱徒。

1.4 文化程度

中等职业技术学校毕（结）业。

1.5 职业等级

国家职业资格等级分为初级（五级）、中级（四级）、高级（三级）、技师（二级）、高级技师（一级）共五个等级。

1.6 职业环境条件

室外作业，兼具高空作业内容。主要受室外天气的影响比较大。

1.7 职业能力特征

有领会、理解和应用技术文件的能力，用精练语言进行联系、交流工作的能力，并能准确而有目的地运用数字进行运算，有识绘图的能力。同时应该具有焊接、钳工、起重的能力，并且具有一定的电工、热工仪表等知识和操作技能。

2 职业技能培训

2.1 培训期限

2.1.1 初级工：累计不少于 500 学时。

2.1.2 中级工：在取得初级职业资格的基础上累计不少于 400 标准学时。

2.1.3 高级工：在取得中级职业资格的基础上累计不少于 400 标准学时。

2.1.4 技师：在取得高级职业资格的基础上累计不少于 500 标准学时。

2.1.5 高级技师：在取得技师职业资格的基础上累计不少于 350 标准学时。

2.2 培训教师资格

2.2.1 具有中级以上专业技术职称的工程技术人员和技师可担任初、中级工培训教师。

2.2.2 具有高级以上专业技术职称的工程技术人员和高级技师可担任高级工、技师和高级技师的培训教师。

2.3 培训场地设备

2.3.1 具备本职业（工种）基础知识培训的教室和教学设备。

2.3.2 具有基本技能训练的实习场所及实际操作训练设备。

2.3.3 本厂生产现场实际设备。

2.4 培训项目

2.4.1 培训目的：通过培训达到《职业技能鉴定规范》对本职

业知识和技能的要求。

2.4.2 培训方式：以自学和脱产相结合的方式，进行基础知识讲课和技能训练。

2.4.3 培训重点：

（1）水冷壁、包墙、过热器、再热器、水汽系统等锅炉受热面及系统规范及运行规程。

（2）受热面安装及工艺操作包括：① 锅炉受热面组合；② 锅炉受热面组合吊装；③ 锅炉受热面组合找正；④ 锅炉汽水管道安装。

2.5 培训大纲

本职业技能培训大纲，以模块组合（MES）—模块（MU）—学习单元（LE）的结构模式进行编写，其学习目标及内容见表1，职业技能模块及学习单元对照选择见表2，学习单元名称见表3。

表1 **锅炉受热面安装培训大纲**

模块序号及名称	单元序号及名称	学习目标	学习内容	学习方式	参考学时
MU1 锅炉受热面安装职业道德	LE1 锅炉受热面安装职业道德	通过本单元学习后，了解电力建设锅炉受热面安装人员职业道德规范，并能自觉遵守	1. 热爱祖国，热爱本职工作 2. 刻苦学习，钻研技术 3. 爱护设备、仪表及工器具 4. 团结协作，有奉献精神 5. 遵章守纪，安全、文明施工 6. 尊师爱徒，严守岗位职责	自学	2
MU2 火力发电厂生产、机械制图	LE2 锅炉受热面安装	通过本单元学习之后，看懂一般锅炉受热面设备的构造图、安装图、锅炉总图（纵横剖视图）、管道布置图，并懂得图纸上的符号意义	1. 介绍锅炉原理 2. 介绍受热面设备构造图 3. 学习受热面安装图 4. 学习原则性热力系统图 5. 图纸上符号的学习	讲课	5

续表

模块序号及名称	单元序号及名称	学习目标	学习内容	学习方式	参考学时
MU2 火力发电厂生产、机械制图	LE3 锅炉汽水系统、热力系统	通过本单元学习之后，看懂锅炉汽水系统图、热膨胀系统图、燃油管道系统图等较复杂的设备构造图、施工图	1. 介绍锅炉汽水系统 2. 锅炉热膨胀的基本知识 3. 介绍燃油系统工作原理，初步熟悉设备 4. 学习设备构造图、施工图	讲课	5
	LE4 零件加工	通过本单元学习之后，能绘制一般的零件加工图，按比例绘制较复杂的零件加工图	1. 钳工基本知识 2. 螺纹的有关知识 3. 各种钻头、錾子、刮刀等的淬火及刃磨方法 4. 学习三视图，按比例绘图	讲课及实际操作	10
MU3 锅炉参数及系统	LE5 锅炉参数	通过本单元学习之后，对锅炉参数及其含义有初步的了解	1. 了解锅炉参数的含义 2. 锅炉参数的简单常识	讲课	2
	LE6 锅炉水汽系统	通过本单元学习之后，了解锅炉水汽系统的工作原理	1. 学习锅炉水系统的工作原理 2. 学习锅炉汽系统的工作原理	讲课	4
	LE7 锅炉除渣、除灰、燃油系统	通过本单元学习之后，对锅炉除渣、除灰、燃油系统有比较清楚的了解	1. 了解锅炉除渣系统 2. 了解锅炉除灰系统 3. 了解燃油系统 4. 了解锅炉燃油设备 5. 了解锅炉除渣、除灰设备	讲课及实际操作	5

续表

模块序号及名称	单元序号及名称	学习目标	学习内容	学习方式	参考学时
MU3 锅炉参数及系统	LE8 锅炉辅机	通过本单元学习之后，对锅炉辅机（磨煤机、各类风机等）有大概的了解	1. 各类辅机的工作原理 2. 了解油站、冷却风机的工作原理 3. 了解各类辅机设备 4. 了解各类辅机的运行状态	讲课及实际操作	5
	LE9 锅炉机组	通过本单元学习之后，掌握锅炉机组的工作原理、构造及各部件的名称及作用	1. 学习锅炉机组的工作原理 2. 掌握锅炉机组构成 3. 掌握各部件的名称和作用	讲课	2
	LE10 机组的启停	通过本单元学习之后，掌握锅炉启停的一般程序	1. 熟悉设备运行 2. 学习机组启停条件 3. 了解机组的系统保护	讲课	5
	LE11 锅炉各专业对施工的配合	通过本单元学习之后，掌握锅炉本体设备与锅炉构架、辅助设备配合施工知识	1. 了解锅炉构架 2. 了解锅炉各类辅机设备 3. 了解各设备之间的接口	自学及实际操作	2
MU4 锅炉受热面	LE12 受热面名称、构造、作用	通过本单元学习之后，了解水冷壁、过热器、省煤器、再热器等受热面设备的名称、构造及作用	1. 了解受热面名称的含义 2. 了解单片管排的构造 3. 了解受热面的安装位置 4. 掌握各设备在机组中起的作用	讲课及实际操作	5

续表

模块序号及名称	单元序号及名称	学习目标	学习内容	学习方式	参考学时
MU4 锅炉受热面	LE13 受热面的工作参数	通过本单元学习之后，能掌握受热面设备的工作参数（温度、压力）	1. 了解受热面工作参数的种类 2. 掌握过热蒸汽、再热蒸汽、给水的进出口压力、温度 3. 了解进出口压力的取样点	讲课及实际操作	2
	LE14 设备运行工况	通过本单元学习之后，能掌握各种受热面设备在运行中的工况	了解设备的运行状态	讲课	2
	LE15 系统膨胀	通过本单元学习之后，能掌握各种受热面设备及管道系统膨胀的基本情况	1. 了解受热面设备在大负荷下的膨胀量 2. 了解管道系统膨胀及支吊架情况	讲课	2
	LE16 管道附件安装	通过本单元学习之后，了解法兰、阀门、支吊架、弯头、三通等布置和使用范围	1. 了解阀门、法兰、垫子的安装方法 2. 了解支吊架的设计原理 3. 掌握弯头、三通的布置位置	自学及实际操作	3
	LE17 锅炉附属设备安装	通过本单元学习之后，了解汽包内部装置、吹灰器、燃油装置及水位计等辅助设备的安装方法	1. 了解汽包内部装置及安装方法 2. 了解吹灰器的安装方法、膨胀量及膨胀方向 3. 了解燃油装置、水位计设备及安装要求	讲课及实际操作	3

续表

模块序号及名称	单元序号及名称	学习目标	学习内容	学习方式	参考学时
MU4 锅炉受热面	LE18 锅炉热效率	通过本单元学习，了解锅炉热效率知识	1. 了解锅炉热效率的概念 2. 了解提高锅炉热效率的方法	讲课	2
	LE19 受热面安装	通过本单元学习，掌握锅炉受热面设备组合、安装和整体找正、调整的方法	1. 了解锅炉受热面安装方法、工艺及质量要求 2. 了解受热面安装步骤 3. 了解受热面找正依据、调整方法	讲课及实际操作	6
	LE20 受热面的膨胀	通过本单元学习之后，掌握受热面热膨胀设计的简单计算方法	1. 了解受热面的膨胀方向 2. 学习简单计算热膨胀的方法	讲课	3
	LE21 受热面缺陷处理	通过本单元学习之后，对受热面设备缺陷能提出有效的处理措施	1. 熟悉受热面设备 2. 了解受热面缺陷的种类 3. 了解消除受热面缺陷的方法 4. 学习提出有效的处理措施	讲课及实际操作	2
MU5 工器具及材料	LE22 受热面材质	通过本单元学习之后，了解受热面及其附件的钢材种类及牌号	1. 学习金属材料的基本知识 2. 学习受热面铭牌和标识 3. 掌握受热面各种牌号的含义及其使用范围	自学及讲课	4
	LE23 常用量具的相关知识及使用方法	通过本单元学习之后，能熟练正确使用各种常用量具	1. 常用量具的基本知识 2. 常用量具的使用及保养	讲课及实际操作	2

续表

模块序号及名称	单元序号及名称	学习目标	学习内容	学习方式	参考学时
MU5 工器具及材料	LE24 各种手动、电动、风动工具的相关知识及使用方法	通过本单元学习之后，能正确使用各种手动、电动、风动工具，并进行保养	1. 各种手动、电动、风动工具的基本知识 2. 各种手动、电动、风动工具的使用及保养	讲课及实际操作	2
	LE25 碳钢、合金钢及不锈钢的相关知识及使用范围	通过本单元学习之后，基本分清碳钢、合金钢及不锈钢	1. 了解各类钢材的基本知识 2. 了解各类钢材的使用范围 3. 了解钢材与温度、压力的相关知识	讲课	9
	LE26 各种专用工具的相关知识及使用方法	通过本单元学习之后，熟悉与本工种有关的专用工具、机具及设备厂提供的特殊工具的使用方法和保养方法	1. 与本工种有关的专用工具的使用方法 2. 与本工种有关的专用工具的保养方法	讲课	2
	LE27 较精密量具的使用、维护及保养	通过本单元学习之后，熟悉各种常用安装量具的使用方法、维护及保养	1. 精密量具的基本知识 2. 精密量具的使用方法和范围 3. 量具维护及保养的基本知识	自学及实际操作	4
	LE28 新材料的应用	通过本单元学习之后，了解对本专业提供的新材料的应用	对新工艺、新技术的学习、推广和应用	讲课及实际操作	4

续表

模块序号及名称	单元序号及名称	学习目标	学习内容	学习方式	参考学时
MU5 工器具及材料	LE29 专用工具的使用、维护和保养	通过本单元学习之后，熟悉本专业所用各种专用工具及制造厂提供的专用工具、机具的名称、规格、性能、使用维护和保养方法	1. 学习各类专用工具的基本知识 2. 熟悉各类工具的性能、使用方法和使用范围 3. 了解专用工具的使用维护和保养方法	讲课及实际操作	6
MU6 相关知识	LE30 钳工基本知识及技能	通过本单元学习之后，掌握钳工的基本知识，能进行钳工简单计算，能进行锉、錾、刮、钻、锻打、攻丝等实际操作	1. 钳工基本知识 2. 螺纹的有关知识 3. 各种钻头、錾子、刮刀等的淬火及刃磨方法 4. 锉、錾、刮、钻、锻打、攻丝等的实际操作 5. 进行简单机械的检修和测量	讲课及实际操作	2
	LE31 电焊、气焊基本知识	通过本单元学习之后，了解电、气焊的基本概念及相关知识，能进行简单的电焊操作，能进行火焰切割	1. 焊接基本知识 2. 热处理的简单知识 3. 火焰切割操作 4. 点焊操作 5. 普通材料的焊接	讲课	4
	LE32 电工基本知识	通过本单元学习之后，了解电工的基本概念，电路、电动机的基础知识	1. 直流电、交流电，电路的串、并联等基本概念 2. 电路的基本知识 3. 电动机的基本知识及控制保护	讲课	2

续表

模块序号及名称	单元序号及名称	学习目标	学习内容	学习方式	参考学时
MU6 相关知识	LE33 热工基本知识	通过本单元学习之后，了解热工控制及保护的基本知识；了解认识常用热工仪表；掌握常用法定计量单位的知识及换算方法	1. 热工的基本知识 2. 热工监测系统的概念及基本知识 3. 常用热工仪表的类型及作用 4. 锅炉控制和保护的基础知识 5. 法定计量单位的使用方法	讲课	4
	LE34 金属材料基本知识	通过本单元学习之后，了解金属材料的基本知识	1. 常用金属材料的基本知识 2. 金属检验的目的、概念及常用方法	讲课	2
	LE35 起重基本知识及简单技能	通过本单元学习之后，熟悉起重的基本知识，掌握吊装指挥信号，能进行一般的起重作业	1. 起重基本知识 2. 钢丝绳的基本知识及钢丝绳受力的计算 3. 链条葫芦的基本知识 4. 本工种常用起重设备及机械的基本知识 5. 一般起重作业操作	讲课及实际操作	2
	LE36 化学清洗药剂的性能和使用	通过本单元学习之后，掌握化学清洗药剂的性能和使用知识	1. 了解锅炉化学清洗的基本知识 2. 了解锅炉化学清洗药剂的基本知识 3. 了解化学药剂的使用方法	讲课	4

续表

模块序号及名称	单元序号及名称	学习目标	学习内容	学习方式	参考学时
MU7 安装工艺	LE37 受热面的前期准备	通过本单元学习之后，熟悉受热面设备清点、分类、检查	1. 了解根据图纸对设备进行清点编号 2. 了解根据施工项目或安装顺序的不同进行的准备 3. 对受热面外观工艺质量进行检查	讲课及实际操作	1
	LE38 受热面通球	通过本单元学习之后，根据施工规范，能对受热面设备及附属管道进行通球，并能掌握通球的球径标准	1. 学习《电力建设施工及验收技术规范》和《火电施工质量检验及评定标准》 2. 根据规范，能初步计算受热面设备及管道通球的球径标准	讲课及自学	1
	LE39 受热面组合	通过本单元学习之后，能对简单的组件进行组合、对口	1. 了解受热面组合的一般程序 2. 了解受热面对口的操作步骤	讲课及实际操作	2
	LE40 汽包、联箱划线、找正	通过本单元学习之后，掌握汽包、联箱划线、就位找正的步骤和方法	1. 学习汽包、联箱划线的内容、步骤和方法 2. 学习汽包、联箱就位找正的基本知识，找正达到的规范要求	讲课	3
	LE41 管排校正	通过本单元学习之后，初步掌握单管、管排局部弯曲（变形）的校正方法	1. 单管、管排弯曲度的测量 2. 学习校正单管、管排弯曲（变形）方法 3. 校正后的检查、验收	讲课及实际操作	2

续表

模块序号及名称	单元序号及名称	学习目标	学习内容	学习方式	参考学时
MU7 安装工艺	LE42 受热面缺陷	通过本单元学习之后，掌握处理受热面设备缺陷的方法和要求	1. 学习受热面缺陷内容的基本知识 2. 掌握处理受热面缺陷的要求及方法 3. 掌握处理受热面缺陷的工艺要求及方法	自学及实际操作	4
	LE43 受热面组合支架的搭设	通过本单元学习之后，掌握搭设受热面组合支架的知识	1. 学习受热面组合支架搭设的基本要求 2. 学习受热面组合支架搭设对高度、平整度以及支座布置的基本知识	自学及实际操作	2
	LE44 弯头的配制	通过本单元学习之后，能配制DN50以下弯头，并能按图进行配制，安装附属管道	1. 学习DN50以下弯头配制的基本知识 2. 学习配制弯头的方法和工艺 3. 通过学习能按图进行配制，正确安装附属管道	讲课、自学及实际操作	2
	LE45 主要设备检修、安装	通过本单元学习之后，具有解决施工及分部试运中一般技术问题和排除一般故障的能力	1. 了解分部试运一般存在的技术问题 2. 掌握排除一般技术问题的方法及专业知识	讲课及实际操作、自学	2
	LE46 锅炉水压、酸洗	通过本单元学习之后，掌握锅炉水压试验、化学清洗、冲管的方法和步骤	1. 了解锅炉水压试验酸洗及冲管的范围 2. 掌握锅炉水压试验、化学清洗及冲管的步骤、方法 3. 掌握检验及评定标准、验收规范	讲课及实际操作	4

续表

模块序号及名称	单元序号及名称	学习目标	学习内容	学习方式	参考学时
MU7 安装工艺	LE47 锅炉的调试和试运	通过本单元学习之后，初步了解锅炉调试、试运的基本知识，解决施工、试运中较复杂的工艺和技术问题	1. 了解各系统的调试、试运知识 2. 熟悉锅炉机组的试运情况 3. 学习锅炉机组安装工序、工艺和技术要求	讲课	2
	LE48 安全阀整定	通过本单元学习之后，了解锅炉常用的安全阀起跳、回座压力的调整工作	1. 了解安全阀整定的时间、工序及整定压力 2. 了解安全阀的回座压力	讲课及实际操作	2
MU8 质量、安全与施工技术管理	LE49 《电力建设施工及验收技术规范》及火电施工验收标准	通过本单元学习之后，熟悉与本工种有关的规范及验标要求，并在施工中能严格遵守	1.《电力建设施工及验收技术规范》与本工种有关的知识 2. 火电施工验收标准与本工种有关的知识	讲课	10
	LE50 电建安全规程及消防规程与本工种相关的知识	通过本单元学习之后，掌握与本工种相关的安全知识、消防知识，并在实际施工中自觉遵守，根据安全规程制订所施工项目的安全措施	1.《电业安全工作规程（热力机械部分）》的相关知识 2. 消防规程的相关知识	讲课及实际操作	10

续表

模块序号及名称	单元序号及名称	学习目标	学习内容	学习方式	参考学时
MU8 质量、安全与施工技术管理	LE51 施工、设备缺陷处理、质量验收签证记录的填写	通过本单元学习之后，能正确、完整地填写所施工项目的技术记录；能正确、完整地收集、整理、填写设备缺陷处理记录和质量验收签证	1. 了解需要填写的内容及要求 2. 记录必须完整、真实	讲课及实际操作	5
	LE52 安全措施的编写及施工项目的总结	通过本单元学习之后，结合本专责施工特点，制订特殊施工的安全措施并组织实施；编写本专责施工项目的总结报告	1. 学习编制措施的方法和要求 2. 学习措施的组织实施知识 3. 施工项目的总结要客观，具有可借鉴性	讲课	4
	LE53 施工项目工、料预算的编制	通过本单元学习之后，可以按图纸编制本专责施工项目的工、料预算	1. 熟悉图纸，掌握图纸中各种材料的分类 2. 学习预算的编制方法	讲课、自学及实际操作	6

表 2

职业技能模块及学习单元对照选择表

模块		MU1	MU2	MU3	MU4	MU5	MU6	MU7	MU8		
内容		锅炉受热面安装职业道德	火力发电厂生产、机械制图	锅炉参数及系统	锅炉受热面	工器具及材料	相关知识	安装工艺	质量、安全与施工技术管理		
参考学时		1	20	25	30	33	20	27	25		
适用等级		初级 中级 高级 技师 高技	初级 中级 高级 技师 高技	初级 中级 高级 技师 高技	初级 中级 高级 技师 高技	初级 中级 高级 技师 高技	初级 中级 高级 技师 高技	初级 中级 高级 技师 高技	初级 中级 高级 技师 高技		
学习单元LE序号选择	初	1	1，2	3，4，5，6，7，8	11，13，14，15，16，17，18，19	20，21，22，23，24，25，27	28，29，30，31	32，33，34，35，36，37，38，39，40，41	42		49，50，51，52，53
	中	1	1，2	3，4，5，6，7，8，9	11，12，13，14，15，16，17，18，19	21，21，22，23，24，25，26，27	28，29，30，31	32，33，34，35，36，37，38，39，40，41	42，43，44，45，46		49，50，51，53，53
	高	1	1，2	3，4，5，6，7，8，9，10	11，12，13，14，15，16，17，18，19	20，21，22，23，24，25，26，27	28，29，30，31	32，33，34，35，36，37，38，39，40，41	42，43，44，45，46，47	48	49，50，51，52，53
	技师	1	1，2	3，4，5，6，7，8，9，10	11，12，13，14，15，16，17，18，19	20，21，22，23，24，25，26，27	28，29，30，31	32，33，34，35，36，37，38，39，40，41	42，43，44，45，46，47	48	49，50，51，52，53
	高级技师	1	1，2	3，4，5，6，7，8，9，10	11，12，13，14，15，16，17，18，19	20，21，22，23，24，25，26，27	28，29，30，31	32，33，34，35，36，37，38，39，40，41	42，43，44，45，46，47	48	49，50，51，52，53

表 3　　学习单元名称表

单元序号	单 元 名 称	单元序号	单 元 名 称
LE1	锅炉受热面安装工职业道德	LE28	新材料的应用
LE2	锅炉受热面安装	LE29	专用工具的使用、维护和保养
LE3	锅炉汽水系统、热力系统	LE30	钳工基本知识及技能
LE4	零件加工	LE31	电焊、气焊基本知识
LE5	锅炉参数	LE32	电工基本知识
LE6	锅炉水汽系统	LE33	热工基本知识
LE7	锅炉除渣、除灰、燃油系统	LE34	金属材料基本知识
LE8	锅炉辅机	LE35	起重基本知识及简单技能
LE9	锅炉机组	LE36	化学清洗药剂的性能和使用
LE10	机组的启停	LE37	受热面的前期准备
LE11	锅炉各专业对施工的配合	LE38	受热面通球
LE12	受热面名称、构造、作用	LE39	受热面组合
LE13	受热面的工作参数	LE40	汽包、联箱划线、找正
LE14	设备运行工况	LE41	管排校正
LE15	系统膨胀	LE42	受热面缺陷
LE16	管道附件安装	LE43	受热面组合支架的搭设
LE17	锅炉附属设备安装	LE44	弯头的配制
LE18	锅炉热效率	LE45	主要设备检修、安装
LE19	受热面安装	LE46	锅炉水压、酸洗
LE20	受热面的膨胀	LE47	锅炉的调试和试运
LE21	受热面缺陷处理	LE48	安全阀整定
LE22	受热面材质	LE49	《电力建设施工技术及验收规范》及火电施工验收标准
LE23	常用量具的相关知识及使用方法	LE50	电建安全规程及消防规程与本工种相关的知识
LE24	各种手动、电动、风动工具的相关知识及使用方法	LE51	施工、设备缺陷处理、质量验收签证记录的填写
LE25	碳钢、合金钢及不锈钢的相关知识及使用范围	LE52	安全措施的编写及施工项目的总结
LE26	各种专用工具的相关知识及使用方法	LE53	施工项目工、料预算的编制
LE27	较精密量具的使用、维护及保养		

3 职业技能鉴定

3.1 鉴定要求

鉴定内容和考核双向细目表按照本职业（工种）《中华人民共和国职业技能鉴定规范·电力行业》执行。

3.2 考评人员

考评人员是在规定的工种（职业）、等级和类别范围内，依据国家职业技能鉴定规范和国家职业技能鉴定试题库电力行业分库试题，对职业技能鉴定对象进行考核、评审工作的人员。

考评人员分考评员和高级考评员。考评员可承担初、中、高级技能等级鉴定；高级考评员可承担初、中、高级技能等级和技师、高级技师资格考评。其任职条件是：

3.2.1 考评员必须具有高级工、技师或者中级专业技术职务以上的资格，具有 15 年以上本工种专业工龄；高级考评员必须具有高级技师或者高级专业技术职务的资格，取得考评员资格并具有 1 年以上实际考评工作经历。

3.2.2 掌握必要的职业技能鉴定理论、技术和方法，熟悉职业技能鉴定的有关法律、法规和政策，有从事职业技术培训、考核的经历。

3.2.3 具有良好的职业道德，秉公办事，自觉遵守职业技能鉴定考评人员守则和有关规章制度。

鉴定试题库

4

4.1 理论知识（含技能笔试）试题

4.1.1 选择题

下列每题都有四个答案，其中只有一个正确答案，将正确答案填入括号内。

La5A1001 螺纹按其旋向不同可分为右旋螺纹和左旋螺纹两种，最常用的是（A）。

（A）右旋螺纹；（B）左旋螺纹；（C）均不是；（D）两个都是。

La5A1002 100kgf 等于（B）N。

（A）100；（B）980；（C）100/9.8；（D）98。

La5A1003 普通碳素钢丝塑性和韧性比优质碳素钢（B）。

（A）大；（B）小；（C）差不多；（D）不确定。

La5A1004 物质由汽态转变为液态的过程叫（C）。

（A）汽化；（B）蒸发；（C）液化；（D）凝结。

La5A1005 滚动轴承比乌金瓦轴承散热条件（A）。

（A）好；（B）差；（C）一样；（D）不确定。

La5A1006 下列单位中属于力的单位的是（**A**）。

（A）N；（B）J；（C）（°）；（D）N/m。

La5A1007 摄氏温度与热力学温度的关系为（**B**）。

（A）$T=t+213.15$；（B）$T=t+273.15$；（C）$T=t+373.15$；（D）$T=t$。

La5A1008 **1kW·h** 的功是（**C**）**kJ** 的功。

（A）3.6×10^6；（B）6×10^4；（C）3.6×10^3；（D）6×10^3。

La5A1009 单位数量的物质温度升高或降低（**C**）℃所吸收或放出的热量，称为该物质的比热容。

（A）100；（B）10；（C）1；（D）0.1。

La5A1010 如果容器内的绝对压力大于大气压力，则容器内压力读数为（**B**）。

（A）真空度；（B）表压力；（C）真实压力；（D）不确定。

La5A1011 压力的国际单位是（**C**）。

（A）kgf；（B）N；（C）Pa；（D）atm。

La5A2012 **100at** 等于（**A**）**MPa**。

（A）9.81；（B）981；（C）1/100；（D）100/9.8。

La5A2013 **10bar** 相当于（**C**）**MPa** 的压力。

（A）1×10^6；（B）1×10^5；（C）1；（D）1×10^{-4}。

La5A2014 流量的国际单位是（**A**）。

（A）m^3/s；（B）kg/s；（C）m/s；（D）t/s。

La5A2015 一般连接螺栓紧固后，螺栓至少应露出螺母的（**A**）扣。

（A）1～2；（B）2～3；（C）3～4；（D）4～5。

La5A2016 凿削软金属时，凿子的楔角应为（**B**）。

（A）20°～40°；（B）30°～50°；（C）50°～60°；（D）60°～70°。

La5A2017 **16Mn** 钢中的 **Mn** 的含量为（**A**）。

（A）≤1.0%；（B）≤1.5%；（C）≤2.0%；（D）≤1.6%。

La5A2018 下面钢材属优质碳钢的是（**C**）。

（A）16Mn；（B）A3F；（C）20#；（D）12CrMoV。

La5A2019 下列耐热钢中，（**A**）是珠光体耐热钢。

（A）12CrMoV；（B）1Cr13；（C）Cr21Ti；（D）1Cr18Ni9Ti。

La5A2020 热量的工程单位中 **0.5kcal** 是（**D**）**J**。

（A）1.1868；（B）4186.8；（C）2.0934；（D）2093.4。

La5A2021 热力循环过程中工质的初压力越高，过热蒸汽的温度越高，则循环的热效率（**A**）。

（A）越高；（B）不变；（C）越小；（D）不确定。

La5A3022 气体的绝对压力（**C**）大气压力的部分叫表压力。

（A）小于；（B）等于；（C）大于；（D）不确定。

La5A3023 在机械制图中，若比例为 **1:2**，则图样比实物（**A**）。

（A）缩小 1 倍；（B）扩大 1 倍；（C）缩小 10 倍；（D）扩

大10倍。

La5A3024 工质流过喷管后，压力变小，流速（A）。
（A）变大；（B）不变；（C）变小；（D）不一定。

La5A3025 圆柱体有（B）个视图为圆形。
（A）零；（B）一个；（C）两个；（D）三个。

La4A1026 表明材料导热性能的主要物理量是（C）。
（A）热阻；（B）热流密度；（C）热导率；（D）温度。

La4A1027 钳工的主要任务是对产品进行零件（B），此外还担负机械设备的维护和修理等。
（A）加工；（B）加工和装配；（C）维护；（D）维护和修理。

La4A1028 （B）导热系数可达到减小导热热阻的目的。
（A）降低；（B）增大；（C）保持；（D）大幅降低。

La4A1029 材料的导热能力越强，则其导热系数（C）。
（A）越小；（B）无关系；（C）越大；（D）基本不变。

La4A1030 功和（A）是能量传递的两种基本方式。
（A）热量；（B）动能；（C）位能；（D）内能。

La4A1031 电压 U_{ab} 是电场力移动（B）由 a 到 b 所做的功。
（A）单位负电荷；（B）单位正电荷；（C）中子；（D）分子。

La4A2032 **热力学中的标准状态：温度为（A），压力为一个物理大气压。**

（A）0℃；（B）0K；（C）20℃；（D）27℃。

La4A2033 **下列几种材料导热系数较大的是（D）。**

（A）气体；（B）液体；（C）建筑材料；（D）金属材料。

La4A2034 **在热力学中，经常采用的状态参数是（A）。**

（A）温度；（B）内能；（C）功；（D）热量。

La4A2035 **关于能量说法，下列正确的是（B）。**

（A）能量形式可变化，但不能创生，可以消灭；（B）热量是能量传递过程中的一种表现形式；（C）机械能的品质和热能一样；（D）机械能和热能不能转化。

La4A2036 **温度升高，金属的强度（A），塑性变大。**

（A）变小；（B）不变；（C）变大；（D）大幅变大。

La4A3037 **基轴制是将基本偏差为一定的（B）的公差带，与不同的基本偏差的孔的公差带形成各种配合的一种制度。**

（A）孔；（B）轴；（C）任意；（D）不变。

La4A3038 **电阻负载并联时，因电压相同，其负载消耗的功率与电阻（A）。**

（A）成反比；（B）成正比；（C）无关系；（D）相同。

La4A3039 **钢材冷加工后，其强度会（A）。**

（A）增大；（B）减小；（C）不变；（D）大幅减小。

La4A3040 在吊装作业中，掌握物件的（A）很重要。

（A）重心；（B）重量；（C）体积；（D）面积。

La3A1041 如果电路中的电流、电压及电动势的大小和方向都随（C）按正弦规律变化，那么这种电路就称为正弦交流电路。

（A）输送方向；（B）电阻由小至大；（C）时间；（D）电阻由大至小。

La3A1042 单位时间内，电流所做的功称为（B）。

（A）电量；（B）电功率；（C）电动势；（D）电阻。

La3A1043 随时间做（C）变化的电流就称为交流电流，简称交流电。

（A）连续增长性；（B）连续下降性；（C）周期性；（D）间断性。

La3A1044 变压器是利用（B）原理制成的一种置换电压的电气设备，它主要用来升高或降低电压。

（A）欧姆定律；（B）电磁感应；（C）库仑定理；（D）基尔霍夫定律。

La3A1045 公制三角形螺纹的剖面角为60°，螺距是以毫米表示的；英制三角形螺纹的剖面角为（C），螺距是用1英寸长度的牙数表示的。

（A）30°；（B）45°；（C）55°；（D）60°。

La3A1046 管螺纹的公称直径，指的是（B）。

（A）螺纹大径的基本尺寸；（B）管子内径；（C）螺纹小径的基本尺寸；（D）管子外径。

La3A2047　平面汇交力系平衡的（C）条件是合力等于零。

（A）充分条件；（B）必要条件；（C）充要条件；（D）任意条件。

La3A2048　力偶可以被表述为（B）。

（A）大小相等、方向相同，作用线不在一条直线上的两个平行力；（B）大小相等、方向相反，作用线不在一条直线上的两个平行力；（C）大小相等、方向相反，作用线重合的两个力；（D）大小相等、方向相同，作用力重合的两个力。

La3A2049　下列属于流体的是（C）。

（A）金属材料；（B）冰；（C）液氮；（D）木材。

La3A2050　在位置公差中，符号“◎”表示（C）。

（A）圆度；（B）圆柱度；（C）同轴度；（D）垂直度。

La2A2051　同轴度属于（B）公差。

（A）定向；（B）定位；（C）跳动；（D）导向。

La2A4052　标准公差数值由（C）确定。

（A）基本尺寸和基本偏差；（B）基本偏差和公差等级；（C）基本尺寸和公差等级；（D）基本尺寸和基本误差。

La2A4053　20号钢法兰，其最高工作温度允许值为（B）℃。

（A）350；（B）450；（C）550；（D）600。

La2A2054　流体横向冲刷与纵向冲刷管束，对流放热系数相比，横向冲刷的放热系数（C）。

（A）小；（B）一样；（C）大；（D）不确定。

La2A3055 **蠕变特性曲线表明，某种钢材在一定的温度和应力不变的条件下，变形量与（D）的关系。**

（A）温度；（B）应力；（C）塑形；（D）时间。

La1A4056 **电源为三角形连接时，线电流是相电流的（C）倍。**

（A）1；（B）$\sqrt{2}$；（C）$\sqrt{3}$；（D）2。

La1A4057 **AC、DC 分别表示（A）。**

（A）交流电、直流电；（B）直流电；（C）交流电；（D）直流电、交流电。

La1A4058 **在对称三相电源为星形连接时，线电流是相电流的（A）倍。**

（A）1；（B）$\sqrt{2}$；（C）$\sqrt{3}$；（D）2。

La1A4059 **合金钢中铬元素，主要作用是提高钢的（B）。**

（A）热强性；（B）抗氧化性；（C）硬度；（D）韧性。

La1A4060 **一般材料的许用应力是（C）。**

（A）材料弹性模数除以安全系数；（B）材料屈服极限除以安全系数；（C）材料极限应力除以安全系数；（D）材料刚度除以安全系数。

Lb5A1061 **在锅炉内，当气压达到（C）MPa，相应的饱和温度达到 374.15℃时，称为水的临界状态。**

（A）8；（B）17.50；（C）22.115；（D）25。

Lb5A1062 **锅炉排污分定期排污和（C）两种。**

（A）液态排污；（B）固态排污；（C）连续排污；（D）自

动排污。

Lb5A1063　目前凝汽式电厂热效率为（B）。

（A）25%～30%；（B）35%～45%；（C）55%～65%；（D）70%～85%。

Lb5A1064　在相同温度范围内的热力循环中，（C）循环的热效率最高。

（A）热电联产循环；（B）朗肯循环；（C）卡诺循环；（D）回热循环。

Lb5A1065　火力发电厂中，产生（D）kJ 的功所消耗的热量叫做热耗率。

（A）100；（B）1000；（C）10 000；（D）3600。

Lb5A1066　火力发电厂采用高烟囱的根本目的是（B）。

（A）减少烟气中的飞灰量；（B）使烟气中的污物得以扩散和稀释；（C）克服烟道阻力；（D）增加排烟动力。

Lb5A1067　现代大型火力电厂常采用（C）。

（A）锅炉室内布置；（B）汽轮机露天布置；（C）锅炉露天布置；（D）锅炉、汽轮机露天布置。

Lb5A1068　在锅炉正常运行情况下，热损失最大的是（A）。

（A）排烟热损失；（B）机械未完全燃烧热损失；（C）锅炉散热损失；（D）化学未完全燃烧热损失。

Lb5A2069　烟温探针的主要作用是保护（B）。

（A）过热器；（B）再热器；（C）水冷壁；（D）炉膛。

Lb5A2070 自然循环锅炉的水循环是依靠汽水的（**C**）为动力的。

（A）温度差；（B）压力差；（C）密度差；（D）泵。

Lb5A2071 在锅炉水压试验前，一般可进行一次（**A**）MPa 的风压试验。

（A）0.2～0.3；（B）0.3～0.4；（C）0.4～0.5；（D）0.5～0.6。

Lb5A2072 水压试验时，锅炉上水温度不应超过（**B**）℃。

（A）90；（B）80；（C）70；（D）60。

Lb5A2073 水冷壁被加热升温，其传热方式主要是（**C**）。

（A）导热；（B）对流；（C）辐射；（D）导热加对流。

Lb5A2074 炉膛温度在（**B**）℃以上时，不能进入进行检修工作。

（A）30；（B）40；（C）50；（D）60。

Lb5A2075 有一受热面管直径为ϕ 60×11，其最小弯曲半径 R=160，通球检查时应该选择直径为ϕ（**A**）的钢球。

（A）34.2；（B）51；（C）30.4；（D）48。

Lb5A2076 锅炉出口压力为 16.77～22.12MPa、温度540～600℃的锅炉属于（**D**）锅炉。

（A）中压；（B）高压；（C）超高压；（D）亚临界压力。

Lb5A2077 型号为 HG-670/140-550/550-1 的锅炉，主蒸汽压力为（**C**）MPa。

（A）6.7；（B）140；（C）13.73；（D）53。

Lb5A2078 在锅炉启动时，单元制启动系统一般采用（**B**）启动方式。

（A）额定参数；（B）滑参数；（C）前两者结合；（D）不确定。

Lb5A2079 既供热、又供电的循环叫（**B**）循环。

（A）回热；（B）热电联产；（C）朗肯；（D）不确定。

Lb5A2080 当蒸汽初温和终压不变时，提高蒸汽（**B**），朗肯循环的热效率可提高。

（A）终温；（B）初压；（C）熵；（D）不确定。

Lb5A2081 在热力设备中实现把热能转变为机械能的媒介物质叫（**C**）。

（A）水蒸气；（B）物质；（C）工质；（D）高温烟气。

Lb5A3082 过热度是指过热蒸汽温度超出该压力下的（**B**）温度的度数。

（A）未饱和；（B）饱和；（C）过热；（D）不确定。

Lb5A3083 对朗肯循环而言，当初压和终压不变时，提高蒸汽（**A**）可提高其热效率。

（A）初温；（B）终温；（C）比体积；（D）不确定。

Lb5A3084 对热电联产循环来说，供热和供电相互影响较小的是（**B**）方式。

（A）背压式；（B）调节抽汽式；（C）不确定；（D）单元制。

Lb5A3085 每千克湿饱和蒸汽中含干饱和蒸汽的质量份额叫（**B**）。

（A）湿度；（B）干度；（C）不确定；（D）饱和度。

Lb5A3086　汽耗率是指产生（D）的功所消耗的蒸汽量。

（A）1kcal；（B）1000kJ；（C）1kJ；（D）3600kJ。

Lb5A3087　如果每分钟能做 600kJ 的功，那么它的功率是（C）。

（A）600kJ；（B）600kW；（C）10kW；（D）600W。

Lb5A3088　工质流过喷管后，压力（C），流速变大。

（A）变大；（B）不变；（C）变小；（D）不一定。

Lb5A3089　合金钢管在使用前，必须进行（B）的定性检查，并做复查记录。

（A）外观检查；（B）光谱分析；（C）椭圆度检查；（D）通球。

Lb5A3090　设备开箱清点检查，主要检查其数量，是否齐全，尺寸规格、材质是否（C），外观质量是否良好。

（A）良好；（B）齐全；（C）符合规定要求；（D）正确。

Lb5A3091　锅炉化学清洗方法近年主要采用（B）。

（A）浸泡法；（B）循环法；（C）烘干法；（D）吹扫法。

Lb4A1092　锅炉启动时间，对（A）锅炉而言是指从点火至并汽所需要的时间。

（A）母管制；（B）单元制；（C）直流；（D）强制循环。

Lb4A1093　汽包内汽水分离装置波形板分离器主要是利用（D）原理。

（A）重力分离；（B）惯性分离；（C）离心分离；（D）水膜分离。

Lb4A1094 直流锅炉实际上适宜（C）。

（A）中、低压；（B）超高压力；（C）亚临界、超临界及以上压力；（D）高压。

Lb4A1095 锅炉有效利用热量占输入锅炉热量的百分数叫做锅炉的（B）。

（A）热能利用系数；（B）热效率；（C）制冷系数；（D）热损失。

Lb4A1096 当对已全部汽化的水继续定压加热时，其温度（C）此压力下的饱和温度。

（A）小于；（B）等于；（C）大于；（D）不等于。

Lb4A1097 当蒸汽初温和初压保持不变，排汽压力升高，循环热效率（A）。

（A）减小；（B）不变；（C）增大；（D）大幅增大。

Lb4A1098 蒸汽参数对循环热效率的影响是：蒸汽初压和排汽压力不变，提高蒸汽初温，热效率（A）；若蒸汽初温与排汽压力不变，要使热效率提高，可以增大蒸汽初压。

（A）增大；（B）减小；（C）不变；（D）大幅减小。

Lb4A1099 质量管理的目的在于通过让顾客和本组织所有成员及社会受益而达到长期成功的（C）。

（A）技术途径；（B）经营途径；（C）管理途径；（D）科学途径。

Lb4A1100 质量检验按检验方式分可分为（A）。

（A）自检、互检、专检；（B）免检、全检、抽检；（C）互检、免检、全检；（D）抽检、专检、质检。

Lb4A1101　单位时间内通过固体壁面的导热热量与两壁表面温度差成（A），与壁厚成反比。

（A）正比；（B）反比；（C）无关；（D）平方比。

Lb4A1102　现场管理是对生产或服务现场进行（B）。

（A）质量监督；（B）质量管理；（C）质量形成；（D）鉴定。

Lb4A2103　任何热力循环的热效率永远（A）。

（A）＜1；（B）＞1；（C）=1；（D）不确定。

Lb4A2104　凝汽器内蒸汽的凝结过程可以看作是（D）。

（A）等容过程；（B）等焓过程；（C）绝热过程；（D）等压过程。

Lb4A2105　火力发电厂的基本热力循环是（B）。

（A）卡诺循环；（B）朗肯循环；（C）热电合供；（D）强制循环。

Lb4A2106　锅炉中工质不断地进行着（C）。

（A）等压放热；（B）绝热膨胀；（C）等压吸热；（D）等压膨胀。

Lb4A2107　提高热力循环效率的合理方法是（B）。

（A）提高新蒸汽温度，降低初压，降低排汽压力；（B）提高新蒸汽温度、压力，降低排汽压力；（C）提高新蒸汽温度、压力，提高排汽压力；（D）降低新蒸汽温度、压力，提高排汽压力。

Lb4A2108　不合格是不满足（C）的要求。

（A）标准、法规；（B）产品质量、质量体系；（C）明示的、通常隐含的或必须履行的需求或期望；（D）标准、合同。

Lb4A2109 直接送往燃烧器，以保证煤粉迅速燃烧的热空气，称为（B）。

（A）一次风；（B）二次风；（C）三次风；（D）四次风。

Lb4A2110 燃烧过程的变化取决于其热力条件：在高热平衡点范围，如燃烧反应放出的热量（B）加热粉风混合物与向周围介质散失的热量之和，燃烧便能稳定地进行。

（A）小于；（B）等于；（C）大于；（D）超过。

Lb4A2111 弯管方法中适合于ϕ60以下，并且易实现机械化的是（A）。

（A）冷弯；（B）热弯；（C）可控硅中频弯；（D）超高温弯。

Lb4A2112 影响排烟热损数值大小的主要因素是排烟（B）和排烟烟气中的过量空气系数。

（A）压力；（B）温度；（C）速度；（D）不确定。

Lb4A2113 大容量锅炉通常设置两级及以上的喷水减温装置，第一级作为（A），第二级作为细调。

（A）粗调；（B）调整；（C）细调；（D）精调。

Lb4A2114 （C）的大小决定于炉内过量空气系数和锅炉漏风。

（A）排烟热损失；（B）热效率；（C）排烟量；（D）带灰量。

Lb4A2115 直流锅炉常按炉膛（B）系统的布置形式来分类。

（A）钢架；（B）水冷壁；（C）燃烧器；（D）顶棚管。

Lb4A3116 锅炉过热器管内沉积盐垢会导致过热器传热（**C**）。

（A）变好；（B）不变；（C）变差；（D）大大改善。

Lb4A3117 火力发电厂的气体中（**B**）应当被看作实际气体。

（A）空气；（B）水蒸气；（C）燃气；（D）烟气。

Lb4A3118 对流受热面蛇形管排错列方式的传热效果比顺列方式的效果（**C**）。

（A）差；（B）一样；（C）好；（D）无关。

Lb4A3119 采用中间再热，能使汽轮机乏汽的干度（**C**）。

（A）几乎不变；（B）降低；（C）增大；（D）大大降低。

Lb4A3120 水蒸气的定压汽化阶段发生在（**B**）中。

（A）省煤器；（B）水冷壁；（C）过热器；（D）再热器。

Lb4A4121 公称压力是指（**A**）所允许的最大设计压力。

（A）0～200℃；（B）20～200℃；（C）50～200℃；（D）600℃以下。

Lb4A4122 绝热材料通常是指导热系数的数值（**A**）**W/（m·K）**的材料。

（A）＜0.2；（B）＜0.58；（C）＜0.7；（D）不确定。

Lb4A5123 金属和液体的导热系数随温度升高而（**B**）。

（A）升高；（B）减小；（C）不变；（D）不确定。

Lb4A5124 垂直布置的对流过热器，其优点是（**B**）。

（A）便于疏水；（B）不易积灰；（C）停炉后管内不留积

水；（D）吸热好。

Lb4A5125 汽轮机排汽的干度一般不得小于（**C**）。
（A）0.80；（B）0.85；（C）0.88；（D）0.89。

Lb3A1126 依靠水泵压力使工质在蒸发受热面中（**A**）流动的锅炉称为强制循环锅炉。
（A）强制；（B）自然；（C）混合；（D）任意。

Lb3A1127 高温过热器受热主要是以（**B**）方式进行。
（A）导热；（B）对流换热；（C）辐射换热；（D）顺流。

Lb3A1128 凝结换热过程中，换热面表面水膜也影响热交换，水膜厚度（**B**），热阻增大，凝结换热系数减小。
（A）减薄；（B）增加；（C）不变；（D）大大减薄。

Lb3A1129 当蒸汽中含有空气时，空气附在冷却面上影响蒸汽通过，使热阻（**A**），水蒸气凝结换热显著减弱。
（A）增大；（B）减弱；（C）减小；（D）增强。

Lb3A1130 乏汽在凝汽器内放热冷却的过程中，熵（**A**）。
（A）不变；（B）增大；（C）减小；（D）不确定。

Lb3A1131 工质在锅炉中的吸热量约（**B**）工质在锅炉中进出口焓差。
（A）小于；（B）等于；（C）大于；（D）不确定。

Lb3A1132 饱和蒸汽在过热器中被加热成过热蒸汽，其传热方式主要是（**B**）。
（A）对流；（B）导热加对流；（C）辐射；（D）对流加

辐射。

Lb3A1133　每千克过热蒸汽较干饱和蒸汽做功量大，汽耗量亦低，且汽轮机排汽干度提高，热效率也提高了。其原因是（A）。

（A）循环加热平均温度提高了；（B）循环加热平均温度降低了；（C）其他；（D）蒸汽压力变化了。

Lb3A2134　朗肯循环汽耗率公式 $d=3600/(h_1-h_2)$中，h_1与h_2分别表示（C）。

（A）汽轮机排汽比焓与凝结水比焓；（B）锅炉过热器出口比焓与省煤器入口比焓；（C）汽轮机进汽比焓与排汽比焓；（D）锅炉过热器出口比焓与汽轮机排汽比焓。

Lb3A2135　锅炉烟气的（A）反映过剩空气系数的大小。

（A）含氧量；（B）含氮量；（C）二氧化碳含量；（D）含硫量。

Lb3A2136　目前回转式空气预热器存在的主要问题是（C）。

（A）工作不可靠；（B）价格昂贵；（C）漏风较大；（D）体积较大。

Lb3A3137　在电厂锅炉安全保护控制系统中，饱和汽安全门动作的超压脉冲信号取自（A）。

（A）汽包；（B）主汽联箱；（C）给水；（D）再热联箱。

Lb3A3138　壁厚大于（C）mm 的碳素钢容器焊后应进行热处理。

（A）20；（B）25；（C）30；（D）32。

Lb3A3139　喷水减温器具有很多优点，但（A）。

（A）对水质量要求很高；（B）调节汽温较慢；（C）容易造成蒸汽的热偏差；（D）水质要求低。

Lb3A3140　发电厂采用具有岸边水泵房直流供水的条件之一是（C）。

（A）水源不充足的地方；（B）发电厂距水源较远；（C）发电厂距水源较近；（D）水质不好的地方。

Lb3A3141　电力系统或发电厂全年的（A）与全年运行时间的比值称为全年平均负荷。

（A）发电量；（B）最大负荷；（C）最小负荷；（D）平均负荷。

Lb3A3142　过热蒸汽管道漆色为（C）。

（A）银底色无色环；（B）银底色黄色环；（C）银底色红色环；（D）银底色蓝色环。

Lb3A3143　一个组织的质量体系可有（A）。

（A）一个；（B）多个；（C）不需建立；（D）不确定。

Lb3A4144　过程是将输入转化为输出的一组彼此相关的（A）。

（A）活动；（B）技术和方法；（C）质量活动；（D）工序控制。

Lb3A4145　质量计划是为达到质量要求所采取的（B）。

（A）有计划、有系统的活动；（B）作业技术和活动；（C）生产者作业活动；（D）质量控制。

Lb3A4146　质量体系审核用以证实（B）。

（A）职工工作是否符合规定要求；（B）质量活动是否符合规定要求；（C）产品质量符合标准；（D）生产进度的快慢。

Lb3A4147　质量方针应由（A）颁布。

（A）组织的最高管理者；（B）管理者代表；（C）质量经理；（D）总工程师。

Lb3A4148　质量管理是一个组织（C）工作的一个重要组成部分。

（A）职能管理；（B）专业管理；（C）全面管理；（D）经济管理。

Lb3A4149　方针目标管理是一种（A）。

（A）综合管理；（B）技术管理；（C）生产管理；（D）经济管理。

Lb3A5150　锅炉化学清洗后能在金属的（B）形成一层良好防腐保护膜。

（A）外表面；（B）内表面；（C）内部；（D）任意部位。

Lb3A5151　金属管道受热后，其额定许用应力将（C）。

（A）略升高；（B）无变化；（C）降低；（D）大幅升高。

Lb3A5152　全面质量管理的核心是提高（C）。

（A）产品质量；（B）企业管理水平；（C）人的素质；（D）企业综合实力。

Lb2A2153　在相同温度范围内，热效率最低的是（B）。

（A）卡诺循环；（B）朗肯循环；（C）中间再热循环；

（D）回热循环。

Lb2A2154 **锅炉受热面下列部分热阻较大的是（A）。**

（A）烟气侧与灰垢热阻；（B）蒸汽侧或水侧；（C）管壁及管内水或水蒸气；（D）炉外侧。

Lb2A2155 **流体流态对传热强弱的影响，当流态由层流变为紊流时，流体与壁面间换热效果（B）。**

（A）不变；（B）增大；（C）减小；（D）不确定。

Lb2A3156 **目前，火力发电机组高参数大容量的机组多采用（B）。**

（A）切换再管；（B）单元制；（C）母管制；（D）复合制。

Lb2A3157 **对于超临界压力的锅炉，采用（C）锅炉。**

（A）自然循环；（B）强制循环；（C）直流锅炉；（D）任意循环方式的。

Lb2A3158 **装设包墙过热器的主要作用是（A）。**

（A）简化烟道部分的炉墙；（B）增大吸热量；（C）提高汽压；（D）提高汽温。

Lb1A3159 **在高温、不潮湿的环境里，机械的润滑最好采用（B）润滑脂。**

（A）钙脂；（B）钠基；（C）锂基；（D）钾基。

Lb1A3160 **火电机组启动有滑参数启动和定参数启动两种方式，对高参数、大容量机组而言，主要是（A）启动方式。**

（A）滑参数；（B）定参数；（C）任意；（D）定温。

Lb1A3161 高参数、大容量火电机组停炉主要采用（**B**）。

（A）额定参数停炉；（B）滑参数停炉；（C）任意；（D）定压。

Lb1A3162 锅炉停炉后，应采取适当的保养措施，主要是为了防止（**B**）。

（A）发生爆管；（B）金属腐蚀；（C）汽轮机进水；（D）锅炉膨胀受阻。

Lb1A3163 一般对用作超高压锅炉汽包的含钼低合金高强度钢，均应注意其低温脆性，故水压试验时，一般规定钢材承压部件的温度不低于（**A**）℃。

（A）50；（B）60；（C）75；（D）80。

Lb1A4164 现代大型锅炉，一般均采用（**C**）的方法。

（A）组合安装；（B）散件安装；（C）组合、散件结合安装；（D）分区安装。

Lb1A5165 属于分步试运措施和方案，由（**B**）审批，交安装单位执行。

（A）建设单位经理；（B）安装单位总工；（C）业主方总经理；（D）安装单位经理。

Lc5A1166 火力发电厂的生产过程是把燃料的（**B**）转变为电能。

（A）热能；（B）化学能；（C）原子能；（D）核能。

Lc5A1167 起重机吊装时，吊物下面（**B**）行人通过，更不允许在吊物下方进行工作。

（A）不让；（B）禁止；（C）可以；（D）随意。

Lc5A1168　当千斤顶上升，露出（A）线时，严禁继续上升。

（A）红色警告；（B）黄色警告；（C）橙色警告；（D）白色警告。

Lc5A1169　在（C）中将机械能转换成电能。

（A）锅炉；（B）汽轮机；（C）发电机；（D）变压器。

Lc4A2170　滑车组按（C）不同，可分为省力滑车组和省时滑车组。

（A）名称；（B）种类；（C）功能；（D）尺寸。

Lc3A3171　电焊机的外壳必须可靠接地，接地电阻不得大于（C）Ω。

（A）3；（B）6；（C）4；（D）10。

Lc3A3172　安全生产方针是（C）。

（A）管生产必须管安全；（B）安全生产，人人有责；（C）安全第一，预防为主；（D）落实安全生产责任制。

Lc3A3173　使用链条葫芦作业时，根据起重量，合理地使用，拉链人数很重要，一般重量为5～8t可用（B）人拉。

（A）1；（B）2；（C）3；（D）4。

Lc2A2174　（A）V以下的电压，对人体绝对安全，故称为绝对安全电压。

（A）12；（B）36；（C）25；（D）48。

Lc1A4175　基本建设是指（C）。

（A）基本建设工程；（B）基础工业建设工程；（C）固定

资产扩大再生产；（D）改扩建工程。

Lc1A5176　全面质量管理的方法是以数理统计为基础，用（C）分析来进行质量控制的先进管理方法。

（A）逻辑；（B）公式；（C）数据；（D）推理。

Lc1A5177　全面质量管理简称 TQC，它是（A）、全过程的、全企业的质量管理。

（A）全员的；（B）全方位的；（C）全体的；（D）全面的。

Lc1A5178　质量的三级检验中的互检主要是指（B）。

（A）施工班组；（B）工地或车间；（C）施工单位合同建设单位代表；（D）项目公司。

Jd5A3179　使用台虎钳，钳把不得套管或用手锤敲打，所夹工件不得超过钳口最大行程的（C）。

（A）1/3；（B）1/2；（C）2/3；（D）3/4。

Jd5A3180　氧气瓶应与火源距离（B）m 以外。

（A）3；（B）5；（C）8；（D）10。

Jd5A3181　活扳手在扳紧螺纹母时，要吃重在（B）扳口上，否则易使活动扳口脱滑或折断。

（A）活动；（B）固定；（C）1/2；（D）不确定。

Jd5A3182　錾子淬火后，在砂轮上磨削刃部时，必须时常浸水，否则会因摩擦生热而（D）。

（A）回火；（B）淬火；（C）正火；（D）退火。

Jd5A3183 **在空气温度零摄氏度附近时，使用玻璃管水平仪，为防止管子（C），可向管内加些食盐或酒精。**

（A）爆裂；（B）折断；（C）结冰；（D）起雾。

Jd4A3184 **活扳手、管钳的规格，是以其（C）尺寸来代表的。**

（A）扳口；（B）钳口；（C）全长；（D）全宽。

Jd4A3185 **钻床加工薄板比加工厚材料时的转速（A）。**

（A）低；（B）差不多；（C）高；（D）不确定。

Jd4A3186 **在锯割厚度较大的料时，为便于排屑，一般选用齿距（A）的锯条。**

（A）粗；（B）细；（C）中等；（D）不确定。

Jd3A2187 **普通低合金结构钢焊接时，最容易出现的焊接裂纹是（C）。**

（A）裂纹；（B）再热裂纹；（C）冷裂纹；（D）层状撕裂。

Jd3A3188 **在锯割较硬或较薄的材料时，为了克服打齿现象，一般应选用齿距较（B）的锯条。**

（A）粗；（B）细；（C）不确定；（D）适中。

Jd2A2189 **钢直尺使用完毕，将其擦拭干净，悬挂起来或平放在平板上，主要是为了防止钢直尺（C）。**

（A）碰毛；（B）弄脏；（C）变形；（D）生锈。

Je5A2190 **一般在常温、常压下，选用（A）垫片。**

（A）非金属软垫；（B）自紧式垫片；（C）金属垫片；（D）金属与非金属组合垫片。

Je5A2191 **弯管时，弯头外侧管壁要减薄，但最大减薄量不能超过管壁厚度的（C）%。**

（A）5；（B）10；（C）15；（D）20。

Je5A2192 **为了提高焊口的质量，壁厚大于（B）mm 的低碳钢管子，焊后必须进行热处理。**

（A）26；（B）30；（C）35；（D）45。

Je5A2193 **高压阀门的衬垫主要使用（D）。**

（A）石棉垫；（B）石棉橡胶垫；（C）紫铜垫；（D）金属齿形垫。

Je5A3194 **管子热煨弯曲用砂子必须烘干；管子加热时，（C）前不得站人。**

（A）指挥者；（B）加热设备；（C）管口；（D）弯头。

Je5A3195 **管子通球检查时，应该先（B），后通球。**

（A）通球；（B）吹扫；（C）割管；（D）焊上。

Je5A3196 **受热面管焊接对口一般应做到内壁平齐，内壁错口不应超过（C）。**

（A）1mm；（B）壁厚的 10%；（C）壁厚的 10%，且不大于 1mm；（D）不确定。

Je5A3197 **汽包锅炉一次汽系统水压试验的试验压力为（C）。**

（A）省烟器进口联箱工作压力的 1.1 倍；（B）过热器出口联箱工作压力的 1.25 倍；（C）汽包工作压力的 1.25 倍；（D）不确定。

Je5A3198　阀门 J11T-16KDg25 的含义是（B）。

（A）内螺纹连接、直通式可锻铸铁密封面截止阀 Pg16Dg25；（B）内螺纹连接直通式铜密封面截止阀，公称压力 1.6MPa，公称直径为 25mm；（C）外螺纹连接直通式铜密封面截止阀，公称压力 1.6MPa，公称直径为 25mm；（D）不确定。

Je5A3199　ϕ80 受热面管子对口偏折度用塞尺检查，在距焊缝中心 200mm 处样板与管外缘间隙一般不大于（B）mm。

（A）0.5；（B）1；（C）1.5；（D）2。

Je5A3200　按电力建设惯例，火电安装的工期是从（C）开始算起的。

（A）汽包运至炉内；（B）主厂房开挖；（C）锅炉钢架吊装第一钩；（D）水压试验。

Je5A3201　充砂加热弯管，弯头的最小弯曲半径不小于该管外径的（B）倍。

（A）2；（B）3.5；（C）4；（D）6。

Je5A3202　焊炬和割炬（A）相互代用。

（A）不得；（B）可以；（C）有条件地；（D）特殊情况下可以。

Je5A3203　壁厚小于 16mm 的受热面管，其焊接坡口角度一般要求（B）。

（A）37°±7°；（B）32°±2°；（C）37°±5°；（D）32°±6°。

Je5A3204　氧气瓶口与嘴子不得沾有（B）。

（A）水滴；（B）油污；（C）尘污；（D）沙子。

Je5A3205　受热面设备通球球径是根据（C）确定的。

（A）管子外径；（B）弯管弯曲半径；（C）管子内外径和弯管弯曲半径；（D）管子壁厚。

Je5A3206　受热面管子对口时，管端内外壁（D）mm 范围内，焊前应清除油污和铁锈，直至发出金属光泽。

（A）10；（B）10～20；（C）25；（D）10～15。

Je5A3207　水位计在炉整体水压试验时，它应（B）。

（A）不参加整体水压试验；（B）只参加工作压力试验；（C）参加超压试验；（D）参加全部试验。

Je5A3208　弯管部分的椭圆度计算公式为（C）。

（A）椭圆度=(最大直径−最小直径)/最大直径×100%；（B）椭圆度=(最大直径−最小直径)/最小直径×100%；（C）椭圆度=(最大直径−最小直径)/原有直径×100%；（D）椭圆度=(最大直径−最小直径)/壁厚×100%。

Je5A3209　锅炉水压试验时系统内不得存有空气。一般采取在系统上水时将空气排净，常利用（A）将空气排出。

（A）设备最高点和上联箱排空管；（B）定期排污；（C）安全门；（D）水位计。

Je5A3210　管子进行热弯时，碳钢加热温度控制在（B）℃。

（A）730～860；（B）950～1000；（C）1050～1100；（D）1100～1200。

Je5A4211　设备开箱清点检查，主要检查其数量，是否（B），尺寸规格、材质是否符合规定要求，外观质量是否良好。

（A）良好；（B）齐全；（C）符合规定要求；（D）正确。

Je5A4212　管道安装时，管子接口不应布置在支吊架上，要求做到（C）。

（A）接口至支吊架不得小于 50mm；（B）接口至支吊架中心线不得小于 100mm；（C）接口至支吊架边缘不小于 70mm；（D）接口至支吊架中心线不得小于 120mm。

Je5A4213　水冷壁组合件的找正是把水冷壁同（B）或汽包的相对位置调整好，把标高和水平调整好。

（A）联箱；（B）钢架；（C）过热器；（D）再热器。

Je5A4214　管子通球检查时一般第一次使用（A）。

（A）钢球；（B）木球；（C）烧红的钢球；（D）玻璃球。

Je4A1215　为防止省煤器磨损，一般采用（C）的方法。

（A）限制流速；（B）焊防磨钢条；（C）加防磨护瓦；（D）加阻流板。

Je4A1216　为防止锅水中沉渣、铁锈在水冷壁内壁上结垢，从蒸发受热面的（C）进行定期排污。

（A）顶端；（B）中部；（C）最低点；（D）2/3 标高处。

Je4A2217　（A）用主钩和副钩同时升降载荷。

（A）禁止；（B）可以；（C）必须；（D）不确定。

Je4A2218　桥式起重机大小钩制动轮壁厚磨损已减小到原来壁厚的（C）时，不许再继续使用。

（A）1/3；（B）1/2；（C）2/3；（D）3/4。

Je4A2219　转动机械在装配时，轴承外圈与轴承盖之间的配合应有（C）。

（A）紧力；（B）紧力或间隙皆可；（C）间隙；（D）滑动。

Je4A2220 由于再热蒸汽压力低，比热容小，所以再热器一般装在（**C**）。

（A）省煤器之后；（B）过热器之前；（C）过热器之后；（D）炉膛上部。

Je4A2221 **GB/T 19000—2000** 中“产品质量”是指（**D**）。

（A）性能；（B）寿命；（C）可靠性；（D）一组固有特性满足要求的程度。

Je4A2222 桥式起重机车轮轮缘的磨损超过原厚度的（**B**）%时，应立即更换。

（A）40；（B）50；（C）60；（D）30。

Je4A2223 转动机械轴与轴承箱之间的密封是（**B**）。

（A）静密封；（B）动密封；（C）不确定；（D）水密封。

Je4A2224 减温点的选择应根据两个原则，一是高温受热面的安全，二是调温（**D**）。

（A）方便；（B）简单；（C）幅度大；（D）灵敏。

Je4A3225 找平衡就是调整零件或部件的（**B**）与旋转中心相重合，消除零件或件上的不平衡力的过程。

（A）形心；（B）重心；（C）中心；（D）偏心。

Je4A3226 在相同的工作条件下，管式空气预热器的体积比回转式空气预热器要（**B**）。

（A）小得多；（B）大得多；（C）一样大；（D）复杂得多。

Je4A3227 钨极氩弧焊时，氩气的流量大小决定于（**B**）。

（A）焊件厚度；（B）喷嘴直径；（C）焊丝直径；（D）焊

接速度。

Je4A3228 一般水冷壁吊装就位后，进行临时找正时，其联箱标高应该（**B**）其设计标高。

（A）略低于；（B）略高于；（C）不确定；（D）相同。

Je4A3229 气割时氧气压力由被割工件的（**C**）来确定。

（A）类别；（B）长度；（C）厚度；（D）材料。

Je4A3230 汽包的纵向中心线可根据下降管座位置用（**B**）法画出。

（A）挂线锤法；（B）拉线法；（C）玻璃管水平仪；（D）直尺搭接。

Je4A3231 水冷壁组件吊装，一般型钢已不能满足加固要求时，需采用专门设计的（**C**）加固，方能保证起吊时不致变形损坏。

（A）槽钢；（B）工字钢；（C）桁架；（D）角钢。

Je4A3232 锅炉整体水压试验进水时，如水温和室温温差大，进水应该（**A**）。

（A）慢些；（B）快些；（C）没多大关系；（D）有节奏地进水。

Je4A3233 锅炉水压试验时升压速度在压力达到锅炉工作压力之前，一般以不超过（**B**）**MPa/min** 为宜。

（A）0.5；（B）0.3；（C）0.2；（D）0.1。

Je4A3234 锅炉整体水压试验时，**1.25** 倍锅炉工作压力下的试验不宜多于（**B**）次。

（A）1；（B）2；（C）3；（D）4。

Je4A3235 **水压试验要求在 1.25 倍锅炉工作压力下的（A）min 内，压力符合规程要求，否则水压试验不合格。**

（A）20；（B）8；（C）10；（D）12。

Je4A3236 **锅炉受热面顶部设备安装位置找正，应以（B）为基准。**

（A）主柱中心；（B）顶板大梁横纵中心；（C）汽包；（D）炉膛。

Je4A3237 **悬吊式直流锅炉各受热面组合件的找正：联箱位置的确定应以（B）的纵横向中心线为标准。**

（A）汽包；（B）炉顶主梁；（C）水冷壁的上联箱；（D）过热器。

Je4A3238 **管子热弯时，合金钢加热温度控制在（C）℃。**

（A）730～860；（B）950～1000；（C）1000～1050；（D）1050～1100。

Je4A3239 **管道用支吊架，在自由状态下，弹簧各圈节距应均匀，其偏差不得超过（B）。**

（A）高度的±10%；（B）节距的±10%；（C）平均节距的±10%；（D）高度的±5%。

Je4A3240 **汽包安装后的水平允许误差为（C）mm。**

（A）±5；（B）±3；（C）2；（D）±6。

Je4A3241 **汽包安装时的标高允许误差为（C）mm。**

（A）±2；（B）±3；（C）±5；（D）±10。

Je4A3242 人们在实践经验中，采用对受热面设备安装初次找正时，预先（B）标高 5mm 的方法来解决二次找正时的吊装机具已拆除或退出的困难。

（A）降低；（B）抬高；（C）保持；（D）水平引出。

Je4A3243 锅炉受热面设备安装找正时，联箱与汽包之间的中心距离或联箱之间的中心距离误差为（C）mm。

（A）±2；（B）±3；（C）±5；（D）±10。

Je4A3244 锅炉组合件找正后，联箱中心线与锅炉立柱中心线距离误差为（C）mm。

（A）±2；（B）±3；（C）±5；（D）±10。

Je4A3245 悬吊式锅炉定期排污管应有坡度，其坡度应以（A）为标准。

（A）以运行时水冷壁下联箱向下的膨胀值，再加上定排管水平管段实长的 2/1000 为准计算；（B）2/1000；（C）3/1000；（D）1/1000。

Je4A3246 悬吊式汽包锅炉各受热面设备找正，应以（C）为依据。

（A）汽包；（B）主柱中心；（C）顶板主梁纵横中心和主立柱 1m 标高（应保证汽包与各联箱的间距）；（D）过热器。

Je4A3247 过热器组合时，当联箱找正固定后，应先焊（A）或中间一排管排，作为基准管。

（A）最外边；（B）第二排；（C）第五排；（D）第七排。

Je4A3248 锅炉水压试验时升压速度在压力达到锅炉工作压力之前，一般以不超过 0.3MPa/min 为宜；压力超过工作压力之后升压速度以不超过（D）MPa/min 为宜。

（A）0.5；（B）0.3；（C）0.2；（D）0.1。

Je4A3249 规格为ϕ60×3.3 管子，弯管的弯曲半径为 3.5 倍外径，应选取（B）钢球直径。

（A）0.80D_0；（B）0.85D_0；（C）0.75D_0；（D）0.65D_0。

Je4A3250 起重机吊装时，吊物下面禁止行人通过，更不允许在吊物（D）进行工作。

（A）后方；（B）前方；（C）上方；（D）下方。

Je4A4251 活塞式主安全阀的活塞环径测量、研磨好后应抹上（B）。

（A）煤油；（B）黑铅粉；（C）柴油；（D）汽油。

Je4A4252 在锅炉启停过程中，要尽量控制汽包上下壁温温差在（B）以内。

（A）30℃；（B）50℃；（C）70℃；（D）不确定。

Je4A4253 直流锅炉的超压水压试验压力规定为（C）。

（A）过热器入口联箱工作压力的 1.25 倍；（B）再热器进口联箱工作压力的 1.5 倍；（C）过热器出口联箱工作压力的 1.25 倍，且不小于省煤器进口联箱工作压力的 1.1 倍；（D）再热器进口联箱工作压力的 1.25 倍。

Je4A5254 水压试验时，安装的试验用压力表不低于（B）级。

（A）1.0；（B）1.5；（C）2.5；（D）0.5。

Je4A5255 **省煤器采用（C）布置是为了使结构紧凑。**

（A）混列；（B）顺列；（C）错列；（D）不确定。

Je3A2256 **锅炉组合场地的规划首先考虑的是（A）。**

（A）起重机械；（B）运输条件；（C）组合件的占地、重量；（D）人员数量。

Je3A2257 **大型锅炉的组合场地以布置在（C）为最合适。**

（A）炉后侧；（B）炉前侧；（C）锅炉房扩建端；（D）锅炉房固定侧。

Je3A2258 **大型锅炉受热面组合件的大小主要是根据（B）确定的。**

（A）设备结构；（B）吊车的起吊能力；（C）安装位置；（D）安装方法。

Je3A2259 **锅炉水压试验时的环境温度应在（A）℃以上，否则应有可靠的防寒防冻措施。**

（A）5；（B）10；（C）15；（D）20。

Je3A2260 **670t/h 以上的锅炉机组中，水位计所用的云母片的厚度应为（B）mm。**

（A）0.8～1.0；（B）1.2～1.5；（C）1.5～1.7；（D）1.7～1.9。

Je3A2261 **给水、减温水、连续排水等流量孔板的安装方向是（B）。**

（A）大进小出；（B）小进大出；（C）任意；（D）大进大出。

Je3A3262 荷重超过26.5MPa（270kgF/cm^2）的脚手架或（B）的脚步手架应进行设计，并经技术员负责人批准后方可搭设。

（A）木杆搭设；（B）形式特殊；（C）钢管搭设；（D）工作需要。

Je3A3263 锅炉漏风检查中，对孔、门的漏风处应（A）消除缺陷。

（A）将接合面修平，并装好填料；（B）进行补焊；（C）用石棉绳等堵塞；（D）焊接。

Je3A3264 循环流化床锅炉分离器、回料系统、外置床等，有砌筑炉墙的，基本上采用（A）。

（A）燃料烘炉；（B）蒸汽烘炉；（C）热风烘炉；（D）不烘炉。

Je3A3265 烘炉符合标准的砖砌炉墙含水率为（C）。

（A）＜7%；（B）≤5%；（C）≤2.5%；（D）＞70%。

Je3A3266 下列受热面中（D）一般不进行化学清洗。

（A）省煤器；（B）水冷壁；（C）汽包；（D）再热器。

Je3A3267 化学清洗的临时系统的焊接工作宜采用（C），其中不包括排放管段。

（A）氧焊；（B）电焊；（C）氩弧焊；（D）碰焊。

Je3A3268 化学清洗的临时系统所用的阀门压力等级必须高于化学清洗时相应的压力等级，阀门本身不得有（C）部件。

（A）铸铁；（B）钢；（C）铜；（D）合金钢。

Je3A4269 化学清洗结束后检查腐蚀指示片，其平均腐蚀速度应小于（**B**）**g/**（$\mathbf{m^2}$**·h**）。

（A）5；（B）10；（C）15；（D）20。

Je3A4270 化学清洗结束至锅炉启动时间不应超过（**C**）天，否则应按规定采取防腐保护措施。

（A）15；（B）20；（C）30；（D）50。

Je3A4271 汽包锅炉的汽包或过热器出口的安全阀校验时，若汽包工作压力大于 **5.88MPa**，则控制安全阀的动作压力为（**B**）倍工作压力。

（A）1.04；（B）1.05；（C）1.06；（D）1.08。

Je3A4272 锅炉安全阀校验时，一般从动作压力（**A**）的过热器安全阀开始，然后校验汽包控制及工作安全阀。

（A）较低；（B）较高；（C）中间；（D）最高。

Je3A4273 一般弹簧吊架出厂前，应按图要求值进行弹簧（**B**）试验，并临时点焊固定弹簧盒。

（A）拉伸；（B）压缩；（C）测试；（D）拉断。

Je3A5274 （**A**）中添加缓蚀剂，可以减缓金属腐蚀速度。

（A）酸洗；（B）碱洗；（C）钝化；（D）水压试验。

Je3A5275 **12CrMoV** 受热面管壁允许温度为（**A**）℃。

（A）≤560；（B）≤540；（C）≤550；（D）≥560。

Je3A5276 当蒸汽中含有空气时，空气附在冷却面上影响蒸汽通过，使热阻增大，水蒸气凝结换热显著（**B**）。

（A）增大；（B）减弱；（C）减小；（D）增强。

Je3A5277　燃油管道中选用的垫子材料为（C）。

（A）橡胶垫；（B）紫铜垫；（C）O 形铝垫；（D）石棉纸垫。

Je3A5278　悬吊式锅炉定期排污管应有（A）的坡度。

（A）以水冷壁下联箱的膨胀值和水平管实长的 0.2%为标准；（B）以 0.2%为标准；（C）以 0.3%为标准；（D）以 0.5%为标准。

Je2A4279　锅炉整体水压试验时，直流锅炉的试验压力为过热器出口联箱工作压力的 1.25 倍，且不小于省煤器进口联箱工作压力的（C）倍。

（A）0.9；（B）1.0；（C）1.1；（D）1.2。

Je2A4280　同一管道上安装两只相邻阀门时，中间应装一段直管，这段直管长度对于 DN＜150mm 的管道不小于（B）mm。

（A）100；（B）150；（C）200；（D）300。

Je2A4281　锅炉安全阀的回座压力，应不低于起跳压力的（C）%。

（A）80；（B）85；（C）90；（D）95。

Je2A5282　大多数工程组合场设备都采用（B）的布置方式。

（A）分开布置；（B）混合布置；（C）集中布置；（D）垂直布置。

Je2A5283　锅炉吊装方案中，必须选择一个合适的位置，即一般在（A）的炉侧、炉前或炉顶留出开口，作为组合件吊装就位的途径，即吊装开口。

（A）锅炉房扩建端；（B）炉后侧；（C）炉前侧；（D）炉

左侧。

Je2A5284　水位计参加锅炉整体水压试验的工作压力试验，但超压试验时（B）。

（A）关闭汽侧门，防止损坏水位计；（B）应解列水位计，关闭汽、水侧门，打开疏水门，防止损坏水位计；（C）打开疏水门，防止损坏水位计；（D）就无所谓了。

Je2A5285　外表表面缺陷深度超过管子规定厚度的（A）%以上时，应提交业主和制造厂研究处理及签证。

（A）10；（B）15；（C）20；（D）8。

Je1A4286　表示金属材料的塑性指标是延伸率和（B）。

（A）伸展率；（B）断面收缩率；（C）硬度；（D）韧性。

Je1A4287　锅炉投入运行前要酸洗，当采用盐酸酸洗时，清洗液浓度一般为（A）。

（A）5%以内；（B）10%；（C）15%；（D）20%。

Je1A4288　电站锅炉用蒸汽冲洗时，其质量标准之一为（B）。

（A）过热器、再热器以及主汽管、再热器管的吹管系数小于1；（B）过热器、再热器以及主汽管、再热器管的吹管系数大于1；（C）过热器、再热器以及主汽管、再热器管的吹管系数等于1；（D）其他。

Je1A4289　直流炉的控制安全阀，其动作压力为其工作压力的（A）倍。

（A）1.08；（B）1.04；（C）1.1；（D）1.2。

Je1A5290　水冷壁拼缝焊接后，需做（C）检查。

（A）漏风；（B）水压试验；（C）渗油试验；（D）强度试验。

Je1A5291　对于悬吊式锅炉受热面设备安装找正，应以（C）作为标高的测量依据。

（A）汽包；（B）主梁；（C）主立柱 1m 标高线；（D）水冷壁。

Je1A5292　罗茨鼓风机为（A），输送的风量与转数成正比，它排气压力决定于排气侧的背压力。

（A）容积式风机；（B）离心式风机；（C）轴流式风机；（D）往复式风机。

Je1A5293　悬吊式锅炉尾部烟道包墙过热器找正，应以（C）为准。

（A）顶梁；（B）上联箱；（C）下联箱；（D）汽包。

Je1A5294　悬吊式锅炉水冷壁找正应以（B）为准。

（A）顶梁；（B）上联箱；（C）下联箱；（D）汽包。

Je1A5295　盘形弹簧安全阀弹簧压缩试验压力为（C）。

（A）工作压力；（B）1.25 倍工作压力；（C）1.5 倍工作压力；（D）1.8 倍工作压力。

Jf5A2296　各种起重机严禁（A），以防钢丝绳卷出滑轮槽外，发生事故。

（A）斜吊；（B）平拉；（C）直吊；（D）不确定。

Jf5A2297　麻绳、棕绳或棉纱绳在潮湿状态下的允许荷重比正常情况下（C）。

（A）一样；（B）大一倍；（C）减少一半；（D）不确定。

Jf5A3298 当电气设备起火时，对带电设备应采用（A）进行灭火。

（A）四氯化碳灭火器；（B）水；（C）泡沫灭火器；（D）汽油。

Jf5A3299 悬挂式钢管吊架在搭设过程中，除立杆与横杆的扣件必须牢固外，立杆的上下两端还应加设一道保险扣件，立杆两端伸出横杆的长度不得小于（B）cm。

（A）30；（B）20；（C）50；（D）25。

Jf5A4300 起重机严禁同时操作（A）个动作。

（A）3；（B）4；（C）5；（D）6。

Jf4A1301 由杠杆原理可知，撬棍的支点越（A）重物，越省力。

（A）靠近；（B）远离；（C）平行；（D）垂直。

Jf4A1302 油压千斤顶在使用过程中只允许使用的方向是（D）。

（A）倾斜；（B）水平；（C）竖直；（D）水平或竖直。

Jf4A4303 低碳钢焊接时，允许的最低环境温度为（D）℃。

（A）0；（B）–10；（C）–15；（D）–20。

Jf4A4304 使用手拉葫芦起重时，若手拉链条拉不动，则应（B）。

（A）增加人数，使劲拉；（B）查明原因；（C）猛拉；（D）用力慢拉。

Jf3A3305 新吊钩在投入使用前应进行全面检查，应有（D），否则不可盲目使用。

（A）装箱清单；（B）材料化验单；（C）备件清单；（D）制造厂的技术证明书。

Jf3A3306 行灯电压不得超过36V，在潮湿场所，金属容器及管道内的行灯电压不得超过（C）V；行灯电源线应使用软橡胶电缆，行灯应有保护罩。

（A）32；（B）24；（C）12；（D）36。

Jf3A3307 千斤绳的夹角一般不大于90°，最大不得超过（A）。

（A）120°；（B）150°；（C）100°；（D）200°。

Jf3A3308 试验用的压力表必须事先校验合格，压力试验过程中，当压力达（C）MPa以上时，严禁紧固连接件。

（A）0.5；（B）0.54；（C）0.49；（D）0.45。

Jf3A4309 容易获得良好焊缝成形的焊接位置是（D）。

（A）横焊位置；（B）立焊位置；（C）仰焊位置；（D）平焊位置。

Jf3A4310 手工电弧焊的焊接电源种类应根据（C）进行选择。

（A）焊件厚度；（B）焊条直径；（C）焊条性质；（D）焊件材质。

Jf3A4311 为了防止触电，焊接时应该（B）。

（A）焊件接地；（B）焊机外壳接地；（C）焊机外壳与焊件同时接地；（D）以上全对。

Jf2A4312 使用钢丝绳索卡时，一定要把螺栓拧紧，直到钢丝绳直径被（**A**）左右为止。

（A）压扁1/3；（B）压扁1/5；（C）拉长一倍；（D）压扁2/3。

Jf2A4313 大型设备运输道路的坡度不得大于（**C**）。

（A）5°；（B）10°；（C）15°；（D）30°。

Jf2A5314 吊钩和吊环的制作材料一般都采用 **20#**优质碳素钢和 **16** 锰钢，因为这种材料的突出优点是（**A**）。

（A）韧性较好；（B）硬度较好；（C）强度较好；（D）刚度较好。

Jf1A4315 **18-8** 钢和 **A3** 钢手工电弧焊对接，焊条选用（**C**），焊缝质量最佳。

（A）奥102；（B）奥407；（C）奥307；（D）奥402。

Jf1A4316 在触电者脱离电源后，如发现心脏停止跳动，应立即（**B**）。

（A）送往医院；（B）就地进行急救；（C）通知医生到现场抢救；（D）移至室内。

Jf1A4317 用电设备的电源引线不得大于（**C**）**m**，距离大于 **5m** 时，应设流动刀闸箱，流动刀闸箱至固定式开关柜或配电箱之间的引出线长度不大于 **40m**。

（A）10；（B）8；（C）5；（D）3。

La4A3318 识读整套施工图纸时，首先要看的是（**A**）。

（A）图纸目录；（B）施工图说明；（C）设备材料表；（D）热力系统图。

La4A4319 在设备制造厂提供的技术资料中，系统图是安装施工的重要依据之一，它表示了（**B**）。

（A）机械、电气等设备总体情况；（B）系统内设备、区域间相互的关系；（C）机械、电气等设备的工作原理；（D）机电设备装配结构关系。

Lb5A1320 受热面的组合支架由组合支墩及（**A**）两部分组成。

（A）承托面；（B）钢结构支墩；（C）砖砌支墩；（D）钢筋混凝土支墩。

Lb5A1321 闸阀的类型代号为（**B**）。

（A）J；（B）Z；（C）A；（D）S。

Lb5A2322 受热面管通球实验时，所用压缩空气采用的压力为（**C**）**MPa**。

（A）0.1～0.2；（B）0.2～0.4；（C）0.4～0.6；（D）0.6～0.8。

Ld1A1323 循环流化床锅炉比普通煤粉锅炉入炉煤的颗粒一般要（**B**）。

（A）较细；（B）较粗；（C）粗细接近；（D）略微细小或粗大些，但决不能一致。

Jb5A2324 手动弯管机一般可弯制管径在（**B**）**mm** 以下的钢管。

（A）24；（B）38；（C）50；（D）100。

Jd5A1325 阀门研磨所用的纱布，按砂粒的粗细可分为**00** 号、**0** 号、**1** 号、**2** 号，其中（**A**）号最细。

（A）00；（B）0；（C）1；（D）2。

Je5A1326　汽包外径测量是指其（D）。

（A）水平外径；（B）垂直外径；（C）任意外径；（D）水平外径和垂直外径。

Je5A1327　省煤器单排管水压试验时，试验压力应为省煤器工作压力的（C）倍。

（A）1；（B）1.25；（C）1.5；（D）2。

Je4A1328　锅炉水冷壁刚性梁的组合工艺过程为（C）。

（A）焊接长方形钢板、组装工字钢、划线定位；（B）划线定位、组装工字钢、焊接长方形钢板；（C）划线定位、焊接长方形钢板、组装工字钢；（D）组装工字钢、划线定位、焊接长方形钢板。

Jf5A1329　被电击的人能否获救的关键在于（D）。

（A）触电的方式；（B）人体电阻的大小；（C）触电电压的高低；（D）能否尽快脱离电源和实行紧急救护。

Jf5A2330　灭火器应（B）检查一次。

（A）半年；（B）1年；（C）一年半；（D）两年。

Jf5A3331　按物质燃烧特性，可将火灾分为（D）类。

（A）2；（B）3；（C）4；（D）5。

Jf5A3332　在易燃易爆场所，不能使用（A）工具。

（A）铁制；（B）铜制；（C）木制；（D）铍青铜。

Jf5A3333　使用（A）时，操作者的双手、手套及工具等不得沾染油脂。

（A）氧气瓶；（B）氢气瓶；（C）氮气瓶；（D）液化石油

气钢瓶。

Jf5A4334　起重机的钢丝绳在卷筒上的极限安全圈应保证在（C）圈以上。

（A）1；（B）2；（C）3；（D）4。

Jf5A4335　锅炉压力容器以下一般缺陷中，（C）是最危险的缺陷。

（A）均匀腐蚀；（B）变形；（C）裂纹；（D）内部沉积污垢。

4.1.2 判断题

判断下列描述是否正确。对的在括号内打“√”，错的在括号内打“×”。

La5B1001 电荷在导体中做定向运动称为电流。（√）

La5B1002 分子运动和物质的温度无关。（×）

La5B1003 比体积和密度是互不相关联的概念。（×）

La5B1004 工质熵的变化量 Δs 若是增加的，表明工质吸热；反之为放热。（√）

La5B1005 温度是指物体的冷热程度，热量是指靠温差而传递的能量。所以二者的含义不同。（√）

La5B1006 理想气体或可以被视作理想气体的工质，当其温度不变时，压力和比体积成反比。（√）

La5B1007 因为温度不变，所以工质肯定不吸热，也不放热。（×）

La5B1008 如果工质对外做功，则其肯定吸热了。（×）

La5B1009 钢是铁和碳的合金，含碳量在 2%以下的铁碳合金属于钢，即可被称作钢。（√）

La5B1010 把淬火后的钢再进行高温回火的热处理方法为调质处理。（√）

La5B1011 钢的弹性极限，是指材料未发生永久变形时达到的最大应力。（√）

La5B1012 法定计量单位中，长度单位为千米，其单位符号用 km 表示。（×）

La5B1013 法定计量单位中，时间单位为小时，其单位符号用 h 表示。（×）

La5B1014 力矩反映的是力对某一点的转动效果。（√）

La5B1015 将大小相等、方向相反，作用线在一条直线上的两个力称为力偶。（×）

La5B1016 一个工程大气压等于 9800mm 水柱产生的压力。（×）

La5B1017 $1kgf/cm^2$ 等于 1 个工程大气压。（√）

La5B2018 阀门 J11T-16KDg25 指外螺纹连接直通式铜密封面截止阀，公称压力 1.6MPa，公称直径 25mm。（×）

La4B1019 全电路中电流与电动势成正比，与总电阻成反比。（√）

La4B1020 热力学第二定律解决的是热变功过程中的量的关系。（×）

La4B1021 在三相供电线路中有四根线，其中三根带电的线称作相线，另一根不带电的线称作零线或中性线。（√）

La4B1022 热力学第二定律解决的是热变功过程中的方向、条件和限度等问题。（√）

La4B1023 一定的压力下，水的饱和温度只有一个。（√）

La4B1024 水的饱和温度随着压力的提高而减小。（×）

La4B1025 应力是指单位截面积上的内力，表达了杆件截面上内力分布的密集程度。（√）

La4B1026 构件抵抗破坏的能力，我们称为刚度。（×）

La4B1027 构件抵抗变形的能力，我们称为强度。（×）

La4B1028 强度是指构件抵抗破坏的能力。（√）

La4B1029 稳定性是指构件维持原有平衡形式的能力。（√）

La4B1030 杆件受力发生变形，基本的变形形式有四种：拉伸或压缩、剪切、扭转、弯曲。（√）

La4B2031 钢的含碳量越多，其强度、硬度越高，但塑性、韧性下降。（√）

La4B2032 碳素钢按质量可分为低、中、高碳钢。（×）

La4B2033 碳素钢按用途可分为结构钢和工具钢。（√）

La4B3034 普通低合金钢 16Mn 钢管，推荐使用温度为 –20～450℃。（×）

La4B3035 含碳量低于2%的铁碳合金称为钢，也叫碳素钢。钢和铁的化学成分除含碳量区别外，其中硅、锰、硫、磷等含量也比铁少。（√）

La4B4036 M24×1表示公称直径为24mm，单线的粗牙普通螺纹。（×）

La3B1037 接地保护的原理，主要是利用接地线路电阻要比人体电阻大得多，使接地线路承担大部分电压而对人体起到保护作用。（×）

La3B1038 大小和方向均按正弦规律变化的电流叫正弦交流电。（√）

La3B1039 正弦交流电流每分钟内波动的次数，称为频率，以符号f表示。（×）

La3B1040 正弦交流电流的最大值是其有效值的$\sqrt{2}$倍。（√）

La3B1041 一般交流电压表、电流表上的读数均是其平均值。（×）

La3B1042 水的汽化潜热是随压力的升高而减小的。（√）

La3B1043 水蒸气在遇冷的管道表面而发生凝结时，形成水膜，水膜对凝结放热系数的影响是水膜增厚，换热系数增大。（×）

La3B2044 流体的密度会随其所处位置的不同而变化。（×）

La3B2045 流体最主要的特性是其极易变形的特性，即流动性。（√）

La3B2046 随着温度的升高，流体的黏度降低。（×）

La3B2047 液体和气体的黏度随温度变化的规律是不相同的。（√）

La3B2048 流体与塑性体虽然受力都会变形，但二者还是有着最本质的区别。（√）

La2B2049 应力是指杆件截面积上的总内力。（×）

La2B2050 构件抵抗破坏的能力，我们称为强度。（√）

La2B2051 大小相等、方向相同、作用线不在一条直线上的两平行力可称为力偶。（×）

La2B2052 若平面汇交力系平衡，则合力肯定为零。（√）

La2B2053 碳素钢按含碳量不同可分为低、中、高碳钢。（√）

La1B2054 钢的含碳量越高，其塑性和韧性越大。（×）

La1B2055 刚度是指构件抵抗变形的能力。（√）

Lb5B1056 壁温小于或等于500℃的受热面管，以及水冷壁管、省煤器管所用钢材一般为优质碳素钢20号钢。（√）

Lb5B1057 一般在常温常压下，选用金属垫片。（×）

Lb5B1058 高压阀门的衬垫主要使用金属齿形垫。（√）

Lb5B1059 锅炉每小时产生蒸汽的量，称为锅炉出力。常用符号 *D* 表示，单位为t/h。（√）

Lb5B1060 锅炉受热面部件主要包括汽包、联箱、水冷壁、下降管、空气预热器、省煤器、过热器及再热器等。（×）

Lb5B1061 火力发电厂的三大主机是指锅炉、汽轮机、主变压器。（×）

Lb5B1062 过热器作用是把水加热成一定参数的过热蒸汽。（×）

Lb5B2063 省煤器作用是利用烟气的余热提高进入汽包的给水温度，从而提高热效率。（√）

Lb5B2064 水冷壁的作用一方面吸收炉膛辐射热，使管中一部分水受热变成蒸汽；另一方面保护炉墙不被烧坏。（√）

Lb5B2065 蒸发联络管的作用是把过热器中的蒸汽引入汽轮机。（×）

Lb5B2067 省煤器再循环管道，作用是使汽包与省煤器形成一个自然循环回路，在点炉和停炉的过程中保护省煤器。（√）

Lb5B2068 锅炉汽温调节，使用表面式减温器，比使用混合式减温器对冷却水质的要求高。（×）

Lb5B2069 过热器的传热过程中高温烟气主要是以导热和辐射的方式向过热器外壁传热的。（×）

Lb5B2070 汽包内汽水分离装置作用是减少蒸汽带水，以获得合格蒸汽。（√）

Lb5B2071 HG-1000/180-555/555 表示哈锅制造容量 1000t/h，过热蒸汽压力为 180kgf/cm^2，过热蒸汽及再热蒸汽温度均为 555℃。（√）

Lb5B2072 亚临界压力机组汽水系统的密封因为要求很高，所以应选用具有相当高机械强度和很好回弹性的金属垫件。（×）

Lb5B2073 锅炉受热面的安装包括水冷壁、过热器、省煤器和再热器、汽包及下降管等设备的安装。（√）

Lb5B2074 按电力建设惯例，火电安装的工期是从主厂房开挖开始算起的。（×）

Lb5B2075 按电力建设惯例，火电安装的工期是从锅炉大件吊装第一钩开始算起的。（√）

Lb5B3076 水冷壁组合件的找正是把水冷壁同钢架或汽包的相对位置调整好，把标高和水平调整好。（√）

Lb5B3077 锅炉化学清洗方法近年来主要采用浸泡法。（×）

Lb5B3078 锅炉化学清洗方法近年来主要采用循环法。（√）

Lb5B3079 受热面清扫的目的只是为在炉内进行检修工作创造条件。（×）

Lb5B3080 锅炉水压试验时的升压过程中，应停止锅炉内外的一切检修工作。（√）

Lb5B3081 水冷壁在组合后其联箱允许水平度为 2mm。（√）

Lb5B3082 水冷壁在组合件的对角线差最大不超过 20mm。（×）

Lb5B3083 对于下降管，外径为 159mm，其对口端面的偏斜值不超过 2mm。（×）

Lb5B3084 组合件单片的水压试验目的是检查管子焊口及铁件焊缝的强度和严密性，以便及时消除缺陷。（√）

Lb5B4085 过热器的组合架形式分立式与卧式两种，而现在多采用卧式组合法。（√）

Lb5B4086 燃油系统安装结束后，所有管道须经过工作压力下的水压试验合格，并办理签证。（×）

Lb5B5087 燃油系统安装结束后，所有管道须经过 1.25 倍工作压力下的水压试验合格（最低试验压力大于或等于 0.4MPa），办理签证。（√）

Lb4B1088 自然循环锅炉的水循环是依靠汽、水的密度差来进行的，随着压力的升高，汽水的密度差增大，自然循环也就容易了。（×）

Lb4B2089 顶棚过热器的主要作用是用来构成轻型平顶炉。（√）

Lb4B2090 省煤器的引出管与汽包连接处加装保护套管，其目的是为了改善汽包的工作条件，防止汽包壁的损伤。（√）

Lb4B2091 省煤器的工作原理是烟气在省煤器管内流过，水在管外流动，当水经过省煤器时，吸收了烟汽热量，从而提高温度。（×）

Lb4B2092 现代大型自然循环锅炉都采用大直径集中下降管，是为了减小阻力、节约钢材。（√）

Lb4B2093 现代高参数、大容量锅炉常采用沸腾式省煤器。（×）

Lb4B2094 随着锅炉参数的提高，过热器的吸热量将大大减少。（×）

Lb4B2095 随着锅炉参数的提高，过热器的吸热量将大大增加。（√）

Lb4B2096 锅炉水平烟道中的对流过热器采用垂直布置，

其优点是便于疏水。（×）

Lb4B2097 锅炉水平烟道中的对流过热器采用垂直布置，其优点是不易积灰。（√）

Lb4B2098 锅炉运行时，水冷壁是以热传导为主进行吸热的。（×）

Lb4B2099 锅炉运行时，水冷壁是以辐射导为主进行吸热的。（√）

Lb4B2100 汽水分离装置既能降低蒸汽机械携带的盐分含量，又能解决蒸汽溶盐的问题。（×）

Lb4B2101 汽水分离装置只能降低蒸汽机械携带的盐分含量，而无法解决蒸汽溶盐的问题。（√）

Lb4B2102 喷水减温器的缺点是笨重，调节不灵敏，容易造成蒸汽的热偏差。（×）

Lb4B2103 汽包入口处装置进口挡板，其作用是用来消除汽水混合物的动能，使汽水初步分离。（√）

Lb4B2104 受热面低温腐蚀，一般发生在烟气温度较低的低温段空气预热器的冷段。（√）

Lb4B2105 锅炉低温段过热器一般采用逆流布置。（√）

Lb4B2106 垂直式过热器的主要缺点是停炉后管内积水难以排除，长期停炉将引起管子腐蚀。（√）

Lb4B2107 减温器装于过热器出口段，调节汽温惰性小，反应灵敏，但是不能很好地保护过热器本身。（√）

Lb4B3108 锅炉组合场地的规划首先考虑的是运输条件。（×）

Lb4B3109 锅炉组合场地的规划首先考虑的是起重机械。（√）

Lb4B3110 大型锅炉的组合场地以布置在炉后侧为最合适。（×）

Lb4B3111 大型锅炉的组合场地以布置在锅炉房扩建端。（√）

Lb4B3112 对于悬吊式汽包锅炉而言，倘若汽包质量较大，一般应采用单独吊装汽包的方法。（√）

Lb4B3113 对于悬吊式汽包锅炉而言，倘若汽包质量较大，一般应采用汽包与炉顶组合吊装。（×）

Lb4B3114 组合场规划首先考虑起重机械，这是因为一般安装工程都是根据工期、起重机械来确定设备的组合方式。（√）

Lb4B3115 锅炉安装的施工组织设计的内容主要包括施工进度、锅炉组合件的划分、锅炉组合场及其设备的布置、吊装方案及吊装顺序。（√）

Lb4B3116 组合场设备的布置方式一般有混合及分开布置方式，目前我国大多数工程都采用分开布置方式。（×）

Lb4B3117 组合场机具的布置主要是指塔式起重机的布置。（×）

Lb4B3118 组合件布置得合理，可以充分地利用场地面积和起重机械，给施工带来方便。（√）

Lb4B3119 水压试验要求在 1.25 倍锅炉工作压力下的 10min 内，压力下降不超过 0.5MPa，否则无效。（×）

Lb4B3120 水压试验要求在 1.25 倍锅炉工作压力下的 20min 内，检查期间压力应保持不变，否则试验无效。（√）

Lb4B3121 锅炉水压试验时，上水温度不超过 100℃。（×）

Lb4B3122 蒸汽严密性试验，是锅炉点火启动后，在额定参数下进行的一项试验。（√）

Lb4B3123 受热面、汽包、联箱主要设备的安装标高允许误差为 5mm。（×）

Lb4B4124 锅炉受热面、汽包、联箱主要设备的安装标高允许误差为±5mm。（√）

Lb4B4125 锅炉酸洗时，主要清除管内油污、泥垢，使碱洗能起到较好的效果。（×）

Lb4B4126 锅炉酸洗，主要是清除掉金属物件上的高温氧

化物和大气腐蚀物。(√)

Lb4B4127 锅炉化学清洗后能在金属内表面形成一层良好的防腐保护膜。(√)

Lb4B4128 硬度符号“HB”表示洛氏硬度，硬度符号“HRC”表示布氏硬度。(×)

Lb4B5129 直流锅炉的超压水压试验压力规定为再热器进口联箱工作压力的1.5倍。(×)

Lb4B5130 在活塞式主安全阀的活塞环径测量、研磨好后，应抹上油。(×)

Lb4B5131 悬吊式锅炉定期排污管应有坡度，其坡度应以水冷壁下联箱向下膨胀值和定排管实长为准计算。(√)

Lb3B1132 在不利用抽汽过热度的条件下，给水加热可能达到的最高温度受抽汽压力的限制。(√)

Lb3B1133 乏汽在凝汽器内放热冷却的过程中，熵增大。(×)

Lb3B1134 水冷壁外壁与高温烟气之间的传热主要是对流传热方式。(×)

Lb3B1135 水冷壁内的汽水混合物直接接受高温烟气的辐射热而提高温度。(×)

Lb3B1136 饱和蒸汽在过热器中被加热成过热蒸汽，其传热方式主要是导热加对流。(√)

Lb3B1137 逆流布置的过热器，蒸汽高温段在烟汽高温区，因而传热平均温差大，壁温较高，易使金属过热，安全性较差。(√)

Lb3B2138 单独提高蒸汽初压，会使汽轮机排汽干度变大。(×)

Lb3B2139 蒸汽在汽轮机内绝热膨胀中熵不变，焓增加。(×)

Lb3B2140 水击产生的内在原因是液体的惯性与压缩性。(√)

Lb3B2141 可以通过尽量加长管道和减少阀门启闭的时间来避免直接水击发生。(×)

Lb3B2142 使管内压力因水击升高不致太高的方法有：增大管道直径和在管道上装设安全阀。(√)

Lb3B3143 直流锅炉和多次强制循环锅炉都是强制循环锅炉，其蒸发受热面出口通常都是蒸汽。(×)

Lb3B3144 直流锅炉和复合循环锅炉结构上都没有汽包。(√)

Lb3B3145 直流锅炉的蒸发受热面必须呈垂直布置。(×)

Lb3B3146 直流锅炉通常是按水冷壁的结构型式来分类，主要有三种：水平围绕管圈型、垂直管屏型、多行程迂回管带型。(√)

Lb3B3147 多次强制循环锅炉的水冷壁布置较自然循环锅炉而言灵活一些，而且直径也可小一些。(√)

Lb3B3148 锅炉在点火和熄火时都必须打开省煤器再循环门。(√)

Lb3B3149 卫燃带的作用是利用耐火材料遮盖部分水冷壁受热面，以减少该小部位吸热量，以保证炉膛温度。(√)

Lb3B3150 旋风子除尘的工作原理是利用烟气导入旋风子，由于旋转产生向心力作用，使一部分灰粒甩向周壁而落下，烟气被分离排出。(×)

Lb3B3151 水膜除尘器的工作原理，主要是利用离心分离原理和水的冲洗、湿润和吸附作用来分离飞灰。(√)

Lb3B3152 旋流式燃烧器，一般布置于锅炉的后墙或两侧墙位置。(×)

Lb3B3153 直流式燃烧器，通常布置于锅炉的四角，其中心线在炉膛中心部位构成上一个假想切圆。(√)

Lb3B3154 选择作为金属监督和装置蠕胀测点的主汽管段，称为监视段。(√)

Lb3B3155 中间储粉仓式制粉系统中粗粉分离器的作用

就是把合格的煤粉从输送介质（空气）中分离出来，送入煤粉仓。（×）

Lb3B3156 锅炉安装的施工组织设计的内容主要是施工进度及吊装方案。（×）

Lb3B3157 目前我国大多数火电工程的组合场设备的布置都采用混合方式。（√）

Lb3B3158 组合场机具的布置主要是指龙门吊的布置。（√）

Lb3B4159 金属在一定温度和应力作用下，随时间的延续发生缓慢的塑性变形的现象称为蠕变。（√）

Lb3B4160 化学清洗结束至锅炉启动时间不应超过 50 天。（×）

Lb3B4161 对质量有影响的三种人员是：管理人员、执行人员、验证人员。（√）

Lb3B4162 全面质量管理的一个重要观点是通过提高工作质量来保证产品质量。（√）

Lb3B4163 GB/T 19000 系列标准中的质量体系要求可取代规定的技术要求。（×）

Lb3B4164 现场管理主要是包括过程质量控制、质量管理点质量改进和质量管理小组活动等。（√）

Lb2B4165 盘形弹簧安全阀弹簧压缩试验的压力为 1.25 倍工作压力。（×）

Lb2B4166 对外表面缺陷深度超过管子规定厚度的 20%以上时，应提交业主和制造厂研究处理及签证。（×）

Lb2B4167 ISO9000 系列标准描述了质量体系应包括哪些要素，而不是描述某一组织如何实施这些要素。（×）

Lb2B4168 质量记录是指直接或间接地证明产品或质量质量体系是否符合规定要求的证据。（√）

Lb2B5169 锅炉投入运行前要酸洗，采用盐酸时，清洗液浓度一般为 5%以内。（√）

Lb2B5170 属于分步试运措施和方案，由建设单位经理审批，交安装单位执行。（×）

Lb2B5171 安装设备应按规定随设备提供出厂合格证明和零部件清单，如无上述资料，应由工程部门索取。（×）

Lb1B2172 自然循环锅炉的水循环是依靠汽、水的密度差来进行的，随着压力的升高，汽水的密度差减小，自然循环就难了。（√）

Lb1B2173 随着锅炉参数的提高，过热器的吸热量将大大增加。（√）

Lb1B2174 强制循环锅炉蒸发受热面中工质的流动主要是借助于水泵的压力来实现的。（√）

Lb1B2175 多次强制循环锅炉结构上一个重要的特征就是没有汽包。（×）

Lb1B2176 复合循环锅炉是介于自然和强制循环之间的一种水循环方式锅炉。（×）

Lb1B4177 悬吊式锅炉尾部烟道包覆过热器找正，应以上联箱为准。（×）

Lb1B4178 悬吊式锅炉水冷壁找正，应以上联箱为准。（√）

Lc5B2179 工作票必须由分场主任或副主任签发，或由分场主任提名经企业领导人签发，其他人员签发工作票是无效的。（√）

Lc5B4180 全面质量管理要求做到“三全一多样”，即全员、全过程、全企业的多样管理方法。（√）

Lc4B1181 36V 以下的电压，对人体绝对安全，故称绝对安全电压。（×）

Lc4B1182 对于一般碳钢采用气焊焊接，可采用中性焰。（√）

Lc4B4183 吊钩上的缺陷不得进行焊补。（√）

Lc4B4184 电焊机倒换接头、转移工作地点或发生故障

时，必须切断电源。（√）

Lc3B3185 重量达到起重机械额定负荷的95%，必须办理安全施工作业票，并应有施工技术负责人在场指导，否则不得施工。（√）

Lc3B3186 进行焊接、切割与热处理工作时，应有防止触电爆炸和防止金属飞溅引起火灾的措施，并应防止灼伤。（√）

Lc3B4187 钢丝绳用编结法连接时，编结长度应大于钢丝绳直径的10倍，且不得小于200mm。（×）

Lc3B4188 进入汽包前，应用轴流风机通风，待汽包壁温降到50℃以下，方可进入。（×）

Lc3B4189 进行管子热弯或配合焊接时，施工人员不应戴手套。（×）

Lc3B4190 焊机的空载电压一般不超过 100V，否则对焊工产生危险。（√）

Lc3B4191 焊条横向摆动的目的是为了获得一定宽度的焊缝。（√）

Lc3B4192 手弧焊时，主要应保持电弧长度不变。（√）

Lc3B4193 低碳钢焊前一般不需要预热。（√）

Lc3B4194 焊条受潮后，焊前进行烘干就可以了。（×）

Lc3B4195 珠光体耐热钢与普通低合金钢焊接时的主要问题是，在焊接接头的热影响区容易产生冷裂纹。（√）

Lc3B4196 焊缝表面经机械加工后，能提高其疲劳强度。（√）

Lc3B4197 在使用吊环前，应检查螺丝杆部位是否有损伤及弯曲变形现象。（√）

Lc3B4198 在起吊重物时，所用的千斤绳夹角越大，则千斤绳受力愈大；反之夹角愈小，千斤绳受力愈小。（√）

Lc3B4199 起吊重物前应先进行试吊，确认可靠后才能正式起吊。（√）

Lc3B4200 高处工作用的脚手板或吊架，须能足够承受站

在上面的人员和材料的质量。（√）

Lc2B3201 遇有六级以上大风或恶劣气候时，应停止露天高处作业。（√）

Lc2B3202 起重机在工作中遇到突然停电时，应先将电源切断，然后将所有控制器恢复到零位。（×）

Lc2B4203 直流正接法是指焊条接正极，焊件接负极。（×）

Lc2B4204 电动葫芦在工作中，可以倾斜起吊或作拖拉工具使用。（×）

Lc2B4205 卸扣在使用中应注意其受力方向，其力点应在卸扣的弯曲部分。（√）

Lc2B5206 经济效果，是指生产成果和生产消耗互相比较的结果。（√）

Lc2B5207 企业管理的目的，与生产关系和社会制度没有关系。（×）

Lc2B5208 编制物资供应计划的主要依据，是物资消耗定额。（√）

Lc1B5209 全面质量管理简称 TQC，它是全员的、全过程的和全企业的质量管理。（√）

Lc1B5210 人工费属于间接费。（×）

Lc1B5211 统计分析法属于制定劳动定额的方法之一。（√）

Lc1B5212 施工管理费是不能计入工程成本的费用支出额。（×）

Jd5B3213 使用钻床时，加工精度较高的工件，应比加工精度较低的选用转速高。（×）

Jd5B3214 钻床的钻速随选用钻头直径的增大，应适当提高。（×）

Jd5B4215 錾子淬火后再磨削刃部，必时常浸水，以防退火。（√）

Jd5B4216 在虎钳上锉工件平面，装夹工件时，工件应略高于钳口。（√）

Jd5B4217 钳工錾削，使用平錾时，其錾刃前进方向的角度应掌握是55°，才易于錾削。（×）

Jd5B4218 钳工錾削，使用平錾时，其錾刃前进方向的角度应掌握是45°，才易于錾削。（√）

Jd4B3219 选用锯条锯齿的粗细，可按切割材料的厚薄和软硬程度来决定。（√）

Jd4B3220 錾子的夹角，用于加工一般碳素结构钢时，其尖角应控制为20°～30°。（×）

Jd4B3221 碳钢齿形垫比合金钢齿形垫适用介质的温度更高一点。（×）

Jd3B3222 法兰之间的垫片，当设计压力PN≤10.0MPa，温度t≤450℃时，使用石棉橡胶垫。（√）

Jd3B3223 普通低合金钢的15MnV钢管，推荐使用温度–20～450℃，允许的上限温度500℃。（√）

Jd2B3224 普通低合金钢的15MnV钢管，推荐使用温度–50～475℃，允许的上限温度500℃。（×）

Jd1B3225 普通低合金钢的16Mn钢管，推荐使用温度–40～450℃，允许的上限温度475℃。（√）

Je5B1226 分部试运是对各单项设备或系统，在投入整套试运前进行单独试运行，其目的是尽可能提前发现和消除缺陷，以保证机组整套联合试运安全、顺利地进行。（√）

Je5B1227 受热面均由无缝钢管制成，管端与汽包或联箱相连（空气预热器除外），高压以上锅炉多采用胀接方式。（×）

Je5B1228 一般工地为了组合、安装方便，要根据组合件的划分和相互配合对设备进行组合编号。（√）

Je5B1229 管子通球检查是检查管子内径变小情况、是否畅通，弯头处截面变形情况等。（√）

Je5B2230 ϕ60×4.5mm、弯曲半径250mm的管子通球可

选$\phi43$的钢球和木球。（√）

Je5B2231 若受热面设备清点检查中发现外表面缺陷深度超过管子规定厚度 7%，一般应更换或让业主和制造方商量研究处理。（×）

Je5B2232 管子通球检查时，应先通球，后吹扫。（×）

Je5B2233 受热面管焊接对口一般应做到内壁平齐，内壁错口不应超过 1mm。（×）

Je5B2234 受热面管焊接对口一般应做到内壁平齐，内壁错口不应超过壁厚的 10%，且不大于 1mm。（√）

Je5B2235 壁厚小于 16mm 的受热面管的焊接坡口角度，一般要求为 37°±2°。（×）

Je5B2236 壁厚小于 16mm 的受热面管的焊接坡口角度，一般要求为 32°±2°。（√）

Je5B2237 联箱找正是保证受热面组合件几何尺寸和外形的正确。（√）

Je5B2238 合金钢管在热弯管过程中可以向管子上浇水。（×）

Je5B2239 充砂加热弯管，弯头的最小弯曲半径不小于该管外径的 2 倍。（×）

Je5B2240 充砂加热弯管，弯头的最小弯曲半径不小于该管外径的 3.5 倍。（√）

Je5B2241 水位计在锅炉整体水压试验时，它应该不用参加水压试验。（×）

Je5B2242 水位计在锅炉整体水压试验时，它应该参加 1.25 倍工作压力的水压试验。（×）

Je5B3243 受热面管子对口时，管端内外壁 25mm 范围内，焊前应该清除油污和铁锈，直至发出金属光泽。（×）

Je5B3244 受热面管子对口时，管端内外壁 10～15mm 范围内，焊前应该清除油污和铁锈，直至发出金属光泽。（√）

Je5B3245 水压试验开始升压前必须把设备内部空气排

净，一般是通过设备最高点和上联箱排空管。（√）

Je5B3246　管子进行热弯时，对于碳钢加热温度应控制在1000～1050℃。（×）

Je5B3247　管子进行热弯时，对于碳钢加热温度应控制在950～1000℃。（√）

Je5B3248　锅炉水压试验时，上水温度不超过40℃。（×）

Je5B3249　锅炉水压试验时，上水温度不超过80℃。（√）

Je5B3250　管道安装时，管子接口不应布置在支吊架上，要求做到接口至支吊架中心线不得小于100mm。（×）

Je5B3251　管道安装时，管子接口不应布置在支吊架上，要求做到接口至支吊架边缘不得小于50mm。（√）

Je5B3252　管子直管部分、相邻两焊缝的距离，不应小于150mm，且不小于管子外径。（√）

Je5B3253　受热面管子对口偏折度用直尺检查，在距焊缝中心200mm处，离管外壁不大于3mm。（×）

Je5B3254　清除联箱内杂物，是指用压缩空气吹去联箱内杂物，并去掉由于制造加工留在联箱管孔周围的毛边。（√）

Je5B3255　所有的合金钢管对口焊接时都必须预热。（×）

Je5B3256　北方寒冷冬季户外不允许进行中、高合金钢（不包括奥氏体钢）的对口焊接工作。（√）

Je5B3257　组合架的型钢承托面标高最大误差不得超过20mm，否则应在墩及型钢间增减铁板来调整。（×）

Je5B3258　若汽包上中心线铳眼找不着，可根据下降管座位置用拉线法画出管座的纵向中心线，作为汽包的纵向中心线。（√）

Je5B3259　对于大直径的降水母管地面焊接，其焊口要求一次焊完。（√）

Je5B3260　前后水冷壁组合支架必须搭设4m多高的支墩。（×）

Je5B3261　组合件单片或临时管道系统水压试验时，其封

闭管口用的堵头中，内堵头比活络堵头使用方便，故应用多。（×）

Je5B3262 汽包锅炉水冷壁找正时，设备的前后尺寸，以汽包为准向前后测量；左右尺寸以汽包横向中心线为准向左右测量。（√）

Je5B3263 汽包水位计在安装时，应根据图纸尺寸，以汽包中心线为基准，在水位计标出正常、高低水位线，其误差不大于 1mm。（√）

Je5B3264 燃油管道上的垫片应按设计选用，公称压力大于 3.95MPa 时，宜采用具有椭圆形断面的 0 号铝垫。（√）

Je4B2265 悬吊式锅炉以上联箱为主，受热面管排相互距离允许差为±5mm。（√）

Je4B2266 焊件对口应做到内壁齐平，其对接单面焊的局部错口值不应超过壁厚的 10%，且不大于 1mm。（√）

Je4B2267 焊件对口应做到内壁齐平，对接单面焊的局部错口值不应超过壁厚的 10%，且不大于 5mm。（×）

Je4B2268 焊件对口应做到内壁齐平，对接双面焊的局部错口值不应超过壁厚的 10%，且不大于 1mm。（×）

Je4B2269 焊件对口应做到内壁齐平，对接双面焊的局部错口值不应超过壁厚的 10%，且不大于 3mm。（√）

Je4B2270 受热面管子对口偏折度用直尺检查，距焊缝中心 200mm 处离壁外缘一般不大于 5mm。（×）

Je4B2271 受热面管子对口偏折度用直尺检查，距焊缝中心 200mm 处离壁外缘一般不大于 2mm。（√）

Je4B2272 汽包、联箱吊装必须在锅炉构架找正和固定之前进行。（×）

Je4B2273 水冷壁安装，其联箱的水平度允许偏差为 2mm。（√）

Je4B2274 水冷壁组合件的组件平面度允许偏差为±10mm。（×）

Je4B2275 顶棚管过热器管排平整度允许偏差为±5mm，管子间距应均匀。（√）

Je4B3276 对安装后出现缺陷不能处理的受热面管子，在组装前应做一次单根水压试验或无损探伤。（√）

Je4B3277 组合支架的几何形状和几何尺寸应按组合件的形状和尺寸设计，支架高度一般为 1～1.5m。（×）

Je4B3278 组合支架的搭设方向要依据组合件起吊的需要，即组合支架的方向和组合件起吊的方向相反。（×）

Je4B3279 一般水冷壁吊装就位后，进行临时找正时，其联箱标高应略低于其设计标高。（×）

Je4B3280 一般水冷壁吊装就位后，进行临时找正时，其联箱标高应该略高于其设计标高。（√）

Je4B3281 汽包的纵向中心线可根据下降管座位置用拉线法画出。（√）

Je4B3282 水冷壁组合件型大身重，一般型钢已不能满足加固要求，需采用专门设计的工字钢加固，才能不出意外。（×）

Je4B3283 水冷壁组合件型大身重，一般型钢已不能满足加固要求，需采用专门设计的桁架来加固，才能不出意外。（√）

Je4B3284 锅炉整体水压试验时，进水如水温和室温温差大时，进水应该慢些。（√）

Je4B3285 锅炉水压试验升压速度，在压力达到锅炉工作压力之前一般不宜超过 0.1MPa/min。（×）

Je4B3286 锅炉水压试验升压速度，在压力超过工作压力之后不宜超过 0.1MPa/min。（√）

Je4B3287 锅炉大件吊装后应复查立柱倾斜度、主梁弯曲值和各部位主要尺寸。（√）

Je4B3288 对于受热面合金管，组合前必须进行光谱分析。（√）

Je4B3289 受热面管子的坡口面及内外壁的 20～25mm 范围内，均应清除至可见金属光泽。（×）

Je4B3290 一般弹簧吊架安装前，应按图要求值进行对弹簧拉伸试验并临时点焊固定弹簧盒。（×）

Je4B3291 对要求流阻较小或介质在两个方向流动时，一般选用闸阀。（√）

Je4B3292 悬吊式锅炉尾部烟道包覆过热器找正，应以上联箱找正为准。（×）

Je4B3293 悬吊式锅炉尾部烟道包覆过热器找正，应以下联箱找正为准。（√）

Je4B3294 高温段过热器位置找正后，必须检查其蛇形管下部与后水冷壁折焰角上部的间隙，应大于高温段过热器蛇形管往下膨胀值。（√）

Je4B4295 悬吊式直流锅炉各受热面组合件的找正：联箱位置的确定应以汽包的纵、横中心线为标准。（×）

Je4B4296 悬吊式直流锅炉各受热面设备的找正，联箱位置的确定，应以炉顶板梁横纵中心为基准。（√）

Je4B4297 管子热弯时，对合金钢加热温度应控制在950～1000℃。（×）

Je4B4298 管子热弯时，对合金钢加热温度应控制在1000～1050℃。（√）

Je4B4299 汽包安装后的水平偏差值为2mm。（√）

Je4B5300 过热器组合时，当联箱固定后，应焊最外道或中间一排管排，作为基准管。（√）

Je4B5301 在锅炉启停过程中，要控制汽包上下壁温温差在50℃。（√）

Je3B3302 锅炉组合场地的规划首先考虑的是起重机械，其次是运输条件及组合件的占地、重量。（√）

Je3B3303 过热器一般不进行化学清洗。（×）

Je3B3304 再热器通常不进行化学清洗。（√）

Je3B4305 化学清洗的临时系统的焊接工作宜采用氧焊，其中不包括排放管段。（×）

Je3B4306 化学清洗的临时系统的焊接工作宜采用氩弧焊，其中不包括排放管段。（√）

Je3B4307 化学清洗的临时系统所用的阀门本身不得有铜部件。（√）

Je3B4308 汽包工作压力大于5.88MPa的汽包锅炉汽包或过热器出口的安全阀校验时，其控制安全阀的动作压力为1.08倍工作压力。（×）

Je3B4309 汽包工作压力大于5.88MPa的汽包锅炉的汽包或过热器出口的安全阀校验时，其控制安全阀的动作压力为1.05倍工作压力。（√）

Je3B4310 锅炉安全阀校验时一般从动作压力较高的过热器安全阀开始，然后校验汽包控制及工作安全阀。（×）

Je3B5311 一般弹簧吊架安装前，应按图要求值进行弹簧压缩试验并临时点焊固定弹簧盒。（√）

Je3B5312 合金钢管在热弯过程中禁止向管子上浇水。（√）

Je3B5313 有些合金钢管对口焊接时不需要预热。（√）

Je3B5314 管子直管部分，相邻两焊缝的距离不应小于100mm，且不小于管子外径。（×）

Je2B3315 组合支架的设计高度一般为0.8～1m。（√）

Je2B3316 组合支架搭设的方向应和组合件起吊的方向相同。（√）

Je2B3317 汽包、联箱吊装必须在锅炉构架找正和固定之后进行。（√）

Je2B3318 水冷壁组合件的组件平面度允许偏差为±5mm。（√）

Je2B3319 锅炉水压试验时的环境温度应在−5℃以上，否则应有可靠的防寒防冻措施。（×）

Je2B4320 安全阀动作主要依靠电气定值，因此平时压缩空气气源必须予以保证，热工控制回路采用直流电源，以确保

安全阀及压缩空气回路的正常工作。（√）

Je2B4321 再热器进出口安全阀只能在冷态时校验其机械动作值。（√）

Je2B4322 在校验安全阀的过程中，只有安全阀动作了之后，我们才能向空排汽或减弱燃烧，迅速降压，使安全阀回座，并密切注意水位变化。（×）

Je2B4323 在校验安全阀的过程中，安全阀到规定动作压力不论动作与否，均应注意排汽或减弱燃烧，迅速降压，使安全阀回座，并密切注意水位变化。（√）

Je2B5324 水压试验后利用炉内水的压力冲洗取样管、排污管、疏水管和仪表管，但炉内水的压力不高于工作压力的50%。（×）

Je1B3325 670t/h 以上的锅炉机组中，水位计所用的云母体的厚度应为 0.8～1.0mm。（×）

Je1B3326 给水、减温水、连续排水等流量孔板的安装方向是大进小出。（×）

Je1B3327 给水、减温水、连续排水等流量孔板的安装方向是小进大出。（√）

Je1B3328 锅炉漏风检查中对孔、门的漏风处应用石棉绳之类堵塞来消除缺陷。（×）

Je1B3329 锅炉漏风检查中，将接合面修平并装好垫料来消除缺陷。（√）

Je1B4330 水冷壁拼缝焊接后，需进行漏风试验检查。（×）

Je1B4331 水冷壁拼缝焊接后，需进行渗油试验检查。（√）

La5B1332 法兰垫片应符合标准要求，法兰垫片内径应比法兰内径大 2～3mm。（√）

La5B1333 水压试验时，系统最高点应设排水阀，最低点应设排气阀。（×）

Lb5B2334 研磨砂按粗细可分为磨粒、磨粉、微粉。（√）

Lb5B2335 单V坡口的钝边为1～2mm，对口间隙为1～3mm，角度为30°～35°。（√）

Lb5B3336 组合架的组合支墩有砖砌支墩、钢结构支墩、钢筋混凝土支墩三种。（√）

Lb5B3337 组合架的承托面安装时，可用玻璃管水平仪或水准仪测量闪光平面水平情况，并用顶丝调整。（×）

Lb5B4338 管道水冲洗应以管内能达到的平均流量进行冲洗。（×）

Je5B1339 进行单根受热面管弯曲校正时，应稍微过弯一些。（√）

Jf5B1340 如果线路上有人工作，应在线路变压器的操作把手上挂"禁止合闸，线路有人工作！"的标示牌。（×）

Jf5B1341 发生火灾时，报警的要点是火灾地点、火势情况、燃烧物、报警人姓名及电话号码。（√）

Jf5B2342 在电力企业事故调查要及时报告，人身死亡事故、重大及以上电网事故和设备事故，应在24h内上报。（√）

Jf5B2343 在电力企业，连续无事故的累计天数，安全记录达到100天为一个安全周期。（√）

Jf4B3344 电焊产生的弧光会对人眼造成伤害，此伤害主要是X射线辐射。（×）

Jf3B2345 在火灾中，SO_2毒性是造成人员伤亡的主要物质。（×）

Jf2B1346 事故调查处理的"四不放过"原则是事故原因不清不放过；事故责任者未受到处罚、各级干部没有受到行政追究不放过；事故责任者和应受教育者未受到教育不放过；没有采取防范措施不放过。（×）

Jf2B2347 磁粉探伤、渗透探伤属于表面探伤。（√）

Jf1B3348 根据循环流化床锅炉点火时床层所处的状态，

点火方式可分为流态化点火和固定床点火两种。（√）

Jf1B3349 安全检查内容以查领导、查思想、查管理、查规程制度、查隐患为主，对查出的问题要制订整改计划并监督落实。（√）

4.1.3 简答题

La5C1001　什么叫电流和电流强度？

答：电流是指在电场力的作用下，自由电子或离子所发生的有规则的运动流。电流强度是指单位时间内通过导体某一截面电荷量的代数和，它是衡量电流强弱的物理量。可用公式 $I=Q/t$ 表示。式中：I 为电流强度（A）；Q 为电荷量（C）；t 为电流通过的时间（s）。

La5C1002　热力学第一定律说明了什么问题？

答：热力学第一定律说明了热能与机械能间相互可以转换，转换必须符合能量守恒定律，即总能量保持不变。

La5C1003　平面汇交力系指什么力系，其平衡的条件又是什么？

答：作用于物体上的各力作用线都在同一平面内，而且都相交于一点的力系称为平面汇交力系。

其平衡的充要几何条件是力系中各力构成的力多边形自行封闭，充要解析条件是力系中所有各力在两个坐标轴中任一轴上投影的代数和都等于零。总之其平衡的充要条件是力系的合力等于零。

La5C1004　什么是金属的机械性能？并做简要解释。

答：金属的机械性能是指金属材料所制成的零部件，在机械载荷作用下所表现出来的抵抗失效损坏的能力，它包括强度、塑性、韧性、硬度和疲劳强度等。

强度是指金属材料抵抗变形和破坏的能力，塑性是指金属材料在外力作用下产生永久变形的能力，韧性是指金属材料抵抗冲击载荷的能力，硬度是指金属材料抵抗压入物压陷能力的大小，疲劳强度是指金属材料抵抗交变载荷所引起的变形和破坏的能力。

La5C1005　金属材料的工艺性能有哪些？

答：工艺性能是指金属材料在冷热加工过程中是否易于成型的性能。它包括铸造性能、锻造性能、焊接性能、热处理性能以及切削加工性能等。

La5C1006　什么是碳钢？按含碳量和用途如何分类？

答：碳钢是含碳量为0.02%～2.11%的铁碳合金。

按含碳量可分为：低碳钢——含碳量小于0.25%；中碳钢——含碳量0.25%～0.6%；高碳钢——含碳量大于0.6%。

按用途可分为：碳素结构钢和碳素工具钢。

La5C1007　什么是合金钢？常用的合金元素有哪些？

答：除铁和碳以外，特意加入一些其他元素的钢，称为合金钢。

常用的合金元素有：铬、镍、硅、锰、钼、钨、钒、钛、铌、硼、铝、稀土、氮、铜等。

La5C1008　合金钢有几种分类法？

答：合金钢一般有三种分类法：

（1）按用途可分为：结构钢、工具钢、特殊钢。

（2）按小尺寸试样空冷后的组织分类可分为：珠光体类钢、马氏体类钢和奥氏体类钢等。

（3）按合金元素的含量分类可分为：低合金钢、中合金钢、高合金钢。

La5C1009　耐热钢中铬和钼各起什么作用？

答：铬在耐热钢中的作用有三个：

（1）铬在耐热钢中的主要作用是提高耐腐蚀性能。

（2）加入少量的铬能提高钢的持久强度和蠕变抗力，提高组织稳定性。

（3）铬能阻止钢中的石墨化过程，并降低碳化物的球化速度。

钼在耐热钢中的主要作用有三个：

（1）提高耐热钢的强度。

（2）加入少量的钼能消除钢材的热脆性。

（3）提高钢材的耐腐蚀性。

La5C1010　材料受力变形的基本形式有哪几种？

答：① 拉伸；② 压缩；③ 剪切；④ 扭转；⑤ 弯曲。

La5C1011　什么是弹性变形和塑性变形？

答：固体在外力作用下发生变形，当外力卸去后固体能消除变形而恢复原状，这种能完全恢复的变形称为弹性变形。当外力卸去后，固体能保留部分变形而不恢复原状，这种不能恢复而残留下来的变形，称为塑性变形。

La5C1012　写出各压力单位之间的换算关系。

答：一个工程大气压=1kgf/cm^2=10mH$_2$O=735.3mmHg=98 066.5Pa。

一个物理大气压=760mmHg=1.033kgf/cm^2=10 1306Pa。

1MPa=10^{6}Pa=10.196 83kgf/cm^2=7502mmHg=101.97mH$_2$O。

La5C2013　热量传递有哪三种基本形式？并做简要解释。

答：热量的传递有三种基本方式：导热、对流和辐射。

热量从温度较高的物体传递到与之接触的温度较低的另一物体的过程称为导热。

对流是指流体各部分之间发生相对位移时所引起的热量传递过程。

物体通过电磁波来传递热量的过程称为热辐射。

La5C2014　热量传递与哪些因素有关？

答：由传热方程 $Q=KA\Delta t$ 可以看出：传热量是由三个方面的因素决定的，即冷热流体传热平均温差 Δt、换热面积 A 和传热系数 K。

La5C2015　什么是功、功率？写出公式和相应单位。

答：功是物体在力 F 的作用下，沿力的方向发生位移 s；若以 F 表示力，s 表示位移，W 表示功，则

$$W=Fs$$

力的单位是 N，位移单位是 m，功的单位是 J。

功率是功与完成功所用的时间之比，即

$$P=W/t$$

式中　P——功率；W；

W——功，J；

t——做功的时间，s。

La5C2016　写出温度、压力、比体积的定义和单位。

答：温度表示物体的冷热程度，在工程上用摄氏温标℃和绝对温标K度量温度。压力是单位面积上所受到的垂直作用力，压力常用单位是 Pa。

比体积是单位质量的工质所具有的容积，单位是 m^3/kg。

La5C3017　什么是保护接地？

答：低压电网中为防止操作员触电，往往将机器外壳接到地网，叫保护接地。

La4C1018　什么是电容器？它的作用是什么？

答：电容器是一种贮存电能的容器，常简称为电容。在电路中起隔直、沟通交流以及移相等作用。因此常用作滤波、选频、波形变换和移相；在电力系统中，利用电容器改善功率因素，以节省电能。

La4C1019　热力学常用的物理量有哪些？

答：热力学中主要的物理量有：温度、压力、比体积、功、功率、热量、比热、热容量、能、焓、熵等。

La4C1020　什么叫汽耗率？热耗率？

答：发 1kW·h 电所消耗的蒸汽量叫汽耗率，每发 1kW·h 电所消耗的热量叫热耗率。

La4C1021　什么叫绝对湿度？什么叫相对湿度？

答：每立方米湿空气中所含水蒸气的质量称湿空气的绝对湿度。相对湿度是指湿空气中水蒸气的含量与最大可能含量的比值。

La4C1022　什么叫热电联产循环？

答：为了使发电厂热能的利用更充分，现代发电厂有些采用了同时产生电能和热能的电热合供方案，其热力循环称为热电联产循环。

La4C1023　什么叫功和功率？

答：功就是力作用在物体上之后，使物体在力的作用方向上发生了位移。功的大小等于力和物体沿力的方向所移动的距离的乘积。它的单位是 N·m。例如以 10N 力，使物体沿力的方向移动 20m，那么所完成的功为：10×20=200（N·m）

单位时间内完成的功，称为功率。

La4C1024　什么是表压力、真空、绝对压力，它们之间的关系怎样？

答：表压力：用压力表计测得的压力，称为表压力，表压力是气体的绝对压力与大气压力之差值。

真空：用真空计测得的数值称为真空值。它表示大气压力超出绝对压力的差额。

绝对压力：容器内气体的真实压力称为绝对压力，压力的国际单位是 Pa 或 MPa，表压力、真空、绝对压力三者之间的关系如下式所示：当绝对压力大于大气压力时，

$$p_a=p+B$$

式中：p_a 为气体的绝对压力；p 为表压力；B 为大气压力。

对绝对压力低于大气压力时，

$$p_a=B-H$$

式中：p_a 为气体绝对压力；B 为大气压力，Pa；H 为真空。

La4C2025　什么叫饱和水，干饱和蒸汽？

答：在一定压力下，达到饱和温度的水叫饱和水，湿度为零时饱和蒸汽叫干饱和蒸汽。

La4C2026　定压下水蒸气的形成过程分为哪三个阶段，各阶段所吸收的热量分别叫什么？

答：（1）未饱和水的定压预热过程，即从任意温度的水加热到饱和水，所加入的热量叫液体热或预热热。

（2）饱和水的定压定温汽化过程，即从饱和水加热变成干饱和蒸汽，所加入的热量叫汽化热。

（3）蒸汽的过热过程，即从干饱和蒸汽加热到任意温度的过热蒸汽，所加入的热量叫过热热。

La4C2027　水蒸气的状态参数是如何确定的？

答：由于水蒸气属于实际气体，其状态参数按实际气体的

状态方程计算非常复杂，而且误差较大，不适应工程上实际计算的要求。因此人们经过长期的实验和理论研究分析计算，将不同压力下水蒸气的比体积、温度、焓、熵等列成表或绘成图，用查表、查图的方法确定其状态参数。

La4C3028　热量、比热容和热容各说明了什么？

答：热量：在加热或冷却过程中，物体吸收或放出的热能称为热量，单位是 J 或 kJ。它说明了物体在某个热力过程中热能的增减幅度。

比热容：单位质量的气体每变化（指升高或降低）1℃时所吸收或放出的热量，单位是 kJ/（kg·℃）。气体的比热与物体性质、压力、温度有关。

热容：热力学中，*m*kg 物体温升 1℃所吸收的热量，单位是 kJ/℃。热容实质上是指物体储藏热能的能力。

La4C3029　一次风的作用是什么？什么叫二次风，三次风？

答：一次风的作用是：① 输送煤粉；② 提供着火和挥发分燃烧所需的氧气；③ 对直吹式制粉系统还起磨煤干燥和通风的作用。

二次风：对乏气送粉系统，在进入炉膛的总风量中扣除一次风和炉膛漏风，余下的就是二次风量。对热风送粉系统，还要扣除三次风（即乏气量）。

三次风：在热风送粉的储仓式制粉系统中，将乏气另行布置风口排入炉膛，称为三次风。

La4C3030　钳工必须掌握的基本操作技能有哪些？

答：划线、錾削、锉削、锯削、钻孔、扩孔、锪孔、铰孔、攻螺纹、套螺纹、矫正、弯形、铆接、刮削、研磨、测量和简单的热处理。

La3C2031　影响辐射换热的因素有哪些？

答：① 黑度大小影响辐射能力及吸收率；② 温度高低影响辐射能力及传热量的大小；③ 角系数由形状及位置而定，它影响有效辐射面积；④ 物质不同，影响辐射传热，如气体与固体不同，气体辐射受到有效辐射层厚度的影响。

La3C2032　影响对流换热的因素有哪些？

答：（1）流体流动。强制对流使流体的流速高，换热好，自然对流流速低，换热效果差。

（2）流体有无相态变化。对同一种流体，有相态变化时的对流放热比无相变时强烈。

（3）流体的流动状态。对同一种流体，紊流时的放热系数比层流时高。

（4）几何因素。流体所能触及的固体表面的几何形状、大小及流体与固体表面间的相对位置。

（5）流体的物理性质。如密度、比热容、动力黏性系数、导热系数、体积膨胀系数、汽化潜热等。

La5C1033　锅炉设备一般可分为哪几个系统？

答：① 水、汽系统；② 燃烧系统；③ 风、烟系统；④ 制粉系统；⑤ 排污系统；⑥ 除灰系统；⑦ 热工监测、保护、调整系统；⑧ 脱硫、脱硝系统。

La5C2034　锅炉在火力发电厂中的作用是什么？

答：锅炉的作用是利用燃料在炉膛内燃烧产生的热量，将锅炉内的水加热蒸发，最后变成具有一定的压力和温度的过热蒸汽，送入汽轮机做功。

La5C2035　按锅炉出口压力和循环方式不同，可将锅炉分为哪几类？

答：（1）按压力分类如下：

1）低压锅炉（表压力≤1.47MPa，温度400℃以下）。

2）中压锅炉（表压力=1.57～5.79MPa，温度400～500℃）。

3）高压锅炉（表压力=5.88～13.63MPa，温度 460～540℃）。

4）超高压锅炉（表压力=13.74～16.57MPa，温度 540～570℃）。

5）亚临界压力锅炉（表压力=16.67～22.02MPa，温度540～600℃）。

6）超临界压力锅炉（表压力≥22.12MPa，温度 540～650℃）。

7）超超临界压力锅炉（表压力≥25MPa，温度 570～650℃）。

（2）按循环方式分类如下：

1）自然循环锅炉。

2）多次强制循环汽包锅炉。

3）直流锅炉。

4）复合循环锅炉。

Lb5C2036　什么叫供热循环？

答：把排出蒸汽的热量直接或间接地应用于工业、农业和生活中，则理论上蒸汽所排出的热量全部被利用，这种既供电又供热的循环称为供热循环。

Lb5C2037　锅炉定期排污和连续排污的目的是什么？

答：定期排污是排走沉积在水冷壁下联箱中的水渣和磷酸盐处理后形成的软质沉淀。连续排污是连续不断地从炉水表面附近将浓度最大的炉水排出，使炉水的含盐量不超过规定值，以保证蒸汽品质。

Lb5C2038 说明国产锅炉型号如何表示？并指出 HG-670/140-5 型炉的含义。

答：一般非再热锅炉用三组字码表示，第一组字码是锅炉制造厂汉语拼音缩写，HG 表示哈尔滨锅炉厂制造，SG 表示上海锅炉厂制造，DG 表示东方锅炉厂制造。第二组字码为一分数，分子表示锅炉容量（t/h），分母表示过热蒸汽压力（kgf/cm^2 或为 MPa）。第三组字码表示产品设计序号。例如：HG-670/140-5 型锅炉，表示哈尔滨锅炉厂制造，容量为 670t/h，过热蒸汽压力 $140kgf/cm^2$（13.72MPa），第五次设计制造的锅炉。对于再热锅炉用四组字码表示，与非再热锅炉相比，第一组、第二组、第三组字码还是相同表示方法，只是在第二、三组之间新加入一组，用分数表示，分子表示过热器出口温度（℃），分母表示在热器出口温度（℃）。

Lb5C2039 省煤器的作用有哪些？

答：利用锅炉排烟中的余热加热给水的热交换器称为省煤器。它可以降低排烟温度，提高锅炉效率，并能提高进入汽包的给水温度，确保锅炉正常的水循环，并使蒸发受热面提高产汽量。此外，由于给水温度的提高，避免了冷水与汽包壁接触，改善了汽包工作条件。

Lb5C2040 水冷壁有什么作用？

答：（1）直接吸收燃料燃烧时放出的辐射热量，把炉水加热、蒸发为饱和蒸汽。

（2）由于水冷壁管覆盖着炉墙，可以保护炉墙免受高温烟气烧坏。

（3）由于位置处于烟气温度最高的燃烧室四周，主要依靠辐射传热，提高了传热效率，节省了大量的金属材料。

（4）降低炉膛出口烟气温度，防止锅炉结焦。

Lb5C2041 汽包的作用有哪些？

答：作用有五点：

（1）汽包是加热、蒸发、过热三过程的连接枢纽。

（2）汽包中存有一定的水量，因而有一定的储热能力，在负荷变化时可以减缓汽压变化速度。

（3）汽包内存有一定的水量，可以防止或减轻锅炉负荷瞬时增加或给水中断造成的严重事故。

（4）汽包中装有各种设备，用以保证蒸汽品质。

（5）汽包上还装有压力表、水位计和安全阀等附件，以保证锅炉的安全工作。

Lb5C2042 过热器有什么作用？

答：过热器是将饱和蒸汽加热成具有一定过热度的过热蒸汽的热交换器，可以提高发电厂的热效率，可减少汽轮机最后几级的蒸汽湿度，避免叶片被水浸蚀。

Lb5C2043 什么叫空气预热器？安装空气预热器的目的是什么？

答：利用锅炉排烟余热，加热燃烧用空气的热交换器称为空气预热器。

安装空气预热器的目的有三个：

（1）吸收排烟余热，提高锅炉效率。

（2）提高空气温度，强化燃烧，降低损失，节约电能。

（3）以廉价的空气预热器材料代替一部分优质承压部件材料。

Lb5C2044 什么是工质，工质的状态参数有哪些？火力发电厂常用工质是什么？

答：工程上将实现能量转换的媒介物称为工质。工质的状态参数有压力、比体积、温度、内能、焓、熵等。火力发电厂常用工质是水蒸气。

Lb5C2045　什么是逆流、顺流，如何将其应用于锅炉上？

答：逆流、顺流是指工质和烟气之间的流动方向。当工质和烟气流动方向相反时称为逆流，反之，则为顺流。当主流方向为逆流时，可获得较大的温压，提高了热传效果，从而减少了受热面，节省金属。顺流系统的性能刚好与逆流相反。所以一般省煤器、空气预热器等都布置为逆流。但对过热器，一般不单纯采用逆流或顺流，逆流蒸汽出口处的蛇形管工作条件最差，这里不仅蒸汽温度高，烟气温度也高，易使金属超温过热。顺流蒸汽高温段在烟气低温区，因而管壁温度低、安全，但传热较差，需受热面较多，不经济。故一般过热器多采用逆、顺流，既保证有较高的经济性，也比较安全。

Lb5C2046　常见的水冷壁的结构形式有哪几种？膜式水冷壁有什么优缺点？

答：常见的水冷壁有光管水冷壁、鳍片管膜式水冷壁、带销钉管水冷壁和内螺纹水冷壁。

膜式水冷壁气密性好，减少了漏风，减轻了炉墙重量，易于组合安装，具有蓄热量小，可缩短锅炉启动和停炉时间，降低金属消耗等优点。膜式水冷壁的缺点是制造工艺复杂，两相邻管子金属温度不得超过 50℃，以免水冷壁变形损坏。

Lb5C2047　对流过热器根据烟气与蒸汽的相对流动方向可分为几种？各有什么优缺点？

答：可分为四种：顺流、逆流、双逆流和混流。

顺流过热器壁温最低，但传热最差，受热面最多；逆流过热器则相反，壁温最高，传热最好，受热面最少；双逆流式和混流式的壁温和受热面大小居于前两者之间，应用较多。

Lb5C2048　过热器有哪几种布置方式？各自的传热方式如何？

答：过热器有三种布置方式：

对流式过热器位于对流烟道内，吸收对流热。

半辐射式（屏式）过热器位于炉膛出口，吸收对流热和辐射热。

辐射式（顶棚）过热器位于炉膛墙上，吸收辐射热。

Lb5C2049　折焰角起什么作用？

答：折焰角的作用是：① 可增加上水平烟道的长度，多布置过热器受热面；② 改善烟气对屏式过热器的冲刷，提高传热效果；③ 可以使烟气沿燃烧室高度方向的分布趋向均匀，增加了炉前上部与顶棚过热器前部的吸热。

Lb5C3050　钢管式省煤器常见结构有几种？它与铸铁管省煤器相比有什么优点？

答：钢管式省煤器管常见结构有：光管、鳍片管、螺旋翅片管三种。

钢管式省煤器与铸铁管省煤器相比，具有体积小，质量轻，价格便宜，不易泄漏，且能在任何压力下应用的优点。

Lb5C3051　过热器在什么条件下工作？如何保证其工作安全性？

答：过热器的管内过热蒸汽温度很高，而蒸汽的传热性能又较差，加之管外烟气温度又相当高的条件下工作。

以实际运行中过热器爆管的情况来看，大多数是由于管子长期过热而引起的。为了防止过热，就必须保证壁温不超过所用材料的允许温度，要求过热器有良好的汽温特性和完善的调温手段。

Lb5C3052　直流锅炉与自然循环锅炉相比，有哪些优缺点？

答：直流锅炉的优点是：可以适用于超临界压力，节省钢材，制造方便，启停炉快，受热面布置较灵活。

直流锅炉的缺点是：给水品质要求高，自动调节设备要求相当灵敏，给水泵电耗比较大。

Lb5C3053　什么是循环倍率？它对水循环有何影响？

答：循环倍率是进入上升管的循环水量与上升管的蒸发量之比。循环倍率越大，上升管出口汽水混合物中水的份额越大，管壁能够保持一层连续流动的水膜，水循环安全。反之循环倍率小至一定程度，有可能造成水冷壁传热恶化。

Lb5C3054　自然循环锅炉的循环系统由哪些部分组成？

答：由汽包—下降管（集中降水管—分配联箱—供水管）—水冷壁（水冷壁下联箱—水冷壁—水冷壁上联箱—回汽管）—汽包这样一个循环系统组成。

Lb5C3055　锅炉安装的主要形象进度有哪些？

答：① 钢架吊装；② 受热面吊装；③ 整体水压试验；④ 整体风压试验；⑤ 锅炉化学清洗；⑥ 点火冲管；⑦ 整套启动；⑧ 竣工验收。

Lb5C3056　说明锅炉型号“HG-410/100-1”中各组字码的含义。

答：HG——制造厂汉语拼音缩写，HG 表示哈尔滨锅炉制造厂。

410——表示锅炉蒸发量为 410t/h。

100——表示蒸汽压力为 $100kgf/cm^2$（9.8MPa）。

1——制造序号。

Lb5C5057　什么叫吊装开口？

答：由于多方面条件的限制，锅炉组合件的吊装不允许、也不可能四面同时进行，只能在炉体上选择合适的位置，即一般在扩建端的炉侧、炉前或炉顶留出开口，作为组合件吊装就位的途径，这称为吊装开口。

Lb5C5058　受热面的组合程序一般有哪些？

答：① 联箱的画线；② 联箱的找正；③ 管子的就位、对口、焊接；④ 铁件、刚性梁及其他附件的组合；⑤ 组合件单片的水压试验。

Lb5C5059　简述水冷壁组合件吊装就位的工艺程序。

答：分三步：① 组合件的扳直；② 桁架与组合件的分离；③ 吊装就位。

Lb4C1060　火力发电厂采用的基本理论循环是什么，它分为几个过程？

答：火力发电厂采用的基本理论循环叫朗肯循环，它可分为定压吸热、绝热膨胀、定压放热和绝热压缩四个过程。

Lb4C1061　什么是换热器，它可分为几种？并指出过热器属于哪一类换热器。

答：换热器就是将热量从热流体传给冷流体的设备。按工作原理可将换热器分为表面式、回热式和混合式三种。过热器属于表面式换热器。

Lb4C1062　简述凝渣管的作用。

答：凝渣管的作用是形成宽敞的烟气通道让烟气流过，并进一步冷却烟气，使烟气中携带的飞灰处于凝固状态，以防止炉膛出口和密封的过热器进口处产生结渣现象。

Lb4C2063 过热器梳形卡和管夹工作条件如何，常用什么材质？

答：过热器梳形卡和管夹是固定用零件，它们工作于较高的烟气温度处，而且没有像受热面一样由工质冷却，因此要求有较高的抗腐蚀性能和高温强度。

炉膛出口处的梳形卡和管夹工作温度约为1000℃，常采用Cr20Ni14Si2和Cr25Ni12高铬镍奥氏体钢。

在对流过热器部分的固定件，工作温度约为750℃，常采用Cr6SiMo钢。

Lb4C2064 汽包对钢材有什么要求？

答：汽包钢板处于中温高压下工作，它承受内压、冲击、疲劳载荷及水和蒸汽的腐蚀。

在制造过程中，要经过各种冷、热加工过程。因此，汽包对钢板提出了较高的要求：

（1）较高的强度，包括常温和中温强度。

（2）良好的塑性、韧性和冷弯性能。

（3）较低的缺口敏感性。

（4）良好的加工工艺性能和焊接性能。

（5）要求钢的分层、非金属夹杂、气孔等缺陷尽可能少。

（6）如果工作温度超过400℃，必须考虑钢材的蠕变现象。

（7）要求具有较高的持久强度。

Lb4C4065 简述汽包安装的质量合格要求。

答：（1）汽包标高误差不超过±5mm。

（2）汽包纵向及横向水平误差不超过2mm。

（3）汽包纵向与横向中心线，同锅炉主中心线的距离误差不超过±5mm。

（4）汽包吊架中心线间距离误差不超过±5mm。

（5）吊环固定端的弧面或球面垫块和垫圈接触良好，滑动灵活。

Lb4C4066　大型锅炉对流过热器散件安装有哪些主要质量要求？

答：（1）联箱标高偏差不超过±5mm。

（2）联箱自身水平误差不超过 3mm。

（3）联箱间中心线距离误差不超过±5mm。

（4）联箱间对角线误差不超过 10mm。

（5）管排间隙均匀，误差不超过±5mm。

（6）蛇形管自由端间隙符合图纸要求。

（7）个别管不平整度不大于 20mm。

（8）边缘与炉墙间隙符合图纸要求。

Lb4C4067　简述水冷壁组合的主要质量合格要求。

答：（1）组件长度误差不超过±10mm。

（2）联箱自身水平误差不超过 2mm。

（3）联箱间中心线垂直距离允许误差不超过±3mm。

（4）水冷壁管屏平面个别管子突出不超过±5mm。

（5）燃烧器孔口中心线偏差不超过±10mm。

（6）组件两端联箱，两根对角线差应不超过 10mm。

（7）组件宽度误差，每米允许 2mm，全宽误差不超过 15mm。

Lb4C4068　大型锅炉省煤器散件安装有哪些主要质量合格要求？

答：（1）联箱标高偏差±5mm。

（2）联箱纵横中心线与锅炉中心线距离偏差±5mm。

（3）联箱水平度偏差≤3mm。

（4）管排平整度偏差≤20mm。

（5）管排间距偏差≤5mm。

（6）边管不垂直度不超过±5mm。

（7）边管与包墙间距偏差应符合图纸要求。

（8）管排前后管端与包墙间距偏差应符合图纸要求。

（9）联箱内部经空气吹扫，用内窥镜检查，应清理干净，确保内部无杂物。

Lb3C2069　热电联供循环有什么优点？

答：其优点如下：

（1）可以减少或避免热量在冷源中的损失，并且用高效率大型锅炉代替了低效率小型锅炉，节省大量燃料。

（2）集中供热，可以实现机械化和自动化；改善了劳动条件，既节约基建投资，又可减少运行人员和运行费用。

（3）在城市建筑群中，不再设锅炉房和储煤场，可减少建筑占地面积，并减轻城市的运煤、运灰工作量。

（4）集中供热，可以极大改善城市的环境污染状况。

Lb3C2070　为什么要采用再热循环，在什么情况下才采用？

答：为了提高循环热效率，就须提高 p_1 和 T_1，但蒸汽初温 T_1 的提高受到金属耐温性的限制。在初温 T_1 与排汽压力 p_2 保持不变的条件下，提高蒸汽初压 p_1 会使汽轮机末级排汽湿度增大，从而影响汽轮机的安全运行，并使机组相对内效率降低。为了使 p_1 提高而排汽又有足够高的干度，因此采用中间再热循环。一般情况下，汽轮机乏汽湿度应小于12%，否则应采用中间再热循环。

Lb3C2071　什么是再热循环，为什么它能提高电厂的热经济性？

答：工质在朗肯循环中膨胀到干饱和蒸汽之前，离开汽轮机高压缸回到锅炉再热器中吸热，然后进入汽轮机中压缸和低压缸中继续膨胀，这样的循环称再热循环。再热循环由于采用蒸汽再热，每千克蒸汽在只有一次凝结放热的前提下两次在锅炉内过热，并两次在汽轮机内放出绝热焓降，从而大大提高了循环热效率，提高了全厂的热经济性。

Lb3C2072　安全门有什么作用，为什么把它装在过热器出口联箱上？

答：它的作用是当锅炉压力超过定值时，能自动开启，排出蒸汽，使压力恢复正常，以确保锅炉和汽轮机工作的安全。安全门一般安装在过热器的出口联箱上，以便安全门的排汽都由过热器的出口排出，保证过热器安全。

Lb3C2073　换热器有几种，电厂常用的是哪一种？举例说明。

答：换热器种类很多，按其工作原理可分为表面式、回热式和混合式三种。表面式换热器内，冷流体和热流体同时在其内流动，但冷热流体被壁面隔开，互不接触。热量通过换热面由热流体传给冷流体。发电厂凝汽器、过热器、省煤器均属于表面式换热器。

在回热式换热器内，热流体和冷流体交替地流过同一加热面，热流体流过加热面时将热量传给加热面，使加热面温度升高；当冷流体流过加热面时，加热面又将热量传给冷流体。如回转式空气预热器就是回热式换热。

混合式换热器中，冷热流体直接接触，并相互混合，实现热量传递。电厂的喷水减温器、除氧器、冷水塔都是混合式换热器。

以上三种换热器中，表面式换热器应用最广泛。

Lb3C2074　汽水管道常用的阀门按用途分为哪几类？

答：按用途可分为：

（1）截止阀。用于开启和关闭管道中的流体。

（2）调节阀。用于调节和维持介质的规定压力和流量。

（3）止回阀。用来防止管道中介质倒向流动。

（4）安全阀。防止介质压力超过规定值。

（5）疏水阀。用来排除蒸汽管道的设备中的凝结水。

（6）减压阀。用于降低介质压力。

其他还有排污阀、空气阀等。

Lb3C4075　什么是工作质量，工作质量的特点是什么？

答：工作质量是与产品质量有关的、工作对于产品质量的保证程度。工作质量不像产品质量那样直观的表现在人们面前，而是涉及企业所有部门和人员，体现在企业的一切生产、技术、经营活动中，并通过企业的工作效率、工作成果、最终通过产品质量和经济效果表现出来。

Lb3C4076　什么是质量检验？

答：质量检验是对实体的一个或多个特性进行的，诸如测量、检查、试验和度量，将结果与规定要求进行比较，以及确定每项活动的合格情况所进行的活动。

Lb3C5077　采用二次风的目的是什么？

答：（1）增加炉膛内的气流扰动，改善可燃气体与过剩氧的混合，减少化学和机械未完全燃烧损失。

（2）与炉拱布置相配合，借助高速二次风射流的贯穿力和卷吸力，把燃烧炽烈区上方的高温烟气引至前拱下方，强化对新燃料的加热，加速着火。

（3）在炉内形成气流旋涡运动，使烟气中携带的一部分已经燃烧的炽热粒子从气流中分离出来，落到新燃烧层上。这不仅有利于新煤引燃，也利于消除烟尘并降低飞灰携带损失。

（4）二次风射流使炉内气流产生强烈扰动，改善了气流对炉膛的充满程度，延长了可燃气体和灰粒子在炉内的逗留时间，使其有更多的燃烧机会。

（5）二次风可以补充一部分氧气，帮助燃烧。

Lb2C3078　什么叫中间再热循环？

答：中间再热循环就是把汽轮机高压缸内做了功的蒸汽引到锅炉的中间再热器重新加热，使蒸汽的温度又得到提高，然后再引到汽轮中压缸内继续做功，最后的乏汽排入凝结器，这种热力循环称中间再热循环。

Lb2C5079　请说明循环流化床锅炉风系统通常有哪些风？

答：一次风、二次风、播煤风、回料风、冷却风和石灰石输送风等。

Lc5C4080　什么是全面质量管理？

答：全面质量管理是企业全体职工及有关部门同心协力，把专业技术、经营管理、数理统计和思想教育结合起来，建立起产品的研究设计、生产、服务等全过程质量体系，从而有效地利用人力、物力、财力、信息等资源，提供出符合规定要求和用户期望的产品或服务。

Lc5C5081　什么是全面质量管理的 PDCA 循环？

答：PDCA 循环是提高产品质量的一种科学管理工作方法。它反映了质量改进和做各项工作必须经过的四个阶段。P 为计划阶段，D 为执行阶段，C 为检查阶段，A 为总结阶段。这四个阶段不断循环，质量工作也不断得到改进和提高。

Lc4C3082　起重吊装作业在什么情况下，必须办理安全施工作业票，并应有施工技术负责人在现场指导，否则不得施工？

答：（1）重量达到起重机械额定负荷的 95%。

（2）两台及两台以上起重机械抬吊同一物件。

（3）起吊精密物体，或起吊不易吊装的大件，或在复杂场所进行大件吊装。

（4）起重机械在输电线路下方或其附近工作。

Lc4C3083　简述减少焊接残余应力的措施。

答：选择合理的焊接顺序，锤击焊缝，加热减应区，降低焊接接头的刚度等。

Lc3C4084　简述施工现场管道对口时应考虑的问题。

答：① 避免对口处于应力集中处；② 对口应处于施焊、热处理均方便处；③ 异种钢对口应避免角接接头。

Lc3C4085　钢丝绳在施工中的使用有什么规定和要求？

答：（1）钢丝绳应防止打结或扭曲。

（2）钢丝绳的安全系数要足够，且夹角要符合规定和要求。

（3）钢丝绳不得与物体的棱角直接接触，应在棱角处垫以半圆管、木板或其他柔软物。

（4）钢丝绳在机械运动中不得与其他物体发生摩擦。

（5）钢丝绳严禁与任何带电体接触。

Lc3C4086　吊运重物时，要注意哪些方面？

答：当吊运开始时，必须招呼周围人员离开一定距离，挂钩工退到安全位置，然后发令起吊。当重物吊离地面 100mm 时，应暂停起吊，仔细检查捆绑情况，确认一切都可靠后继续进行起吊，不得以其他任何理由不执行操作规程。

Jd5C1087　什么是耐热钢，火力发电厂对耐热钢有什么要求？

答：在高温下能够保持化学稳定性，并具有足够强度的钢，称为耐热钢。

耐热钢应具备以下性能：

（1）足够的持久强度、蠕变极限、持久的断裂塑性。

（2）高的抗氧化性和耐腐蚀性。

（3）良好的组织稳定性。

（4）良好的热加工工艺性，特别是良好的可焊性。

Jd5C1088　什么是热处理，它在生产上有什么意义？

答：热处理是将金属在固态范围内，通过加热、保温、冷却的有机配合，使金属改变内部组织而得到所需要性能的操作工艺。通过热处理可充分发挥金属材料的潜力，延长零件和工具的使用寿命和节约金属材料的消耗。

Jd5C1089　热处理可分为哪几种？

答：热处理包括普通热处理和表面热处理。普通热处理包括退火、正火、淬火和回火，表面热处理包括表面淬火和化学热处理。

Jd5C1090　什么是正火，它的目的是什么？

答：正火是将钢件加热到上临界点30～50℃或更高的温度，并保温一定时间，然后置于静止空气中冷却的一种热处理工艺。

正火的目的是：

（1）均化组织。

（2）化学成分均匀化。

Jd5C1091　什么是调质处理，它的目的是什么？

答：把淬火后的钢再进行高温回火的热处理方法称为调质处理。

调质处理的目的是：

（1）细化组织。

（2）获得良好的综合机械性能。

Jd5C1092　什么叫焊接，什么是手工电弧焊？

答：焊接是利用加热、加压或两者兼用，并填充材料，使两焊件达到原子间结合，从而形成一个整体的工艺过程。手工电弧焊是手工操作电焊机，利用焊条和焊件两极间电弧的热量来实现焊接的一种工艺方法。

Jd5C1093　常见的焊接缺陷有哪些？

答：（1）未焊透。它包括层间未焊透、根部未焊透和边缘未焊透。

（2）外表缺陷。如咬边、满溢、焊瘤、内凹、过烧等。

（3）夹渣。

（4）气孔。

（5）裂纹。包括热裂纹和冷裂纹。

Jd5C3094　什么是椭圆度？

答：$椭圆度=\frac{最大直径-最小直径}{原有直径}\times 100\%$

汽水管道的弯头椭圆度一般不超过6%～9%。

Jd5C3095　常见的坡口类型有哪些，其使用范围如何？

答：常见的坡口类型有：V形坡口，U形坡口，双V形坡口等。V形坡口用于壁厚小于或等于16mm的钢管对焊，U形坡口用于16mm＜壁厚≤60mm的钢管对焊，双V形坡口用于壁厚＞16mm的钢管对焊。

Jd5C3096　对口间隙过大或过小有什么缺点？

答：对口间隙指两工件对口缝隙，一般为2.5～4mm。

（1）对口间隙过大，容易烧穿而出现焊瘤。此外，金属填充量多，焊接速度慢，焊接残余应力大。

（2）对口间隙过小，不容易焊透，根部易产生夹渣并出现密集型气孔。尤其是在焊接电流较小时，此类缺点更加明显。

Jd5C3097　套丝时，螺纹太瘦产生的原因和防止方法有哪些？

答：产生的原因有两个：

（1）板牙摆动太大，或由于偏斜多次校正，切削过多使螺纹中径小了。

（2）起削后仍使用压力扳动。

防止方法：

（1）摆移板牙用力均衡。

（2）起削后去除压力只用旋转力。

Jd5C3098　什么是表面式、混合式减温器，常见故障有哪些？

答：表面式减温器即管式换热器，给水从管中流过，蒸汽从管间通过使蒸汽降温；混合式减温器中，将给水或其他水直接通过喷嘴雾化后，与蒸汽混合降温。

表面式减温器常见的故障是供水通过的蛇形管泄漏。混合式减温器常见的故障是喷嘴的进水小孔易堵塞，使减温效果下降。

Jd4C2099　焊缝缺陷的检验方法和规定有哪些？

答：常用的检验方法有：着色法、磁粉探伤法、超声波法和射线法。射线法有χ和γ两种。焊缝厚度较小时χ射线灵敏度较高。但γ射线穿透力强，最大能透射300mm厚的钢材。

焊缝检验前，应先进行外观检查，不合格者不能进行无损检验。检验不合格的焊缝必须返修，同时对该焊工所焊同类接头做不合格数两倍的复检。复检仍有不合格时，该批接头为不合格。

Jd4C3100　什么是金相分析，使用范围如何？

答：金相分析是一种用分析金属材料内部的组织、形态和外部的缺陷的一种直观的分析方法。

它的使用范围有以下两方面：

（1）对原始材料进行组织、缺陷等的分析。

（2）对使用后的金属材料进行组织和缺陷变化等的分析。

Jd2C4101　螺纹代号：M27×2-6H/6g 代表什么？

答：M27×2——细牙普通螺纹代号，公称直径 27mm，螺距 2mm，旋向为右旋，中等旋合长度。

6H——内螺纹中径、顶径公差带代号为均 6H。

6g——外螺纹中径、顶径公差带代号为均 6g。

Jd2C5102　什么叫金属疲劳？

答：金属部件在机械交变应力和温度交变应力的作用下，虽其应力远小于强度极限，有时甚至还低于屈服点，但仍可发生破坏，这种现象称为金属的疲劳。

Je5C3103　弯管时为什么要限制弯曲半径？

答：有两方面原因：

（1）不使在弯管时外侧面因拉伸而减薄太多。

（2）控制冷热加工程度，防止管材的塑性急剧降低。

Je5C3104　配制受热面管前应做哪些检查？

答：（1）管子内外表面的检查。管子内外表面应光滑，无刻痕、裂纹、锈坑、层皮等缺陷。

（2）管径和椭圆度的检查。从管子全长中选择 3～4 个位置进行测量，管径的偏差和椭圆度一般不超过管径的 10%。

（3）管壁厚度的检查。

（4）光谱检查。领用管子时，要查对管子出厂的材质证明，并用光谱仪测试管子材质，应特别注意不能用错管子。

Je5C3105　弯管时易出现的缺陷有哪些，其原因是什么？

答：弯管时易出现的缺陷有：弯制部分断面呈椭圆度；外侧壁厚减薄，内侧壁厚增大。

产生的原因是：在弯制过程中，外侧受拉应力，内侧受压应力。当压应力较大，内壁丧失稳定性后，出现波浪形皱纹。

Je5C3106　使用电动弯管机前应做哪些工作？

答：在使用电动弯管机之前，要对弯管机进行检查，给轴承加油。再检查电动机电源，并启动，使其空转，以检查转动方向是否正确。还要检查弯管限位装置是否正确，防止管子弯曲过度。

Je5C3107　常用的弯管方法有哪些？

答：常用的弯管方法有：冷弯、热弯、可控硅中频弯管三种。

热弯管是预先在管子里装上干砂，再进行加热，然后在红热状态下对管子进行弯曲。冷弯管不用加热，也无需装砂，可用弯管机弯曲成型。中频弯管管内不灌砂，是采用中频电源和感应线圈将钢管加热，再用弯管机进行弯制。

Je5C3108　对锅炉受热面管子弯管椭圆度及壁厚变化有什么规定？

答：当弯曲半径 $R<2.5D_w$ 时，椭圆度≤12%；

当弯曲半径 R 为 $2.5D_w$～$4D_w$ 时，椭圆度≤10%；

当弯曲半径 $R>4D_w$ 时，椭圆度≤8%。

D_w 为管子公称外径。

弯管外弧部分实测壁厚不得小于设计计算壁厚。

Je5C3109　合金钢管热弯时应注意些什么？

答：（1）加热时必须严格控制温度不超过1050℃，且加热时一定要沿管子圆周和长度方向均匀加热。

（2）在弯管过程中严禁向管子浇水，当管子温度降低至750℃以下时，不许继续弯制。

（3）管子弯制好后，对弯曲部分应进行正火和回火热处理。

Je5C3110　弯管的注意事项有哪些？

答：（1）弯制的管材应选用壁厚为正偏差的管子。

（2）加热温度小于1050℃，最低温度对于碳钢为700℃，对合金钢为800℃。

（3）合金钢充砂弯管过程中不可浇水。

（4）弯成的管子，弯曲部分椭圆度，对公称压力大于或等于9.8MPa管子，不大于6%；公称压力小于9.8MPa的管子，不大于7%。

Je5C3111　管子对口位置有哪些要求？

答：（1）焊口不应布置在弯头部位。

（2）两对接焊缝之间距离不能小于150mm，且不小于管子外径。

（3）焊口距起弧点不少于100mm，且不小于管子外径。

（4）对口不可在支吊架上，且距支吊架边缘不少于70mm。

（5）除设计冷拉焊口外，不得强力对口。

（6）对口应避开仪表管等开孔处，一般距开孔边缘50mm以上，且不小于孔径。

（7）管道穿墙、楼板时，其间不应有对口。

Je5C3112　管件对口有什么要求？

答：管件的对口应内壁齐平，局部错口小于或等于10%壁厚，且小于或等于1mm。外壁差小于或等于10%壁件厚度，且小于或等于 4mm。

对接时的弯折程度，在距对口 200mm 处的偏差α，当管子公称通径小于 100mm 时，$\alpha \leqslant 1$mm；公称通径大于或等于 100mm 时，$\alpha \leqslant 2$mm。

Je5C3113　锅炉上为什么要装设安全阀，对其装设的个数和排放量有何规定？

答：为了保证锅炉在不超过规定压力下安全工作，以及防止锅炉超压发生爆炸，锅炉上必须装置安全阀。每台锅炉至少装两个安全阀，汽包和过热器上所装全部安全阀排汽量的总和必须大于锅炉最大连续蒸发量。再热器进出口安全阀的总排汽量为再热器最大设计流量的 100%。

Je5C3114　做水压试验时，应采取哪些安全措施？

答：在锅炉水压试验的升压过程中，应停止锅炉本体内外的一切检修工作；禁止在带压运行下进行捻缝、焊接、紧螺丝等工作；锅炉进行超压试验时，在保持试验压力的时间内不准进行任何检查，应待压力降到工作压力后，才可进行检查。

Je5C3115　为什么对停用的锅炉要采取保养措施？

答：锅炉停用期间，如不采取保养措施，锅炉给水系统的金属内表面会遭到溶解氧的腐蚀。因为当锅炉停用后，外界空气必然会大量进入锅炉给水系统内，此时锅炉虽已放水，但在管子金属的内表面上往往因受潮而附着一层水膜，空气中的氧便在此水膜中溶解，使水膜饱含溶解氧，很易腐蚀金属。

Je5C3116　停用锅炉的保养方法有哪些？

答：主要有两种：一种是湿保养，一种是干保养。

湿保养法分为：联氨法、氨游法、碱液法、蒸汽压力法和给水压力溢流保养法等五种。

干保养法分为：干燥剂法、充氮法、余热烘干法和真空干燥法等四种。

Je5C3117 锅炉安全阀的动作压力是如何规定的？

答：电站锅炉安全阀的动作压力应根据《电力工业锅炉监察规程》的有关规定进行调整校验。

对于汽包的工作压力小于6MPa的锅炉，控制安全阀启座压力为1.04倍工作压力，工作安全阀启座压力是1.06倍工作压力。

对于汽包工作压力大于6MPa的锅炉，控制安全阀的启座压力为1.05倍工作压力，工作安全阀启座压力1.08倍工作压力。

对于直流锅炉，过热器出口控制安全阀启座压力为1.08倍工作压力，工作安全阀启座压力为1.10倍工作压力。

对于再热器，工作安全阀座压力为1.10倍工作压力。

Je5C3118 对锅炉组合支架搭设有什么要求？

答：① 其尺寸应按组件的形状和尺寸进行设计；② 支架应稳固牢靠，有足够刚性；③ 支架结构和高度应有利于组合工作，便于用各种工器具进行测量，找正和管子对口，焊接，附件安装等工作；④ 尽可能减少支架的钢材耗量。

Je5C3119 对管子对口有哪些技术要求？

答：① 对口间隙，一般为 2～4mm；② 坡口钝边，钝边尺寸为0.5～1mm；③ 坡口平面倾斜度，管子上下坡口根部在同一平面的偏差值不大于 1mm；④ 对口偏折度，用直尺检查，在距离焊缝中心200mm处的离缝，一般不大于2mm；⑤ 坡口平滑，管端内外10～15mm内应清除油污铁锈，直至露出金属光泽。

Je5C3120 省煤器积灰的危害是什么？

答：① 局部积灰阻碍烟气流通，造成其他部件磨损严重；② 积灰处热量积聚，局部温度过高，金属热应力下降，严重时爆管；③ 受热面积灰吸热量降低，热效率降低。

Je5C4121 受热面设备组合前应检查哪些项目？

答：① 外观检查；② 外形尺寸检查；③ 管子通球试验；④ 复核钢种，合金元件光谱复查；⑤联箱、管子内部杂物清除。

Je5C4122 弯管时，管子弯曲半径有什么规定，为什么不能太小？

答：冷弯时，弯曲半径不小于管子外径的 4 倍；如在弯管机上弯制，不小于管子外径的 2 倍。灌砂热弯时，弯曲半径不小于管子外径的 3.5 倍。

管子弯制时，若弯曲半径太小，会造成弯头外侧管壁减薄量太大而影响强度。

Je5C4123 水位计安装前的检查项目有哪些？

答：（1）各汽水通道不应有杂物堵塞。

（2）玻璃压板及云母片盖板结合面应平整严密，必要时应进行研磨。

（3）各汽水阀门应装好填料，开关灵活，严密不漏。

（4）结合面垫片宜且紫铜垫。

Je5C4124 对锅炉排污、疏放水管道安装除一般规定（支吊架、阀门布置及焊接）的要求外，还有什么特殊要求？

答：（1）管道本身在运行状态下有不小于 0.2%的坡度，能自由热补偿及不妨碍汽包、联箱和管系的热膨胀。

（2）不同压力的排污、疏放水管不应接入同一母管。

Je5C5125 简述锅炉在试运前必须进行热工调整试验的目的。

答：（1）调整燃烧室的燃烧工况。

（2）检查安装质量，有无漏风、漏水。

（3）找出锅炉达不到额定蒸汽参数和蒸发量的原因。

（4）确定锅炉效率。

Je4C2126　焊接后有哪些焊接接头必须进行热处理？

答：必须进行热处理的焊接接头有：

（1）壁厚大于 30mm 的低碳钢管子和管件（《电业安全监察规程》规定为大于或等于 20mm）。

（2）壁厚大于 32mm 的低碳钢容器。

（3）壁厚大于 28mm 的普通低碳钢容器。

（4）耐热钢管与管件。

（5）经焊接工艺试验确定须进行热处理者，合金钢焊缝经热处理后，应做硬度检查。

Je4C2127　焊接接头的基本形式有哪几种，锅炉受压元件常用哪几种？

答：基本形式可分为四种：对接接头、T 形接头、搭接接头和角接接头。锅炉受压元件常采用对接接头和 T 形接头。

Je4C2128　什么条件下使用氩弧焊？

答：（1）额定蒸汽压力大于或等于 9.81MPa 的锅炉，管子和管件的手工焊对接焊缝应采用氩弧焊打底。

（2）额定蒸汽压力大于或等于 9.81MPa 的锅炉，汽包和集箱上管接头的角焊缝，应尽量采用氩弧焊打底。

Je4C3129　汽包哪些装置与提高蒸汽品质有关，为什么？

答：汽包内的连排装置、洗汽装置和分离装置等与蒸汽品质密切相关。

连排装置：可以排除汽包内含盐浓度较高的炉水，从而维持炉水浓度在规定范围内。因为蒸汽带水与炉水浓度关系密切，与硅酸盐含量有直接关系，特别是高压锅炉。

洗汽装置：使蒸汽通过含杂质量很小的清洁水层，减少溶解携带。

分离装置：包括多孔板、旋风分离器、波形百叶窗等，利用离心力、黏附力和重力等进行汽水分离。

Je4C3130　油燃烧器由哪几部分组成，各自的作用是什么？

答：油燃烧器是燃油的主要燃烧设备，油喷燃器由油雾化器和配风器组成。

油雾化器一般叫油枪，它的作用是将油雾化成细小的油滴。

配风器的作用是及时给火炬根部送风，并使油和空气能充分混合，造成良好的着火条件，保证燃烧迅速而完全的进行。

Je4C3131　直流燃烧器与旋流燃烧器各有何特点？

答：直流燃烧器的特点：阻力小，结构简单，一、二次风从喷口直射出来，一、二次风的初期混合不如旋流燃烧器强烈，但射流速度的衰减比较缓慢，因而后期混合较强。

旋流喷燃器的特点：阻力大，结构复杂，气流在燃烧器内做旋转运动。在离心力作用下，气流从燃烧器到炉膛内扩散成圆锥形的射流，一、二次初期混合强烈，动能衰减较快，火焰行程短，着火快，而后期混合不强，煤种适应性差。

Je4C3132　锅炉热力试验的目的是什么？

答：热力试验的目的是确定锅炉机组运行的热力性能，保证锅炉机组或部件合理和经济地运行，检验及积累资料，如锅炉效率、燃烧系统运行特性、蒸发受热面工质流动稳定性和结构缺陷，对新产品、新设备和新技术的试验研究工作等。

Je4C3133　水压试验的目的是什么？

答：水压试验是对锅炉承压部件的一种检查性试验。锅炉承压部件在检修后必须进行水压试验，以便在冷状态下做全面、细致的泄漏检查。它是保证锅炉承压部件安全运行的重要措施之一。

Je4C3134　水压试验分为哪几种，其合格标准如何？

答：水压试验可分为两种：① 试验压力为工作压力的水压试验；② 试验压力为1.25倍工作压力的水压试验。

水压试验的合格标准：

（1）关闭上水门，停止升压泵，维持20min，检查期间无压降。

（2）受压元件金属壁和焊缝没有漏泄现象。

（3）受压元件没有明显的残余变形。

Je4C4135　膜式水冷壁组合有什么特点？

答：（1）管排摆放在组合架上进行外形尺寸检查和调整。

（2）检查联箱管座管口是否平齐，在综合考虑对口间隙的前提下，对较长管座进行切除修整。

（3）对口焊接前，将膜式壁与管座进行试对接，在保证组件整体开档、对角尺寸的前提下，检查管口间隙，一片膜式壁如果一侧间隙小，一侧间隙大时，应修整间隙小一侧的膜式壁管口，直至对口间隙符合要求为止。

（4）对口焊接时，先焊间隙小的，再焊间隙大的；先将一片膜式壁两端焊接1～2根管子固定，然后再焊其他管口。

（5）个别管口间隙过大的，采取切割换管处理。

Je4C5136　焊口质量外观检查一般包括哪些内容？

答：① 焊缝高度、宽度；② 焊口有无错位、偏斜；③ 焊口有无漏焊和咬边；④ 焊缝及热影响区有无裂缝；⑤ 焊接表面有无弧坑、夹渣、汽孔；⑥ 管子内壁熔焊金属有无过分凸出，或有无焊瘤。

Je4C5137　蒸汽管道吹扫有什么作用？

答：蒸汽管道吹扫是利用蒸汽能量吹扫过热器、再热器及蒸汽管道。通过吹管将这些管道内的铁屑、铁锈、灰粉、油垢等杂物去除掉，以保证蒸汽品质，保护过热器、再热器及汽轮机叶片。

Je4C5138　锅炉蒸汽严密性试验是在什么条件下进行的？

答：蒸汽严密性试验是在锅炉点火后，在额定参数下进行的一项试验，是在热态条件下，对锅炉严密性的检查。

Je4C5139　锅炉蒸汽严密性检查的主要内容是什么？

答：① 检查焊缝、人孔、手孔、法兰及垫料等是否有漏水、漏汽现象；② 检查全部阀门的严密程度；③ 检查汽包、联箱及管道的支架、吊架弹簧等伸缩情况是否符合设计要求。

Je4C5140　质量方针的性质和作用是什么？

答：质量方针表明企业总的质量宗旨和方向。它受组织的环境和经营目的制约，应表明组织对质量和质量活动的指导思想、目的和原则。

对内：质量方针体现组织的意志，为质量工作定向，要求全体员工理解、执行，并坚持为之奋斗的纲领，是质量体系建立和运行的依据和前提。

对外：质量方针是组织的声明和承诺，是组织向顾客和社会的宣言，是获取第一信任的手段和措施。

Je3C2141　新安装锅炉投运前应做哪些检验试验工作？

答：（1）一般电站锅炉应包括：① 整体水压试验；② 炉

膛风压试验；③ 化学清洗；④ 管道吹扫；⑤ 整体严密性试验和安全门校验；⑥ 试运。

（2）循环流化床锅炉除上述工作之外还应在化学清洗前增加一项烘炉过程。

Je3C2142 说明阀门型号表示法及各单元的意义。

答：表示法及各单元意义为：① 阀门类型；② 传动方式；③ 连接形式；④ 结构形式；⑤ 阀座密封面或衬里材料；⑥ 公称压力；⑦ 阀体材料。

Je3C3143 锅炉烘炉前，必须具备什么条件？

答：① 锅炉本体的安装、炉墙及保温工作已经结束，炉墙漏风试验合格；② 烘炉有关的各系统已安装和试运完毕，能随时投入；③ 烘炉需用的热工和电气仪表均已安装和校验完毕；④ 烘炉用的临时设施已装好。

Je3C3144 锅炉水处理的内容和方法是什么？

答：（1）补给水处理。补给水用以补充热力系统的汽水损失，常见方法有软化、化学除盐、蒸发器等。

（2）给水除氧。为了防止热力设备氧腐蚀，给水进入锅炉前应先除氧，一般为热力除氧。除氧要求较高时，可在给水中加入联氨等还原剂。

（3）防止汽水管道中腐蚀结垢。在给水中加入氨、有机胺等挥发性碱，并向汽包内加入磷酸三钠等药剂。

（4）凝结水处理。对亚临界、超临界、直流锅炉等，凝结水全部进行除盐、铜铁等处理。其他锅炉则按参数和凝结水情况处理。

Je3C3145 如何进行汽包内部的清扫工作？

答：（1）安装时：① 做好进入汽包的平台、梯子等临时措施；② 安装风机，使汽包内部通风良好；③ 将主降水入口用胶皮盖上，防止杂物吊入降水管内；④ 用钢丝刷或笤帚清扫内部的杂物；⑤ 清扫完毕后将人孔门封闭。

（2）化学清洗或试运后：除上述工作以外，还应严格做好与锅炉相连的主汽系统、给水系统、排污系统、加药系统等的隔离措施。放尽炉水后，打开汽包人孔通风冷却，汽包内温度达到40℃以下，才能进入汽包内工作。对于服役期间锅炉检修时的汽包内部清扫，还需要用钢丝刷或清扫机械清扫拆下的汽水分离装置，洗涤装置、百叶窗等上的锈垢，清扫汽包内部装置时，不要把汽包壁的黑红色保护膜除掉，这层膜是金属正常运行时形成的。清扫完后用压缩空气吹干净，并将锈垢收集在一起取出，并称好质量，做好记录，并请化学人员检查是否正合格。

Je3C4146　合金钢牌号如何表示？

答：（1）以钢中主要合金元素符号、平均含碳量和该元素的平均含量表示。铬轴承钢在牌号前加注“滚”或“G”，焊条用钢加“焊”或“H”，磁钢前加“磁”或“C”。

（2）平均含碳量以万分之几表示（合金工具钢除外）。高工钢、磁钢、高合金钢、铬轴承钢的含碳量不标出；合金工具钢，平均含碳量大于或等于 1.00%时，含碳量不标出，平均含碳量小于 1.00%时，以千分之几表示；不锈耐酸钢和耐热钢，平均含碳量，以千分之几表示。

（3）其他合金元素的平均含量，当小于或等于 1.5%时，牌号中仅标明元素符号，一般不标明含量。1.50%～2.49%、2.50%～3.49%相应标为 2，3…。

（4）高级优质合金结构钢和合金弹簧钢，须在牌号最后加注“高”或“A”字。

Je3C4147　对锅炉超压试验有哪些特殊要求？

答：有以下几方面要求：

（1）试验压力：按制造厂规定执行，制造厂没有规定时按下列规定执行。

汽包锅炉：汽包工作压力的1.25倍。

再热器：进口联箱工作压力的1.5倍。

直流锅炉：过热器出口设计压力的1.25倍，且不得小于省煤器设计压力的1.1倍。

（2）升压速度：＜0.1MPa/min。

（3）试验时间：达到试验压力时维持20 min。

Je3C4148　锅炉化学清洗后，有哪些清洗后的处理工作？

答：锅炉化学清洗后，应仔细检查汽包、联箱、直流锅炉的启动分离器等能打开的部位，清除其中的残渣。并割管取样检查，对化学清洗极差的应分析原因，并研究采取补救措施。酸洗后的锅炉至启动时间不应超过30天，否则应按规定采取保护措施。

Je3C4149　如何进行弹簧式安全阀的调整工作？

答：弹簧安全阀的调整，是用旋紧旋松螺母以改变弹力量来进行的，当压力将达到动作压力时，缓慢旋松螺母使其跑汽动作。调整后的安全阀起座压力误差在±49kPa（±0.5kgf/cm^2）范围内为合格，在任何情况下不得在升压过程中或超过锅炉的工作压力时旋动调整螺母。

Je3C4150　如何进行水位计的解体检查？

答：（1）将水位计夹在台虎钳上，拆下螺母，在主体和压板上打上钢印，检查螺丝、螺母及压板应无缺陷；

（2）检查各汽水通道内有无杂物，检查各汽水阀门的严密性，更换或装好填料，保证开关灵活；

（3）拆掉石棉垫，修刮水位计平面。

Je3C5151　简述省煤器组合主要施工步骤。

答：（1）管排进行外观、几何尺寸检查。

（2）管排内部吹扫、通球试验。

（3）搭设组合支架。

（4）管排吊入、临时存放。

（5）联箱在组合支架上就位找正。

（6）管排对口焊接，焊接后将管排吊卡与联箱焊接。

（7）防磨铁安装。

（8）组合后进行整理验收（包括：联箱间距、对角线、管排宽度、管排间距、管排平整度、边管垂直度等），验收后将其他未焊接管座封堵。

Je2C3152　汽包吊架安装应做哪些检查工作？

答：（1）设备的外观质量有无缺陷。

（2）吊杆与汽包接触部位接触部位，接触角 90° 内，接触是否良好，圆弧应吻合。

（3）吊杆、螺母螺纹是否良好，有无缺陷，装配后应旋转灵活、无卡涩。

（4）U 型杆开度、吊杆长度应符合图纸技术要求。

（5）球型垫铁球面应光滑，接触良好。

Je2C3153　简述悬吊式锅炉吹灰系统管道安装时的注意事项。

答：除《电力建设施工及验收技术规范》的要求以外，主要是要充分估计到吹灰器随设备的位移，管道要有一定补偿能力，靠近吹灰器主体的一定要有固定支架，以防止管道将膨胀应力传到吹灰器本体。管道补偿可以采用Π形弯、冷拉等方法实现。

Je2C4154　简述《锅炉监察规程》对锅炉结构安全可靠六点基本要求。

答：（1）锅炉各受热面均应得到可靠的冷却。

（2）锅炉各部分受热后，其热膨胀应符合要求。

（3）锅炉各受压部件、受压元件有足够的强度和严密性。

（4）锅炉炉膛、烟道有一定的抗爆能力。

（5）锅炉承重部件应有足够的强度、刚度与稳定性，并能适应所在地区的抗震要求。

（6）锅炉结构应便于安装、维修和运行。

Je2C4155　简述汽包支座的组合方法。

答：（1）按图在支座底板上划线。

（2）按图装上所有零件和垫片，留出足够的膨胀间隙，将适应纵向膨胀的一排滚柱组合时偏向汽鼓中间一侧。

（3）将支座上下两层钢板临时点焊在一起。

（4）组合中防止杂物进入活动接触面，在滚柱上涂上黄油后应遮盖好。

Je2C4156　锅炉水压试验有哪些过程和步骤？

答：① 临时水箱上水、加温、加药；② 系统风压检查；③ 锅炉上水；④ 初步检查；⑤ 工作压力检查；⑥ 超压试验；⑦ 降至工作压力检查；⑧ 试验合格后进行系统冲洗；⑨ 系统保养。

Je2C5157　云母水位计在安装时，应采用哪些措施使水位计不致泄漏？

答：（1）选用云母片必须是优质白云母片，应平直均匀、无斑点皱纹、裂纹和弯曲等缺点。工作压力大于 9.8MPa 锅炉，云母片的厚度选 1.2～1.5mm 为宜。

（2）要精细修研水位计密封接合平面，做到光洁、平整、严密。

（3）垫片应采用高压石棉垫或紫铜垫，放置平整，厚度一般以 0.5～0.8 为宜。

（4）水位计紧固螺丝紧力必须均匀，可采用交叉、反复数次等紧固方法。

Je2C5158　锅炉点火过程中应采取哪些措施保护锅炉？

答：（1）严格监视水位，汽包水位应略低于正常水位。

（2）当锅炉压力稍高于大气压时，冲洗压力表导管，使压力表显示正确。

（3）冲洗水位表，严防假水位。

（4）打开再循环的阀门。

（5）及时打开点火排汽阀，保证一定的对空排气量。

（6）按照烟气温度控制冷风量。

Je2C5159　对流过热器安装有哪些注意事项？

答：（1）蛇形管排与上联箱在对接焊接和热处理时一定要将管排临时吊住或托住，减少焊口出的拉力。

（2）管排安装对口焊接的位置较小，施工比较困难，安装前应在焊接顺序、施工方法上作充分考虑，为施焊创造较好的条件。

（3）管材多为合金钢，施工前必须作光谱检查，严防错用。

（4）管排安装中应设置标准管排，标准管排应位置准确、垂直，作为其他管排安装的参照依据。

（5）管排安装对口时，尽可能地保证管排整体（前侧）的平整度和管排相互间距，避免不必要的管排焊接后的调整。

（6）蛇形管排安装后下部弯头应排列整齐，管排弯头距折焰角水冷壁的间距满足管排膨胀的要求。

Je2C5160　各类阀门安装方向应如何考虑，为什么？

答：（1）闸阀。方向可不考虑，因为其结构是对称的。

（2）对于小直径截止阀，安装时应正装（即介质在阀体内的流向是自下而上），开启时省力。而且在阀门关闭时，阀体和阀盖间的衬垫和填料盒中填料都不致受到压力和湿度的影响，可以延长使用寿命。可在阀门关闭的情况下，更换和增添填料。

对于直径大于 100mm 的高压截止阀，安装时应反装（应使介质由上而下流动），这样是为了使截止阀关闭时，介质压力作用于阀芯上方，以增加阀门的密封性能。

（3）止回阀安装方向，应使介质流向与阀体上标记方向一致，一般介质流动方向是由下向上流动，升降式止回阀应安装在水平管道上。

Je2C5161　锅炉附属管道（排污、疏放水、取样、加药等）设计仅供系统图，而无施工安装图，现场应如何布置？

答：（1）统筹规划，布局合理。

（2）管线走向不影响通道，力求整齐、美观、短捷。

（3）阀门布置便于操作、检修，多个阀门区要排列整齐、间隔均匀。

（4）管道应有不少于 0.2%的坡度，并能自由膨胀，不影响其他部件的热膨胀。

（5）支吊架间距要合理，结构牢固，不影响管系的膨胀。

Je1C3162　简述锅炉受热面设备安装后进行整体找正时的质量标准和要求。

答：组件在找正时其偏差小于下列数值：

（1）联箱与汽包之间水平方向的中心线距离，或联箱之间相互中心线距离的偏差不大于±3mm。

（2）联箱（及汽包）标高偏差不大于±5mm。

（3）汽包两端水平差不大于 2mm，联箱两端水平差不大于

3mm。

（4）联箱（及汽包）纵横向中心线与锅炉梁柱中心线距离偏差不大于±5mm。

（5）按图纸要求，正确留出热胀间隙，拼缝间隙应不大于30mm。

（6）组件的各吊杆冷态时，应保持正、直，受力均匀，丝扣松紧适度。吊杆上端球形垫圈间的接触良好，灵活不卡。吊杆能随联箱热位移。

Je1C4163　锅炉受热面设备安装找正的依据是什么？

答：受热面设备找正一般以上联箱为准，下联箱为参考。

（1）设备位置：一般以主顶板梁横纵中心线（汽包炉设备间前后位置，以汽包中心为基准）为基准。特殊情况下设备纵横位置，也可以根据四周主柱中心进行测量定位。

（2）标高：以主柱一米标高线为基准。尾部包墙标高，下联箱形成环形联箱时，则以下联箱为基准。

Je1C5164　锅炉吹灰器安装有哪些注意事项？

答：（1）从设备检修完毕至安装调整期间，要保护驱动部分，不要进入灰尘、泥土。

（2）复核合金部件材质，检验空心轴挠度。

（3）以水冷壁预留孔为准划定位线。

（4）套管安装不仅位置要正确，而且要与水冷壁垂直。

（5）吹灰器支座安装，支座与护板的结合面垂直于套管。

（6）吹灰器调整，应无卡涩及其他异常，动作应灵活平稳；行程开关与行程相符，喷嘴全部伸入炉膛时，喷孔中心距水冷壁表面为30～45mm。

（7）蒸汽管道与吹灰器法兰在自由状态下应严密，不允许用紧丝的方法强制结合，在吹灰器主体附近安装固定支架，避免管道应力传到吹灰器上。

（8）吹灰器安装完毕，要在吹灰器主体附近装压力表，测定吹灰器压力，以确定能否达到设计要求。

Je1C5165　锅炉水冷壁布置在炉膛四周，火焰中心温度为1500℃，水冷壁内是沸腾的水；过热器布置在水平烟道对流区，烟气温度为 500～1000℃，运行实践证明，过热器比较容易烧坏。为什么？

答：因为水冷壁管内是沸腾的水，管壁与水沸腾换热系数很大，使管壁与水换热温差较小，故水冷壁温度接近于沸水温度。过热器内流动的是过热蒸汽，温度较高，且与管壁对流换热系数较小，使管壁温度较高，故过热器容易烧坏。

Je1C5166　简述锅炉联箱划线具体步骤。

答：（1）沿“联箱一排管座两边”做出两条公切线，它们又是平行线；做平行线的平分线，即为管座中心线。

（2）按图纸核对两排管座中心线间的实际弧长，从而检查两排管座间实际夹角是否正确。计算弧长计算式为

$$计算弧长=\frac{实际圆周长\times 图上的夹角}{360^\circ}$$

当计算弧长与实际弧长相等时，就证明两排管座间的实际夹角与图纸相符。

（3）按图纸上的联箱纵向中心线到边排座中心线的弧长，（或角度）画出联箱纵向中心线。

（4）按联箱实际长度，参照各管座中心的位置，找出纵向中心线中点。以此中点为基准，分别向两端量出相等距离，定出对应的两个基准点，并打上冲眼，然后再用垂直线方法，分别做出通过这两个基准点的圆周线。

（5）用钢卷尺分别围在联箱两圆周线上，从基准点开始，定出圆周的四个等分点，从而定出联箱纵向十字中心线。

（6）将联箱垫平，用玻璃管水平仪检查其两端对应的等分

点是否在同一水平面上，从而检查联箱有无扭曲。如有扭曲，则应向扭曲方向的反方向转移两端等分点，再重新定出联箱两端的四个等分点。

Jf4C3167　质量管理小组活动的程序是什么？

答：（1）根据实际情况选定课题，确定活动目标。

（2）通过调查核实后制定方案和措施。

（3）按照对策和方案，严密安排工作计划，认真实施。

（4）对实施情况进行检查。

（5）总结经验，写出总结报告。

Jf3C4168　使用手动葫芦应注意哪些事项？

答：（1）使用前应仔细检查吊钩、链条、轮轴及制动器等是否良好，传动部分是否灵活，并在传动部分加油润滑。

（2）葫芦吊钩必须牢靠，起吊重量不得大于葫芦的起重量。

（3）操作时应先慢慢起升，待链条张紧后，检查各部分有无变化，安装是否妥当。当确定各部分安全可靠后，才能继续工作。

（4）在倾斜或水平方向使用，拉链方向应与起重链条方向一致，防止卡链和掉链。

（5）不得超载使用。拉链的人数根据葫芦起重能力的大小来确定。如拉不动，应检查葫芦是否损坏，严禁增加拉链人数。重量较大时应更换葫芦。拉链人数和葫芦吨位应符合规定。

Jf3C4169　对铺设脚手板有什么要求？

答：（1）铺设脚手板要求铺满、铺稳，不得用探头板、弹簧板。钢、钢木脚手板在靠墙一侧及端部必须与小横杆绑牢，以防滑移。

（2）竹、木脚手板可对头铺设或搭接铺设。对头铺设时，在每块板的端头下必须要有小横杆，小横杆离板端的距离应不大于 15cm。搭接铺设时，两块板端头的搭接长度应不小于 20cm，如有不平之处，要用木板垫平，并垫在大小横杆的相交处，使脚手板铺实在小横杆上，不允许用碎砖块来塞垫。

（3）钢脚手板要对头铺设，在对头处下面要有小横杆，并用铅丝穿过套环，绑牢于小横杆上面。

Jf3C4170　吊物件时，捆绑操作要点是什么？

答：（1）根据物件的形状及重心位置，确定适当的捆绑点。

（2）吊索与水平平面间的角度，以不大于 45° 为宜。

（3）捆绑有棱角的物件时，物体的棱角与钢丝绳之间要垫东西。

（4）钢丝绳不得有拧扣现象。

（5）应考虑物件就位后，吊索拆除是否方便。

Jf3C4171　电动卷扬机在使用时应注意哪些事项？

答：（1）电动卷扬机应放置在平坦、没有障碍物的地方，便于卷扬机司机和指挥人员观察。安装距离应在距离重物 15m 以外，加用桅杆式起重机，其距离不得小于桅杆的高度。为防止电动机及电气装置淋雨受潮，一般在卷扬机下垫以枕木，并设置雨棚。

（2）所有电气设备应装可靠的接地线，以防触电。电气开关需有保护罩。

（3）卷扬机的固定必须牢靠、稳固，并能承受卷扬机最大卷扬拉力。

（4）开车前应检查卷扬机各部分机件转动是否灵活，制动装置是否可靠、灵敏。

（5）钢丝绳必须与卷筒牢靠地固定。

（6）工作时卷扬机周围 2m 范围内不准站人，跑绳的两旁及导向滑车的周围也不准站人。

（7）操作人员必须熟悉卷扬机的性能、结构，并且有一定的实际操作经验。

（8）卷扬机运转时，动作应平稳均匀。

（9）卷扬机停车时，要切断电源，控制器要放回零位，用保险闸制动刹紧。

Jf3C4172　电动葫芦在使用时有哪些注意事项？

答：（1）操作前应了解电动葫芦的结构性能，熟悉安全操作规程。

（2）按工作制度进行，不得超载使用。

（3）工作时不允许将负荷长时间停在空中，以防机件发生永久性变形及其他事故。

（4）工作完毕后应将吊钩升到离地面 2m 以上高度，并切断电源。

（5）避免倾斜起吊，以免损坏机件。

（6）当发生自溜现象时，应停止使用，进行检查，消除故障后才能投入使用。

（7）使用一定时间后应定期检查及加润滑油。

Je2C3173　进入汽包工作时，应遵守什么规定？

答：（1）待汽包壁温度降到 50℃以下，方可打开汽包人孔门。

（2）开启人孔门时应有人监护。螺帽松到剩 2～3 扣时，用木质棍棒松人孔门。顶松人孔门时，工作人员不得站在正面。待内部负压消失后，方可卸下螺帽，打开人孔门。

（3）进入汽包前，应用轴流风机通风，待汽包壁温度降到 40℃以下方可进入。

（4）进入汽包的人员应穿无钮扣、无口袋的专用工作服，对带入的工具、焊条、管孔盖板等应进行详细登记，每天工作完毕后应进行核对。

（5）汽包下部的管孔应盖好，工作人员离开汽包后，人孔门应加网状封板。

（6）有人在汽包内工作时，汽包外应设监护人，封闭人孔门前应清点人数。

Jf2C4174 施工现场预防触电事故，可采取哪些措施（任举五项）？

答：（1）电动工具应有可靠接地。

（2）带电设备有明显标志。

（3）设置触电保护器。

（4）在一些触电危险性较大的场所，采用安全低压电流。

（5）电气设备、工具使用完毕，及时切断电源。

Jf1C5175 机组启动应具备哪些条件？

答：（1）试运项目验收合格。

（2）信号、保护装置完善。

（3）消防设施已投入使用，消防器材充足。

（4）照明充足，事故照明具备使用条件。

（5）设备及管道保温完毕。

（6）土建工程完工，安装孔洞及沟道盖板已盖好。

（7）通道畅通无阻，易燃物品和垃圾已彻底清除。

（8）脚手架全部拆除。必需保留的脚手架就不妨碍运行。

（9）试运设备与安装设备之间已进行有效地隔离，试运与施工系统的分界线明确。

（10）所有试运设备的平台、梯子、栏杆安装完毕。

（11）试运范围内临时敷设的氧气管道和乙炔管道已全部拆除。

（12）事故放油管畅通，并与事故放油池连通。

La2C3176 循环流化床锅炉通常由哪些基本设备构成？

答：循环流化床锅炉通常由两部分构成，第一部分包括：

炉膛、气固分离设备、固体物料再循环设备等，有些锅炉还设有外置换热器；第二部分包括：尾部对流烟道及过热器、再热器、省煤器、空气预热器等。

La1C3177　循环流化床锅炉中石灰石给料方式有哪些？

答：（1）重力给料方式。

（2）气力输送方式。这是当前常用的方式。

Lb5C3178　请解释 HG-2008/18.3-540.6/540.6-M 的含义。

答：哈尔滨锅炉厂生产的锅炉，额定蒸发量为 2008t/h，过热器出口蒸汽压力为 18.3MPa，温度为 540.6℃，再热器出口温度为 540.6℃，燃料为煤。

Lb5C3179　请解释 SG-1025/18.3-540/540-1 的含义。

答：上海锅炉厂生产的锅炉，额定蒸发量为 1025 t/h，过热器出口蒸汽压力为 18.3MPa，温度为 540℃，再热器出口温度为 540℃，第一次改型设计。

Lb5C3180 直流锅炉水冷壁的形式有哪些？

答：水平围绕管圈型、垂直上升管屏型、多行程迂回管带型，其中垂直上升管屏型又可分为一次垂直上升管屏型与多次垂直上升管屏型两种。

Lb1C3181　循环流化床锅炉按物料的循环倍率分类是怎样分的？

答：物料的循环倍率是循环流化床锅炉独有的概念，它是指由物料分离器分离后送回炉内的物料与给进的燃料量之比，用字母 K 表示。

（1）低倍率循环流化床锅炉：$K<15$；

（2）中倍率循环流化床锅炉：$K=15\sim40$；

（3）高倍率循环流化床锅炉：$K>40$。

Lc2C3182 工程技术档案的内容有哪些？

答：（1）施工依据性资料。

（2）施工指导性文件。

（3）施工过程中形成的文件资料。

（4）竣工文件资料。

Lc1C4183 施工项目寿命周期可以划分为哪些阶段？

答：（1）投标签约阶段。

（2）施工准备阶段。

（3）施工阶段。

（4）验收、交工阶段。

（5）保修阶段。

Jd3C3184 安全阀解体后应做哪些检查？

答：（1）合金钢零件进行光谱复查，以防用错。

（2）零件表面光洁度、加工精度应符合图纸要求。

（3）弹簧尺寸应符合图纸要求，外观无裂纹、分层等缺陷，弹簧两端面与中心线应垂直。

（4）弹簧式脉冲阀的盘形弹簧应进行弹簧压缩试验，试验压力为 1.5 倍工作压力，并绘制弹簧特性曲线，确定适当的压缩高度。

（5）用色印法检查阀芯阀座结合情况，结合面应无麻点、沟槽等缺陷，结合良好。

（6）部件配合间隙应符合图纸要求。

Jd1C4185 管道的冷紧的基本原理是什么？

答：管道的冷紧也叫冷拉，是一种特殊而又重要的冷补偿方式。它的基本原理是，在安装中的管道选定部位设一个预留

有 z、y、z 三向冷拉值空隙的管道对口，用强制力进行冷紧（即有意图的强迫对口）施焊连接，这个强制拉力的方向与管道该处的热位移方向相反，在冷紧焊接后，在管道的限位点之间预加了一个冷态内应力，以此部分的或全部抵消管道的热胀应力，在改善管道热胀应力的同时，减小了各管道部位的热位移量。

Jf5C3186　按物质的燃烧特性可将火灾分为哪几类？

答：（1）A 类火灾，指固体物质火灾，如木材、纸张等火灾。

（2）B 类火灾，指液体火灾或可溶化的固体物质火灾。如汽油、沥青、石蜡等火灾。

（3）C 类火灾，指气体火灾，如甲烷、氢气等火灾。

（4）D 类火灾，指金属火灾，如钠、钾等火灾。

（5）E 类火灾，指物体带电燃烧的火灾，如发电机、电缆等火灾。

4.1.4 计算题

Jd5D1001 将下列压力单位换算成帕斯卡：① $125kgf/cm^2$；② $750mmH_2O$；③ 800mmHg；④ 9.8MPa。

解：（1）$125kgf/cm^2=125\times9.806\ 65\times10^4=12\ 258\ 313Pa$

$=12.3MPa$

（2）$750mmH_2O=\dfrac{750}{1000}\times9.806\ 65\times10^3=7355Pa$

（3）$800mmHg=\dfrac{800}{735.3}\times9.806\ 65\times10^4=106\ 695Pa$

（4）$9.8MPa=9.8\times10^6=9\ 800\ 000Pa$

答：分别为 12.3MPa，7355Pa，106 695Pa，9 800 000Pa。

Jd5D1002 某锅炉过热器出口汽温为 540℃，试求其热力学温度。

解：热力学温度 $T=t+273=540+273=813$（K）

答：过热器出口蒸汽的绝对温度应是 813K。

Jd5D1003 某汽轮机额定功率为 200MW，求一个月（30 天）内该机组的发电量为多少 kW · h？

解：已知 P=200MW=20 万 kW，$t=24\times30=720$h。

$W=Pt=20\times720=14\ 400$（万 kW · h）

答：该机组在一个月内发电量为 14 400 万 kW · h。

Jd5D1004 水在某容器内沸腾，如压力保持 1MPa，对应的饱和温度 t_s=180℃，加热面温度保持 205℃，沸腾放热系数为 85 700W/（m^2 · ℃），求单位加热面上换热量。

解：$q=\alpha(t-t_s)=85\ 700\times(205-180)$

$=2\ 142\ 500$（W/m^2）$\doteq2.14$（MW/m^2）

答：单位加热面上的换热量是 2.14MW/m^2。

Jd5D1005 某管弯曲半径为 400mm，弯管角度为 120°，计算其弯曲部分长度。

解：$L=0.017\,5\alpha R=0.017\,5\times120\times400=840$（mm）

或 解：$$L=\frac{\alpha\pi R}{180°}=\frac{120°\times3.14\times400}{180°}=840(\text{mm})$$

答：弯曲部分长度为 840mm。

Jd5D1006 今有一台锅炉燃用低位发热量为 13 088kJ/kg 的劣质烟煤，每小时燃用 172t，如折算成标准燃料量是多少？

解：已知 B=172t/h，$Q_{\text{ar,net}}$=13 088kJ/kg，1kcal=4.186kJ。

$$B_0=\frac{BQ_{\text{ar,nte}}}{7000\times4.186}=\frac{172\times13\,088}{7000\times4.186}=76.8\text{（t/h）}$$

答：经折算，为 76.8t/h 标准燃料。

Jd5D1007 现有一个ϕ159×14mm 管弯头，经测量该弯头的一个断面上两个直径分别为ϕ164.88 和ϕ155.66，计算弯头的椭圆度。

解：$$\text{椭圆度}=\frac{\text{最大直径}-\text{最小直径}}{\text{原有直径}}\times100\%$$

$$=\frac{164.88-155.66}{159}\times100\%=5.798\%$$

答：弯头的椭圆度为 5.798%。

Jd5D1008 一条长 20m 的主蒸汽管道温升 Δt=500℃，试计算管道因热膨胀的伸长量 ΔL［已知管道线膨胀系数 α=0.012mm/（m·℃）］。

解：$\Delta L=\alpha L\Delta t=0.012\times20\times500=120$（mm）

答：热膨胀伸长量是 120mm。

Jd5D1009 在35号钢和铸铁上攻M16×2螺纹，求其底孔直径。

解：对于35号钢 $D=d-t=16-2=14$（mm）

对于铸铁

$$D=d-1.1t=16-1.1\times2=13.8\text{（mm）}$$

答：35号钢和铸铁上的底孔直径分别为14mm、13.8mm。

Jd5D2010 已知某20号碳钢钢管截面积 S 为 $35mm^2$，抗拉强度 a 为411.6MPa（$42kgf/mm^2$），求最大破坏拉力载荷。

解：因为 $a=G/S$

所以 $G=aS=42\times35=1470$（kgf）=14.7（kN）

答：最大拉力载荷为14.7kN。

Jd5D2011 某小锅炉下降管为 $\phi159\times14$mm，共30根，上升管为 $\phi60\times6.5$mm，共435根，求其下降管与上升管的截面比。

解：
$$S_j=\frac{\pi}{4}D_j^2n_j=\frac{3.1416}{4}\times(159-28)^2\times30$$

$$S_s=\frac{\pi}{4}D_s^2n_s=\frac{3.1416}{4}\times(60-13)^2\times435$$

截面比为 $K=S_j/S_s=0.536$

答：截面比为0.536。

Jd5D2012 有一工作压力为2.55MPa的蒸汽吹灰管，其外径为89mm，弯管后弯曲部分管子最大直径为92.5mm，最小直径为87mm，试问管子的椭圆度是否合格（压力小于9.876MPa的管子椭圆度不得大于7%）？

解：管子弯曲后断面椭圆度为

$$\frac{(\text{最大直径}-\text{最小直径})}{\text{原有直径}}\times100\%$$

$$=\frac{92.5-87}{89}\times100\%=6.2\%<7\%。$$

答：故管子的椭圆度合格。

Jd5D2013 某卷扬机要求在5h内完成50kW·h的功，在不考虑其他损失的条件下，应选择多大功率的电动机？

解：按题要求，该电动机的功率应达到能在5h内完成50kW·h的功，而功率P的计算公式为

$$P=\frac{W}{t}$$

式中 W——功，J；

t——做功时间，s。

所以

$$P=\frac{50}{5}=10\ （kW）$$

答：应选择功率为10kW的电动机。

Jd5D3014 已知蒸汽流量D为220t/h，蒸汽管直径d为225mm，蒸汽比体积v为0.034m^3/kg，求该管内蒸汽流速。

解：因为 $d=18.8\sqrt{\frac{Dv}{w}}$

所以 $w=\frac{18.8^2\times Dv}{d^2}=\frac{353.44\times220\,000\times0.034}{225^2}$

$=52.22$（m/s）

或：设管内蒸汽流速为w，列出流量等式方程。

$$\frac{220\times10^3}{3600}\times0.034=\frac{\pi0.025^2}{4}w$$

$$w=52.22(\text{m/s})$$

答：该管内蒸汽流速为52.22m/s。

Jd5D3015 一台 200MW 汽轮发电机组，锅炉的燃煤量 B=80t/h，其低位发热量为 $Q_{ar,net}$ =26 040J/kg（6200cal/kg），厂用电率为 7%，求该机组的标准供电煤耗率 b_0。

解：
$$b_0 = \frac{BQ_{ar,net}}{7000 \times P}$$

因为 P=200 000×(1–0.07)=186 000kW

所以
$$b_0 = \frac{80 \times 10^6 \times 6200}{7000 \times 186\,000} = 381\text{（g/kW·h）}$$

答：该机组的标准煤耗率为 381g/kW·h。

Jd5D3016 平面汇交力系如图 D-1 所示，已知：P_1=330N，P_2=400N，P_3=200N，P_4=100N，求它们的合力。

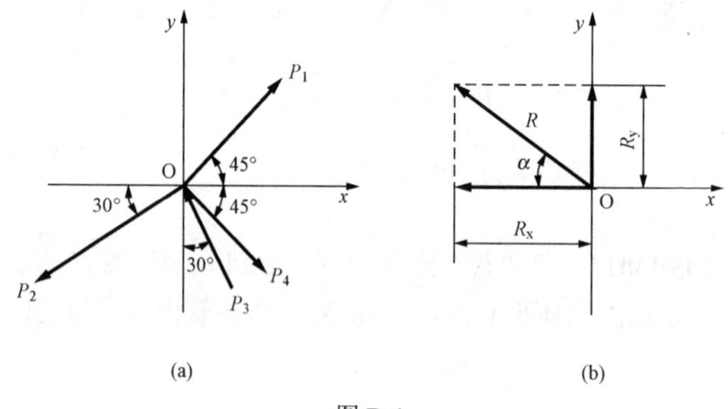

图 D-1

解：R_x=ΣX=X_1–X_2–X_3+X_4

$=P_1\cos45° - P_2\cos30° - P_3\cos60° + P_4\cos45°$

$=300\cos45° - 400\cos30° - 200\cos60° + 100\cos45°$

$= -163.3$（N）

R_y=ΣY=Y_1–Y_2–Y_3–Y_4

$=P_1\sin45° - P_2\sin30° + P_3\sin60° - P_4\sin45°$

$=300\sin45° - 400\sin30° + 200\sin60° - 100\sin45°$

=114.6（N）

$$R=\sqrt{(\Sigma X)^2+(\Sigma X)^2}=\sqrt{(-163.3)^2+(114.6)^2}\approx 200\text{（N）}$$

$$\text{tg}\alpha=\left|\frac{\Sigma Y}{\Sigma X}\right|=\frac{114.6}{163.3}\approx 0.7$$

$$\alpha=35°$$

因 ΣX 为负，ΣY 为正，故α应在第二象限，如图 D-1（b）所示。

答：合力 R=200N，α=35°。

Jd5D3017 一杠杆如图 D-2 所示。L=800mm，a=80mm，b=60mm，P=100N，T=2030N，α=30°，试分别求 P、T 对 O 点的力矩。

解：力 P 对 O 点的力矩

M_0(P)=−PL=−100×0.8=−80（N·m）

因 T 至 O 点的垂直距离不易求出，现将 T 分解为 T_1 及 T_2。根据合力矩定理，则力 T 对 O 点的力矩为

$$M_0(T)=M_0(T_1)+M_0(T_2)=T_1a-T_2b$$
$$=T\cos\alpha a-T\sin\alpha b$$
$$=2030\cos30°\times0.08$$
$$-2030\sin30°\times0.06=79.7\text{（N·m）}$$

答：力 P、T 对 O 点的力矩分别为−80N·m 和 79.7N·m。

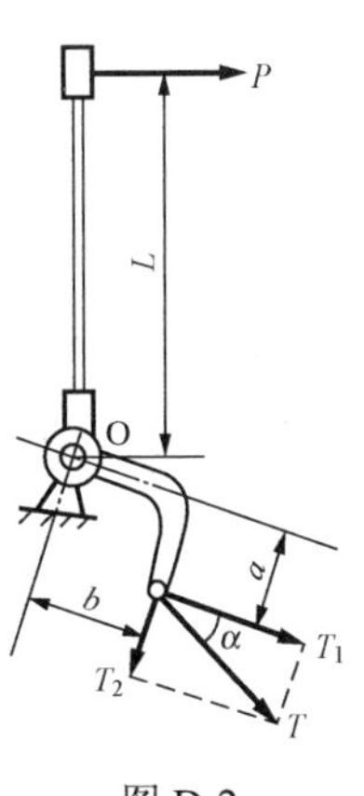

图 D-2

Jd5D3018 已知正弦交流电流 i=310sin314t（A）。问当其时间为 0.002 5s 时的瞬时值为多少安？最大值和有效值各为多少？

解：因为当 $\omega t=314t=314\times0.002\,5=0.785=\frac{\pi}{4}$ 时

$$i=310\sin314t=310\sin\frac{\pi}{4}=220\text{（A）}$$

所以，最大值 I_{max}=310A。

有效值 $$I=\frac{I_{max}}{\sqrt{2}}=\frac{310}{\sqrt{2}}=220\text{（A）}$$

可见，有效值与 $\omega t=\pi/4$ 时的瞬时值相等。

Jd4D2019 一个 3Ω 的电阻和一个 2Ω 的电阻并联线路，求其并联线路电阻。

解：已知 R_1=3Ω，R_2=2Ω，

并联电阻公式为

$$\frac{1}{R_b}=\frac{1}{R_1}+\frac{1}{R_2}$$

所以 $$R_b=\frac{R_1R_2}{R_1+R_2}=\frac{3\times2}{3+2}=1.2\text{（Ω）}$$

答：并联后相当于一个 1.2Ω 的电阻。

Jd4D2020 有一个 60W 220V 的电灯泡，它的电阻在亮灯的时候是多少欧姆？

解：已知功率 P=60W，电压 U=220V。

因为 $$R=\frac{U^2}{P}$$

所以灯丝电阻

$$R=\frac{U^2}{P}=\frac{220^2}{60}=806.7\text{（Ω）}$$

答：灯丝的电阻是 806.7Ω。

Jd4D2021 一个 20Ω 的电阻加热器，两端所加的电压是 220V，求 15min 内所发生的热量为多少焦耳？

解：从题中可知 R=20Ω，U=220V，t=15min。

$$Q=I^2Rt=\frac{U^2}{R}t=\frac{220^2}{20}\times15\times60=2.2\text{（MJ）}$$

答：15min 所发生的热量为 2.2MJ。

Jd4D2022 有 5 个加热电阻丝并联于 220V 的电源上，每个电阻丝的电阻是 20Ω，求电阻丝消耗的电功率是多少 W？

解：已知 U=220V，r=20Ω，n=5。

5 个加热电阻丝并联的总电阻 R 为

$$R=\frac{r}{n}=\frac{20}{5}=4\Omega$$

通过电阻丝的总电流 I

$$I=\frac{U}{R}=\frac{220}{4}=55\ \text{（A）}$$

电阻丝共消耗的电功率 P

$$P=IU=55\times220=12\ 100\ \text{（W）}$$

答：电阻丝共消耗的电功率为 12 100W。

Jd4D2023 某户照明用电的功率为 330W，某月点灯时数为 90h，求这个月的用电量。

解：此题是由功率求功，已知 P=330W，τ=90h。

$$W=P\tau=330\times90=29\ 700\ \text{（W·h）}=29.7\ \text{（kW·h）}$$

答：这个月的用电量为 29.7kW·h。

Jd4D2024 一台机器在 1s 内完成了 4000J 的功，另一台机器在 8s 内完成了 28 000J 的功，问哪一台机器的功率大？

解：第一台机器的功率 P_1 为

$$P_1=\frac{W_1}{\tau_1}=\frac{4000}{1}=4000\ \text{（W）}$$

第二台机器的功率 P_2 为

$$P_2=\frac{W_2}{\tau_2}=\frac{28\ 000}{8}=3500\ \text{（W）}$$

答：第一台机器的功率大于第二台机器的功率。

Jd4D2025 六极电动机带动某工作机匀速转动，已知工作机施加于电动机转子的阻力偶矩 M=108N·m，电机定子的每一电极对转子所施的电动力是沿转子圆周切线方向均匀分布的。若电动机转子的直径 d 为 18cm，试求各电极所施于转子的电动力。

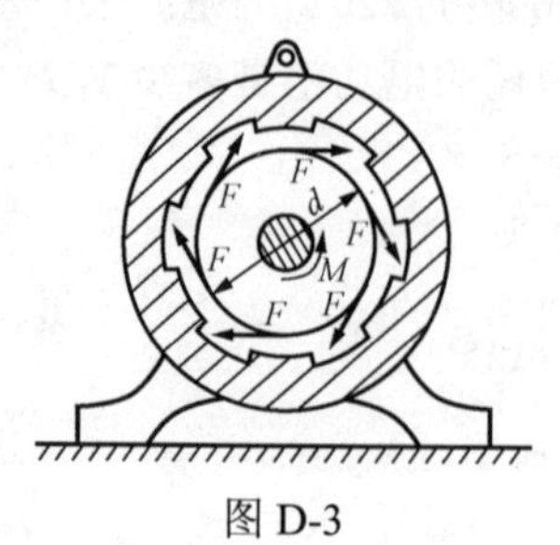

图 D-3

解：这是已知平衡条件求一个力的问题。

如图 D-3 所示，设每一电极施于转子的电动力为 F，则转子的阻力矩 M 和由 F 组成的三对力偶矩作用不平衡。于是有

$$-3Fd+M=0$$

$$-3F\times 0.18+108=0$$

所以 $$F=200\text{（N）}$$

答：各电极所施于转子的电动力 F 为 200N。

Jd4D2026 一台功率为 100MW 的发电机组，在燃烧发热量为 5000kcal/kg 的煤时，所放出的热量仅有 52%变成电能。求每小时煤的消耗量。

解：因 1kW·h 的功，相当于 860kcal 的热量，功率为 100MW 的发电机组 1h 完成的功，需热量为 Q=100 000×860kcal，而每公斤煤实际用于做功热量为 5000×0.52kcal/kg。所以煤的消耗量为

$$B=\frac{100\,000\times 860}{5000\times 0.52}=33\,076.92\text{（kg/h）}=33.08\text{（t/h）}$$

答：每小时耗煤量为 33.08t。

Jd4D2027 一根长 150cm 粗细不均匀的铝棒，若在距一端

60cm 处把它支起，恰好能平衡，见图 D-4（a）。若把支点移到距另一端 60cm 处，就必须在这一端挂上一个 2kg 重的物体，才能保持平衡，见图 D-4（b），求此棒质量。

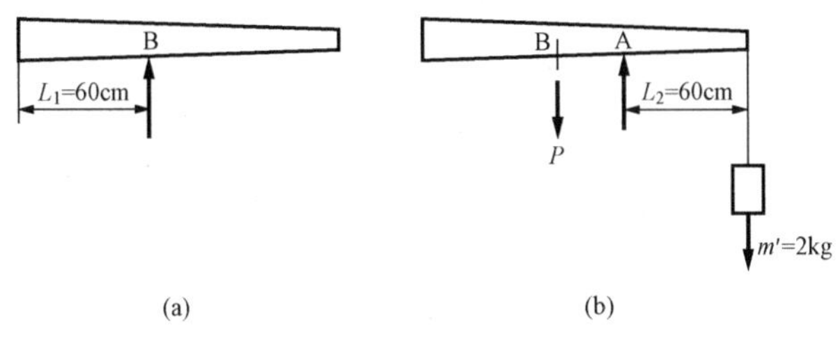

图 D-4

解：设铝棒的质量为 P，设距一端 60cm 处的支点为 B，依题意，B 点是棒的重心。再取距另一端 60cm 处的支点为 A 点，根据 A 点的平衡条件列出

$$P\times30=Q\times60 \text{（}Q\text{ 为 2kg 平衡重）}$$

$$P=\frac{Q\times60}{30}=\frac{2\times60}{30}=4\ \text{（kg）}$$

答：此铝棒质量为 4kg。

Jd4D2028 热煨$\phi76\times5$的无缝管成 45° 弯头，煨管半径 $R=3.5D$，求弯管弧长。

解：已知$\alpha=45°$，$D=76$mm，弯曲半径 $R=3.5D=3.5\times76=266$（mm）。

弯管弧长 L 为

$$L=\frac{\alpha\pi R}{180°}=\frac{45°\times3.14\times266}{180°}=208.8(\text{mm})$$

答：弯曲弧长 208.8mm。

Jd4D3029 在图 D-5 所示电路中，U=220V，各电阻的数值标注在图中。求电路的总电流。

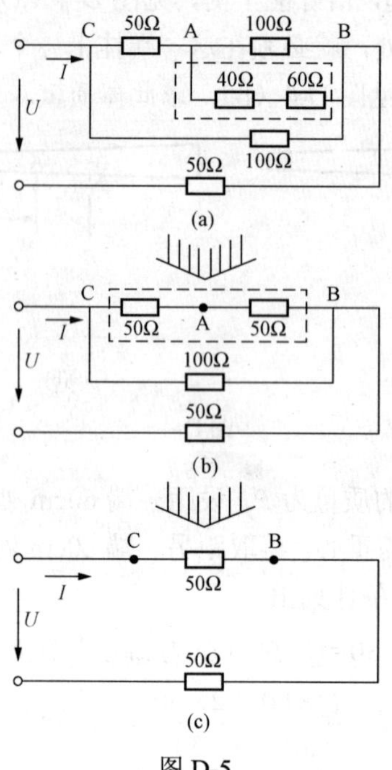

图 D-5

解：为了简化电路，先处理 A、B 两点间的三个电阻，分图（a）虚框中两个电阻之和为 100Ω，故

$$R_{AB}=\frac{100\times100}{100+100}=50\ (\Omega)$$

于是，图（a）化成图（b）。在图（b）虚框中两个电阻之和也是 100Ω，故

$$R_{CB}=\frac{100\times100}{100+100}=50\ (\Omega)$$

图（b）化成图（c），电路中总电流为

$$I=\frac{U}{50+50}=\frac{220}{100}=2.2\ (\text{A})$$

答：电路的总电流为 2.2A。

Jd4D3030 某轴颈晃度测量记录见表 D-1，求晃动值。

表 D-1 轴颈晃度测量记录 mm

编 号	表 值	编 号	表 值
1	0.50	6	0.52
2	0.51	7	0.52
3	0.52	8	0.51
4	0.52	9	0.50
5	0.53		

解： 晃动值＝最大值−最小值＝0.53−0.50＝0.03（mm）

答： 轴颈晃动值为 0.03mm。

Jd4D3031 测某柱高度用 1.5m 长的测量杆直立在地上，量得它的影长是 0.9m，同时量得立柱的影长 10.8m，求这根柱的高度是多少？

解： 立柱和测量杆的高度与投影成正比。

设柱高为 xm，列出方程式

$$1.5:x=0.9:10.8$$

$$x=\frac{10.8\times1.5}{0.9}=18\text{（m）}$$

答： 这根柱高度是 18m。

Jd4D3032 一个挖出小圆孔的圆形钢板的直径为 50cm，见图 D-6。若使左端着地，抬起其右端 B，用的力为 240N。若使右端着地，抬起其左端 A 用的力为 360N。求这块钢板质量是多少？它的重心离左端的距离是多少？

解： 设重心距左端为 x，钢板质量为 m。

抬起右端 B　　$xmg=240\times50$

抬起左端 A　　$(50-x)mg=360\times50$

解得　　$m=61.22$（kg），$x=20$（cm）

答： 这块钢板质量是 61.22kg，重心离左端 A 为 20cm。

Jd4D3033 一物体受三力偶作用，如图 D-7 所示。已知 P_1=90N，d_1=10cm，P_2=60N，d_2=20cm，M=45N·m，试求合力偶矩。

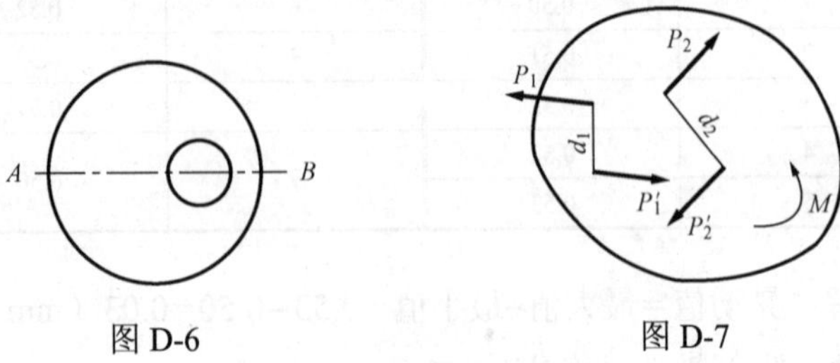

图 D-6　　　　图 D-7

解：

$$M_1=P_1d_1=90\times0.1=9\text{（N·m）}$$

$$M_2=-P_2d_2=-60\times0.2=-12\text{（N·m）}$$

$$M=45\text{N·m}$$

所以　$M=\Sigma M=M_1+M_2+M=9-12+45=42$（N·m）

答：合力偶矩为 42N·m。

Jd4D3034 见图 D-8，用一扁钢 t=30mm，煨成 90° 圆弧，半径 R=200mm，求下料长度。

解：由煨弯公式得

$$L=\frac{\pi\alpha(R+t/2)}{180^\circ}=\frac{3.14\times90^\circ\times(200+30/2)}{180^\circ}$$

$$=337.55\text{（mm）}$$

答：下料长度为 337.55mm。

Jd4D3035 四角燃烧器布置如图 D-9 所示，正方形边长为 11.66m，求假想切圆的直径（sin48°=0.743 1；sin42°=0.667 1）。

解：在直角三角形 BCG 中

$$BG=BC\sin48^\circ$$

在直角三角形 ABF 中

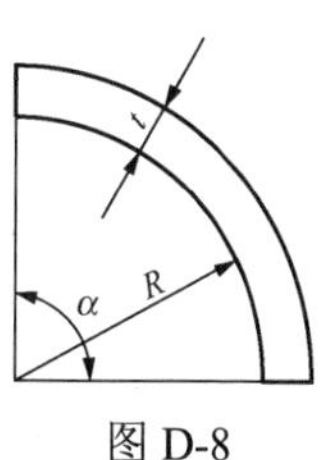

图 D-8

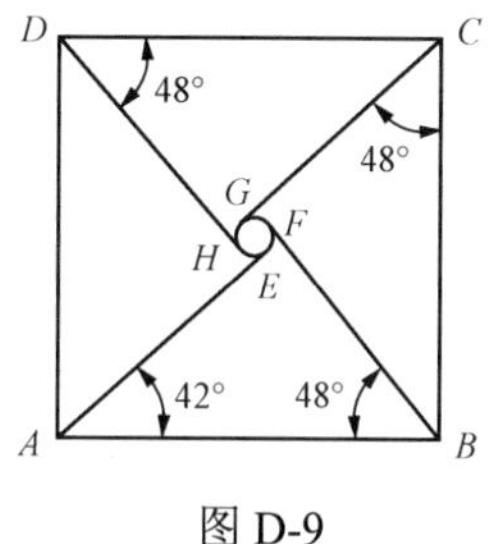

图 D-9

$$BF=AB\sin42°$$

设切圆直径为 D，

则 $D=BG-BF=BC\sin48°-AB\sin42°$

$=11.66\times\sin48°-11.66\times\sin42°=0.886$（m）

答： 假想切圆的直径为 0.886m。

Jd4D3036 某定轴轮系如图 D-10 所示，轴 I 为主动轴，轴 III为从动轴，齿轮的齿数 $z_1=20$，$z_2=70$，$z_2'=35$，$z_3=50$，若主动轴 I 的转速为 $n_1=750$r/min，试求 n_3 为多少？

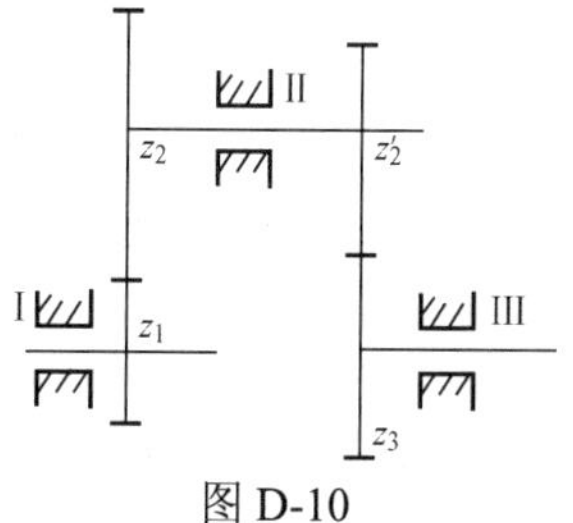

图 D-10

解： 由公式得

$$i=\frac{n_1}{n_3}=(-1)^m\times\frac{z_2z_3}{z_1z_2'}=(-1)^2\times\frac{70\times50}{20\times35}=5$$

从动轮的转速为

$$n_3=\frac{n_1}{i_3}=\frac{750}{5}=150\text{（r/min）}$$

答： 从动轮 n_3 为 150r/min，转向同 n_1。

Jd4D3037 用合像水平仪测量一次风机轴承平面台板扬度。第一次 2.5 格（每格 0.02mm/m），第二次转换 180°后测得 −2.5 格，求扬度值和偏差值。

解：设扬度值为δ，偏差值为s，扬度值 $\delta=\dfrac{2.5-(-2.5)}{2}=2.5$（格）

$$偏差值\ s=\frac{2.5+(-2.5)}{2}=0\ （格）$$

答：轴承台板扬度为 2.5 格（0.05mm/m），偏差值为 0。

Jd4D3038 已知标准圆柱齿轮，齿顶圆直径 D_d=260mm，齿数为 50，求模数。

解：已知 D_d=260mm，z_1=50。

则由公式 $D_d=m(z+2)$可求出 m

$$m=\frac{D_d}{z+2}=\frac{260}{50+2}=5$$

答：模数为 5。

Jd4D3039 某标准正齿轮的模数为 4，齿数为 20，求分度圆的直径。

解：分度圆的直径为 D，则

$$D=mz=4\times20=80\ （mm）$$

答：分度圆直径为 80mm。

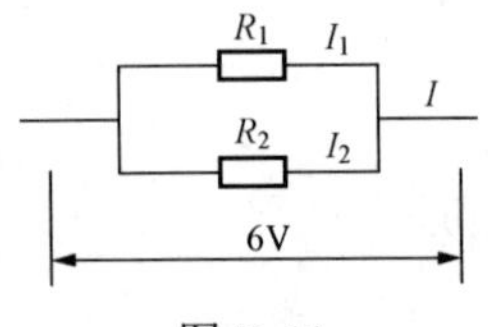

图 D-11

Jd4D3040 有 R_1、R_2 两个电阻，并联后接入电压是 6V 的电路中。已知通过 R_2 的电流强度是 0.1A，R_1=30Ω，求干路上的电流强度和并联后的总电阻。

解：先画出电路图，如图 D-11 所示。

已知 U=6V，R_1=30Ω，I_2=0.1 A 。

$$I_1=\frac{U}{R}=\frac{6}{30}=0.2\ （A）$$

$$I=I_1+I_2=0.2+0.1=0.3\ （A）$$

$$R=\frac{U}{I}=\frac{0.6}{0.3}=20\ (\Omega)$$

答： 干路上的电流强度是0.3A，并联后的总电阻是20Ω。

Jd4D3041 某工地安装20t/h的胀管锅炉，管子外径 d=51mm，壁厚3mm；汽包上管孔 d_3=52mm，胀管后管子内径 d_1=46.78mm，求胀管率。

解： 利用胀管率公式可求出胀管率。

已知 d_1=46.78mm，$d_2=d-2\times3$=45mm，d_3=52mm，δ=52−51=1（mm）。

$$H=\frac{d_1-d_2-\delta}{d_3}\times100\%$$

$$=\frac{46.78-45-1}{52}\times100\%=1.5\%$$

答： 胀管率为1.5%。

Jd4D3042 某工地用扭矩扳手安装立柱高强度螺栓，已知螺栓为M20×170，当预紧力为 20×10^3kgf（196kN）时，扭矩 M 为55kgf·m（539N·m）。求扭矩系数。

解： 设扭矩系数为 k

$$k=\frac{M}{pd}=\frac{55}{20\times10^3\times0.02}=0.137\,5$$

答： 扭矩系数为0.137 5。

Jd4D3043 凝汽器真空表的读数为730mmHg，气压计读数 p_{amb} 为765mmHg，求工质的绝对压力。

解： 由真空值计算绝对压力的公式

$$p=p_{amb}-H$$

已知 p_{amb}=765mmHg，H=730mmHg。

$$p=765-730=35\ (\text{mmHg})=4665.5\ (\text{Pa})$$

答：工质的绝对压力值为4665.5Pa。

Jd4D3044 从气压计读得某地大气压是750mmHg，试将它换成：① 物理大气压；② kgf/m^2；③ 工程大气压；④ 毫巴；⑤ 帕。

解：（1）因为1物理大气压=760mmHg

所以 $p_b=\dfrac{750}{760}=0.987$（物理大气压）

（2）因为 $1mmHg=13.6kgf/m^2$

所以 $p_b=750\times13.6=10\,200$（$kgf/m^2$）

（3）因为1工程大气压=$1kgf/cm^2=10^4kg/m^2$

所以 $p_b=\dfrac{10\,200}{10^4}=1.02$（工程大气压）

（4）因为 $1bar=1.02kgf/cm^2$

所以 $p_b=\dfrac{1.02}{1.02}=1$（bar）=1000（mbar）

（5）因为1mmHg=133.37Pa

所以 $p_b=133.37\times750=99\,991.5$（Pa）

答：分别为0.987物理大气压，10 200kgf/m^2，1.02工程大气压，1000mbar。

Jd4D4045 在1.296t负荷下，弹簧长度由218mm变成148mm，试计算弹簧刚度。

解：求出弹簧变形量

$$\delta=218-148=70\text{（mm）}=7\text{（cm）}$$

将负荷重化为 $P=\dfrac{1296\times9.8}{1000}=12.7$（kN）

计算出弹簧刚度

$$c=\frac{P}{\delta}=\frac{12.7}{7}=1.81\text{（kN/cm）}$$

答：弹簧刚度为1.81kN/cm。

Jd4D4046 已知高强度螺栓为 M22×170，设计预紧力 P= 2×10^4kgf（196kN），扭矩系数 k=0.125。技术要求施工预紧力为设计预紧力的 1.1 倍，求扭矩终紧值。

解： 求出施工预紧力

$P_s=1.1P=1.1\times2\times10^4=2.2\times10^4$（kgf）=215.6（kN）

计算扭矩终紧值

$$M_2=kP_sd=0.125\times2.2\times10^4\times0.022$$
$$=60.5\text{（kgf·m）}=592.9\text{（N·m）}$$

答： 扭矩终紧值 60.5kgf·m（592.9kN）。

Jd4D4047 某锅炉的空气预热器，空气横向冲刷管束，空气的平均温度 t=133℃，空气与管束间的平均换热系数为 1600W/（m^2·℃），空气与管束间的换热量为 2100W/m^2，试确定管子表面的平均温度。

解： 由题知，锅炉空气预热器管子的外表面与横向冲刷的空气有一对流换热过程。按计算对流换热的公式为

$$q=\alpha(t_b-t_1)$$

所求壁温 t_b 为

$$t_b=\frac{q}{\alpha}+t_1=\frac{2100}{1600}+133=134.3\text{（℃）}$$

答： 管子表面的平均温度为 134.3℃。

Jd4D4048 一块扇形钢板（见图 D-12），半径是 5dm，它的面积是 15.7dm^2，求这块扇形板圆心角的度数。

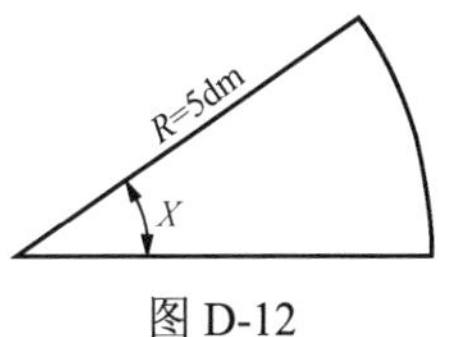

图 D-12

解： 已知 R=5dm，S=15.7dm^2。设圆心角为 X，依据扇形面积计算公式：

$$\frac{\pi R^2X}{360°}=S$$

即 $\dfrac{3.14\times5\times5\times X}{360°}=15.7\quad X=72°$

答：这块扇形钢板圆心角度数 72°。

Jd4D4049 某省煤器每小时把 430t 水从 230℃加热到 330℃，每小时流过的烟气量为 485t，烟气流经省煤器后的温度为 300℃，水的比热容为 4.186 8kJ/（kg・℃），烟气的比热容为 1.034kJ/（kg・℃），求烟气流经省煤器前的温度。

解：在锅炉省煤器中烟气温度降低，放热，锅炉给水得热，温度升高。若不考虑传热中的能量损失，则烟气的放热量应等于给水的得热量（能量守恒），即

烟气的放热量＝给水的吸热量

烟气在省煤器中的放热量 Q_y 为

$$Q_y=m_y c_{py}(t_{y1}-t_{y2})$$

锅炉给水的吸热量 Q_s 为

$$Q_s=m_s c_{ps}(t_{s2}-t_{s1})$$

上两式中注脚“2”表示出口处，“1”表示入口处。

写成热平衡式，则

$$Q_y=m_y c_{py}(t_{y1}-t_{y2})=Q_s=m_s c_{ps}(t_{s2}-t_{s1})$$

将已知数值代入上式，得

$$485\times10^3\times1.034\times(t_{y1}-300)$$
$$=430\times10^3\times4.186\,8\times(330-230)$$

式两侧各乘以 10^3，是为了把单位 t 换算为 kg。由上式解出 t_{y1}，得

$$t_{y1}=\frac{430\times10^3\times4.186\,8\times(330-230)}{485\times10^3\times1.034}+300$$
$$=658.99（℃）$$

答：烟气流经省煤器前的温度为 658.99℃。

Jd3D2050 温度为 20℃的空气 20 000m^3 在一加热器内被

加热到195℃，问加热后的容积为多少？

解：加热器内的加热过程可视为等压过程。在等压过程中，容积与温度的关系为

$$\frac{V_1}{T_1}=\frac{V_2}{T_2} \text{ 或 } V_2=T_2\frac{V_1}{T_1}$$

代入已知数，得

$$V_2=(195+273.15)\times\frac{20\,000}{20+273.15}=31\,939.3\ (\mathrm{m^3})$$

答：加热后的空气容积为31 939.3m^3。

Jd3D2051　某蒸汽管道水平方向计算总长35m，工作温度350℃，材质为20号钢，线热膨胀系数为12×10^{-6}mm/（mm·℃），室温20℃，求冷拉值。

解：$\Delta L=L\alpha\Delta t=35\times10^3\times12\times10^{-6}\times(350-20)$

$=138.6$（mm）

答：冷拉值为138.6mm。

Jd3D2052　有一工作压力为2.42MPa的控制安全阀，锅炉对安全门整定值无技术规定，试计算其控制安全阀和工作安全阀的动作压力值。

解：按技术规范规定，控制安全阀动作压力为1.04倍工作压力，因此

$$p_{\mathrm{Ak}}=1.04\times2.42=2.52\ (\mathrm{MPa})$$

工作安全阀动作压力为1.06倍工作压力，因此

$$p_{\mathrm{Ag}}=1.06\times2.42=2.57\ (\mathrm{MPa})$$

答：控制安全阀和工作安全阀动作压力分别为2.52MPa和2.57MPa。

Jd3D3053　在某封闭容器内贮有气体，其真空度 $H_1=$

50mmHg，温度 t_1=70℃，气压计读数 p_{amb} 为 760mmHg。问须将气体冷却到什么温度，方可使其真空度变成 100mmHg？

解：在封闭容器内气体的状态变化过程是定容过程。在定容过程中

$$\frac{p_1}{T_1}=\frac{p_2}{T_2}\ 或\ T_2=p_2\frac{T_1}{p_1}$$

式中 p_1、p_2 分别为原态、终态的绝对压力。

$$p_1=p_{amb}-H_1=760-50=710\text{（mmHg）}$$

$$p_2=p_{amb}-H_2=760-100=660\text{（mmHg）}$$

代入计算 T_2 的公式中，得

$$T_2=p_2\frac{T_1}{p_1}=660\times\frac{70+273.15}{710}=318.98\text{（K）}$$

$$t_2=318.98-273.15=45.8\text{（℃）}$$

答：须将气体冷却到 45.8℃。

Jd3D3054 以 100℃的蒸汽通入温度为 30℃，质量为 300g 的水中，经过相当时间后，结果水的温度为 40℃，而质量增加 5g，求水的汽化热 r。

解：已知蒸汽的质量 m_1=5g，这 5g100℃的蒸汽液化为 t_1=100℃的水，温度再降到 40℃，所以放出的热量为 $Q_f=m_1r+cm_1(t_1-t)$；质量 m_2=300g 的水，温度由 t_2=30℃升高到 t=40℃所吸收的热量为 $Q_x=cm_2(t-t_2)$。

因为 $Q_f=Q_x$

所以 $m_1r+cm_1(t_1-t)=Q_x=cm_2(t-t_2)$

$$r=\frac{cm_2(t-t_2)-cm_1(t_1-t)}{m_1}$$

$$=\frac{1\times300\times(40-30)-1\times5(100-40)}{5}$$

$$=540\text{（cal/g）}$$

$$=4.186\,8\times0.54/10^{-3}\text{（kJ/kg）}=2260.8\text{（kJ/kg）}$$

答： 水的汽化热为 2260.8kJ/kg。

Jd3D3055 在一个 40m 高的烟囱的底部，烟气温度是 270℃，排烟量为 5000m³/h。设烟气经过烟囱其温度每米降低 0.5℃，问每小时从烟囱出口流出的烟气容积是多少？（提示：因烟囱底部和烟囱出口之间压力差很微小，因而可以假设为定压过程）

解： 烟气由烟囱底部上行至烟囱出口，有一个温度降低的状态变化过程，此过程可看成定压过程，所以烟囱底部与出口处的关系按等压过程考虑，即

$$\frac{V_1}{T_1}=\frac{V_2}{T_2}$$

注脚"1"代表烟囱底部的量，"2"代表烟囱出口处的量。

烟囱出口处的温度 T_2 为

$$T_2=270-0.5\times40=250\ (℃)$$

所以 $$V_2=T_2\frac{V_1}{T_1}=(250+273.15)\times\frac{5000}{270+273.15}$$

$$=4815.88\ (\text{m}^3/\text{h})$$

答： 每小时从烟囱出口流出的烟气容积为 4815.88m³/h。

Jd3D3056 一个一端封闭的粗细均匀的细玻璃管，用一段长 16cm 的汞柱封入适量的空气。如图 D-13 所示，把管竖直放置，开口向上时，管内空气柱长是 15cm；开口向下时，管内空气柱长是 23cm。求这时的大气压强。

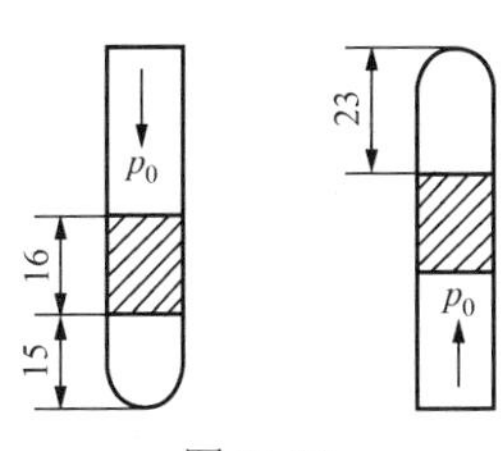

图 D-13

解： 已知 h_1=16cmHg，L_1=15cm，L_2=23cm。

根据玻意耳-马略特定律，设大气压强为 p_0，$p_1V_1=p_2V_2$

即 $$(p_0+h_1)L_1S=(p_0-h_2)L_2S$$

$$(p_0+16)\times 15=(p_0-16)\times 23$$

$$p_0=76\text{（cmHg）}=1.013\times 10^5\text{（Pa）}$$

答：这时大气压强为 1.013×10^5Pa。

Jd3D3057 670t/h 蒸汽锅炉主蒸汽，在 540℃、140kgf/cm^2 压力下，比体积 v=0.031 6m^3/kg，流速 w=45.5m/s，主蒸汽管道两条。求主蒸汽管道内径。

解： 已知每条蒸汽管质量流量为 $q_m/2$，比体积 v=0.031 6m^3/kg，流速 w=45.5m/s。

应用流量流速公式可计算管子内径 d_n

$$\frac{q_m}{2}v=3600\times\frac{\pi d_n^2}{4}w$$

$$d_n^2=\frac{\frac{q_m}{2}\times v\times 4}{3600\times 3.14\times w}$$

$$=\frac{\frac{1}{2}\times 670\,000\times 0.031\,6\times 4}{11\,304\times 45.5}=0.082\,3$$

$$d_n=\sqrt{0.082\,3}=0.287\text{（m）}$$

答：主蒸汽管内径为 287mm。

Jd3D3058 进入空气预热器的空气经过空气预热器之后，由 t_1=0℃升高到 t_2=315℃，在风压不变条件下，试问空气的密度改变了多少？

解： 当压力不变时，空气的密度与温度的关系为

$$\rho_2=\rho_1\times\frac{T_1}{T_2}=1.293\times\frac{273}{273+315}=0.6\text{（kg/m}^3\text{）}$$

设密度改变为 $\Delta\rho$，

则 $\Delta\rho=\rho_1-\rho_2=1.293-0.6=0.693$（kg/m^3）

答：密度改变了 0.693kg/m^3。

Jd3D3059 一个气割用氧气瓶，容积为 100L，在温度为 20℃时，瓶上压力表指示的压力为 100 大气压。求瓶里氧气的质量（在标准状况下，每升氧气的质量是 1.43g）。

解：$\frac{pV}{T}=\frac{p_0V_0}{T_0}$

$$V_0=\frac{pVT_0}{Tp_0}=\frac{(100+1)\times100\times273}{(273+20)\times1}$$

$$=9410.58\text{（L）}$$

瓶里氧气质量

$$m=V_0\times1.43=9410.58\times1.43$$
$$=13\ 457\text{（g）}=13.46\text{（kg）}$$

答：瓶里氧气质量为 13.46kg。

Jd3D3060 已知涡轮减速机输入轴转速为 750r/min，涡轮 60 个齿，蜗杆头数为 3，问输出轴转速为多少？

解：已知 n_1=750r/min，z_1=3，z_2=60。

由转动关系式知

$$\frac{n_1}{n_2}=\frac{z_2}{z_1}$$

$$n_2=\frac{n_1z_1}{z_2}=\frac{750\times3}{60}=37.5\text{（r/min）}$$

答：输出轴转速为 37.5r/min。

Jd3D3061 减速箱质量为 2700kg，用效率为 0.90 的四滑轮组起吊，求绳头的拉力 s。

解：由绳索的施力端是从定滑轮引出的施力端力的公式可求出

$$s=\frac{9.8Q}{n\eta}=\frac{9.8\times2700}{4\times0.9}=7350\text{（N）}$$

答：出绳头的拉力为 7350N。

Jd3D4062 某施工组测量轴无弯曲时的径向跳动，其记录值见图 D-14 和表 D-2，试求最大晃度。

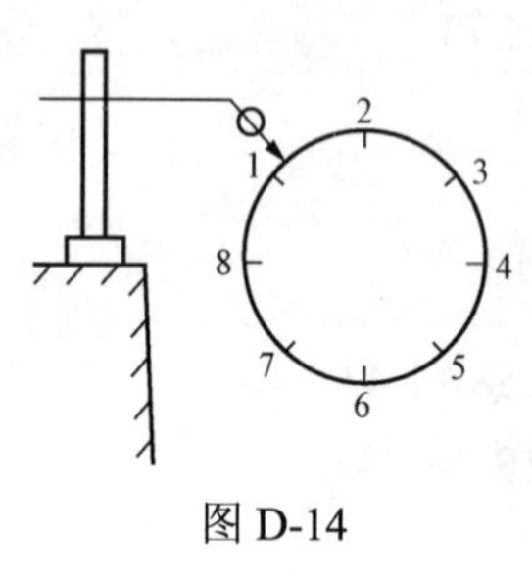

图 D-14

表 D-2 径向跳动记录 mm

位置	表值
1	0.50
2	0.52
3	0.53
4	0.52
5	0.49
6	0.50
7	0.50
8	0.51

解：轴的椭圆度即为千分表测得最大晃动值，根据径向跳动纪录列出下列晃动值（见表 D-3）。

表 D-3 晃 动 值 0.01mm

位置编号	表值差	晃动值
1-5	50～49	1
2-6	52～50	2
3-7	53～50	3
4-8	52～51	1

由表 D-3 得，最大晃动值为 0.03mm。

答：即最大晃度为 0.03mm，位置在 3-7 编号处。

Jd3D4063 在一个容器中有 0.07m^3 的气体，其压力为 0.3MPa，当温度不变，容积减小到 0.01m^3 时，其压力上升到多少（此题中压力均为绝对压力）？

解： 等温过程中（T=常数）压力与容积的关系为

$$p_1V_1=p_2V_2$$

$$p_2=\frac{p_1V_1}{V_2}=\frac{0.3\times0.07}{0.01}=2.1(\text{MPa})$$

答： 压力上升到2.1MPa。

Jd3D4064 图D-15所示标高49 100mm为水冷壁上联箱中心，位置标高24 100mm为燃烧器上口位置。已知水冷壁管壁温度为410℃，线膨胀系数为13.86×10^{-6}mm/（mm·℃），室外温度为20℃，求水冷壁在燃烧器上口位置处应留多大的膨胀间隙。

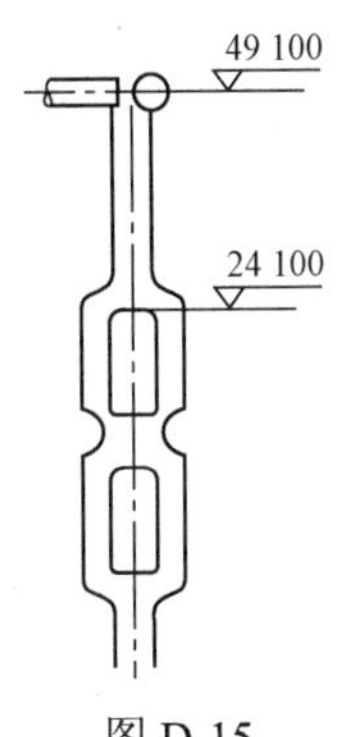

图D-15

解： 上口预留间隙

$$\Delta L=L\alpha\Delta t=(49\,100-24\,100)\times13.83\times10^{-6}\times(410-20)$$
$$=25\,000\times13.83\times10^{-6}\times390=134.84\text{（mm）}$$

答： 水冷壁在燃烧器上口位置处应留134.84mm膨胀间隙。

Jd3D4065 计算上口为6m×6m，下口为0.4m×0.4m，高为5m的电除尘落灰斗的展开面积。

解： 见图D-16，在直角梯形EOO′E′中，OE=0.2m，O′E′=3m，过E作EF垂直于O′E′，交O′E′于F。

在直角三角形EE′F中，EF=5m，E′F=(3−0.2)=2.8（m）

求出$EE'=\sqrt{EF^2+E'F^2}=\sqrt{5^2+2.8^2}=5.73$（m）

求出落灰斗侧面积

$$S=\frac{1}{2}\times(AB+A'B')E'En$$
$$=\frac{1}{2}\times(0.4+6)\times5.73\times4$$
$$=73.344\text{（m}^2\text{）}$$

答：落灰斗展开面积为 73.344m^2。

Jd3D4066 图 D-17 中有两个电源 E_1、E_2，电阻 R_1、R_2、R_3、R_4，电势和电阻的数值标注在图中。求 R_2 中的电流。

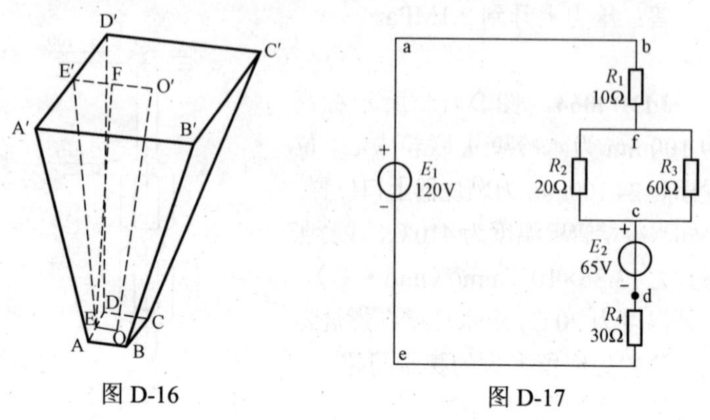

图 D-16 图 D-17

解：先求 R_2、R_3 的等效电阻

$$R_{fc}=\frac{R_2R_3}{R_2+R_3}=\frac{20\times60}{20+60}=15\ (\Omega)$$

总电势

$$E=E_1-E_2=120-65=55\ (\text{V})$$

电路中总电流

$$I=\frac{E}{R_1+R_4+R_{fc}}=\frac{55}{10+30+15}=1\ (\text{A})$$

fc 两端的电压 $U_{fc}=IR_{fc}=1\times15=15$（V）

R_2 中的电流 $I_2=\dfrac{U_{fc}}{R_2}=\dfrac{15}{20}=0.75$（A）

答：R_2 中的电流为 0.75A。

Jd2D2067 当水银温度 t=20℃时，空气的压力由水银气压计测得为 765mmHg，试将此压力以 Pa 表示。

解：由压力换算关系有

$$1\text{bar}=10^5\text{Pa}=750.1\text{mmHg}$$

所以 765mmHg 相当于

$$\frac{765}{750.1}=1.019\,864\ (\text{bar})$$

相当于 $1.019\,864\times10^5=101\,986.4$（Pa）

答：空气的压力为 101 986.4Pa。

Jd2D3068 钢管内径 d_1=42mm，外径 d_2=49mm。管内流过过热蒸汽，其平均温度 t_2=440℃，α_2=1000W/（m^2·℃）；管外流过烟气，其平均温度 t_1=660℃，α_1=50W/（m^2·℃），求传热系数和传热量（管壁热阻忽略不计）。

解：由于

$$\frac{d_2}{d_1}=\frac{49}{42}=1.67<2$$

故可按平壁公式计算圆管壁传热问题，即

$$K=\frac{1}{\dfrac{1}{\alpha_1}+\dfrac{\delta}{\lambda}+\dfrac{1}{\alpha_2}}$$

当忽略管壁的导热热阻时，上式可简化为

$$K=\frac{1}{\dfrac{1}{\alpha_1}+\dfrac{1}{\alpha_2}}=\frac{\alpha_1\alpha_2}{\alpha_1+\alpha_2}=\frac{50\times1000}{50+1000}=47.6\ [\text{W/（m}^2\cdot℃)]$$

单位管长的传热量为

$$q_1=\pi d_2K\Delta t$$

此处由于主要热阻产生于α_1一侧（即烟气侧），故 q_1 计算式中的 d 用烟气侧的 d_2。代入已知数

$$q_1=3.14\times0.049\times47.6\times(660-440)=1611.2\ (\text{W/m})$$

答：钢管的传热系数 K=47.6［W/（m^2·℃）］，传热量 q_1=1611.2W/m。

Jd2D3069 水流经加热器后，它的焓值从335kJ/kg增加到502kJ/kg，求10t水在加热器内所吸收的热量（水流经加热器的过程中，压力可看作不变）。

解： 加热器的加热过程为定压过程，定压加热过程中加入的热量可用加热过程中的焓差计算，即

$$Q=m(h_2-h_1)$$

已知 $m=10\times1000=10\,000$（kg）

所以 $Q=10\,000\times(502-335)$

$=1\,670\,000$（kJ）$=1.67\times10^6$（kJ）

答： 水在加热器内所吸收的热量为 1.67×10^6kJ。

Jd2D3070 试运中，用斜管测压计测量锅炉烟道中烟气的真空度（见图D-18），测管的倾斜角 $\alpha=30°$，测压计中使用煤油密度 $\rho=0.8\text{g/cm}^3$，斜管液柱长度 $L=200$mm，当地大气压 $B=745$mm 水银柱。求烟气的真空度和绝对压力（以Pa为单位）。

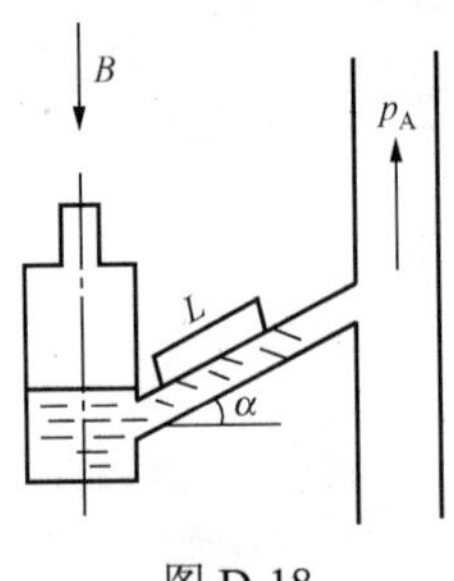

图 D-18

解： 因为 $B-p_A=\rho L\sin\alpha g/\rho_{Hg}g$

所以 $p_A=B-\rho L\sin\alpha g/\rho_{Hg}g$

$$=745-\frac{0.8\times200\times\sin30°}{13.6}$$

$=745-6=739$（mmHg）$=98\,525$（Pa）

真空度

$$H_{zh}=\frac{L\rho\sin\alpha}{B\times13.6}\times100\%$$

$$=\frac{200\times0.8\times\sin30°}{745\times13.6}\times100\%=0.8\%$$

答： 烟气的绝对压力为98 525Pa，真空度为0.8%。

Jd2D3071 要起吊300kg重物，要选用直径为多少毫米的麻绳？（查表得许用应力为［σ］=1kgf/mm²）（1kgf/mm²=9.8MPa）

解： 应用公式 $d^2=\frac{4P}{\pi[\sigma]}$，可求出麻绳的直径。

$$d=\sqrt{\frac{4P}{\pi[\sigma]}}=\sqrt{\frac{4\times300}{3.14\times1}}=19.55\ (\text{mm})$$

取 d=20mm。

答： 需选用 d=20mm 的麻绳。

Jd2D3072 某对轮配合直径为150mm，配合过值为0.03mm，对轮材料为钢，其膨胀系数 $\alpha=1.1\times10^{-5}$mm/（mm·℃），装配温度为25℃，求加热温度 t。

解： 已知对轮配合直径 ϕ150，$\alpha=1.1\times10^{-5}$mm/（mm·℃），装配间隙 $\varDelta=\frac{d}{1000}$，配合过值 J=0.03mm，装配环境温度 t_0=25℃。

$$t=\frac{J+\varDelta}{\alpha d}+t_0=\frac{0.03+\frac{150}{1000}}{1.1\times10^{-5}\times150}+25=134\ (℃)$$

答： 加热温度为134℃。

Jd2D3073 某一次风机，投入270℃热风运行时，集流器间隙平均为4.5mm，已知风壳固定点距转子中心为0.5m，风壳线膨胀系数为 12×10^{-6}mm/（mm·℃）。求环境温度20℃时，上下间隙如何预留？

解： 设风壳膨胀值为 Δh

$\Delta h=h_k\alpha\Delta t=500\times12\times10^{-6}\times(270-20)=1.5$（mm）

设上间隙为 δ_s，下间隙为 δ_x

显然：上间隙为 δ_s=4.5+1.5=6（mm）

下间隙为 δ_x=4.5−1.5=3（mm）

答： 集流器安装时，上下间隙预留值分别为6mm和3mm。

Jd2D3074 某蒸汽管道弹簧吊架，使用工作负荷为1000kg，弹簧系数 0.108mm/kg 的弹簧，蒸汽投入运行时，吊点向下热位移 30mm，求弹簧安装压缩量。

解：求出在工作负荷下弹簧变形量

$$\Delta h_g=1000\times0.108=108\text{（mm）}$$

减去向下膨胀量得安装压缩量

$$\Delta h_a=\Delta h_g-\Delta L=108-30=78\text{（mm）}$$

答：弹簧安装压缩量为 78mm。

Jd2D3075 采用弹簧系数为 0.14mm/kg 的弹簧吊架，工作荷载 550kg，正常投入运行时，吊点向上热位移 12mm，求弹簧安装压缩量。

解：求出在工作荷载下弹簧变形量

$$\Delta h_g=550\times0.14=77\text{（mm）}$$

加上向上膨胀量，所以

$$\Delta h_a=\Delta h_g+\Delta L=77+12=89\text{（mm）}$$

答：此弹簧安装压缩量为 89mm。

Jd2D3076 当导热热阻不计时，试计算下列传热过程中的 K 值：

（1）α_1=30W/（m^2·℃），α_2=4000W/（m^2·℃）；

（2）α_1=30W/（m^2·℃），α_2=8000W/（m^2·℃）；

（3）α_1=60W/（m^2·℃），α_2=4000W/（m^2·℃）。

解：导热热阻不计时，传热系数 K 为

$$K=\frac{\alpha_1\alpha_2}{\alpha_1+\alpha_2}$$

（1）$K_1=\dfrac{30\times4000}{30+4000}=29.78$［W/（$m^2$·K）］

（2）$K_2=\dfrac{30\times8000}{30+8000}=29.89$［W/（$m^2$·K）］

（3）$K_3=\dfrac{60\times4000}{60+4000}$=59.11［W/（m^2·K）］

答：分别为 29.78，29.89，59.11W/（m^2·K）。

Jd2D4077 已知一根减速机从动轴，是用平键与齿轮连接的。轴头直径 d（装键处）为 70mm，键的尺寸 $b\times h\times L$=20×12×100（mm×mm×mm），传递的扭矩 M=140kgf·m（1372N·m），轴和键的许用应力［τ］=600kgf/cm^2（58.8MPa），［δ］$_{jy}$=1000kgf/cm^2（98MPa），如图 D-19 所示。试核算键连接的强度。

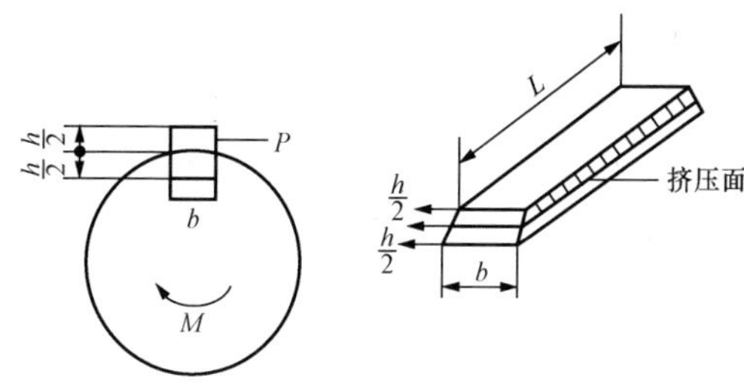

图 D-19

解：（1）计算键上的作用力 P。

$$P=\frac{2M}{d}=\frac{2\times14\,000}{7}=4000\text{（kgf）}$$

（2）核算挤压强度。

挤压面积 $$F_{jy}=\frac{h}{2}l=\frac{1.2}{2}\times10=6\text{（cm}^2\text{）}$$

$$\delta_{jy}=\frac{P}{F_{jy}}=\frac{4000}{6}=667\text{（kgf/cm}^2\text{）}<1000\text{（kgf/cm}^2\text{）}$$

所以挤压强度足够。

（3）核算剪切强度。

受剪面积 $F_j=bL=2\times10=20$（cm）

$$\tau=\frac{p}{F_j}=\frac{4000}{20}=200\text{（kgf/cm}^2\text{）}<600\text{（kgf/cm}^2\text{）}$$

所以剪切强度也足够。

答： 强度足够。

图 D-20

Jd2D4078 有长度相同、横截面积也相同的铁丝和铜丝各一条，见图 D-20。铁丝的一端固定在上方钢板上，其下端挂一个 20kg 的重物 A；铜丝的一端固定在 A 的下面，其另一端挂一重物 B。试问重物 B 应重多少，才能使铁丝和铜丝的伸长相等（忽略铁丝与铜丝的质量）？

解： 已知铁和铜的拉压弹性模量：$E_{Fe}=2\times 10^4 kg/mm^2$；$E_{Cu}=1\times 10^4 kg/mm^2$。

设重物 B 的质量为 P

根据胡克定律 $$\frac{\Delta L}{L}=\frac{1}{E}\frac{F}{S}$$

对铁丝 $$\Delta L_{Fe}=\frac{LF_1}{E_{Fe}S}=\frac{L\times(20+P)}{2\times 10^4\times S}$$

对铜丝 $$\Delta L_{Cu}=\frac{LF_2}{E_{Cu}S}=\frac{LP}{1\times 10^4\times S}$$

因为 $$\Delta L_{Fe}=\Delta L_{Cu}$$

所以 $$\frac{L\times(20+P)}{2\times 10^4\times S}=\frac{LP}{1\times 10^4\times S}$$

解上式得 P=20（kg）

答： B 块的质量是 20kg。

Jd2D4079 试计算图 D-21 所示膨胀节管道的总长度 L。

解： 由图可知，ABC 所对的圆心角为 260°，AD、CE 所对的圆心角为 130°，因此弧长分别为

$$ABC=L=\frac{\alpha\pi R}{180^\circ}=600\times 260\times 0.017\,45=2722.2\text{（mm）}$$

$$AD=CE=400\times130\times0.017\,45=907.4\ (mm)$$

所以膨胀节管道总长为：

$$L=ABC+AD+CE+DF+EG$$
$$=2722.2+907.4+200+200+907.4=4937.0\ (mm)$$

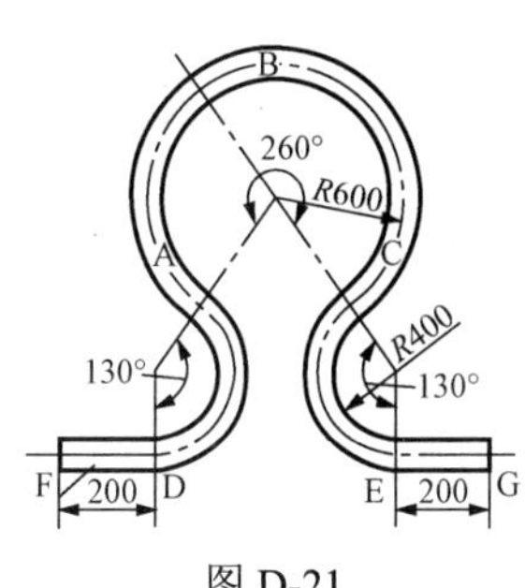

图 D-21

答：膨胀节总长为 4937.0mm。

Jd2D4080 用效率为 90%的锅炉生产过热蒸汽，送入锅炉的水温是 100℃，所产生的过热蒸汽是 300℃，水的比热为 1cal/（g・℃）[4.2kJ/（kg・℃）]，在这个锅炉中水的沸点是 190℃，汽化热量 480cal/g，过热蒸汽比热为 0.5cal/（g・℃）[2.1kJ/（kg・℃）]。问每生产 1t 过热蒸汽要消耗多少煤？[煤的发热量 q=7000kcal/kg（29 400kJ/kg）]

解：设每生产 1000kg 的过热蒸汽要消耗 $m_2$kg 煤。

$$Q=c_1m_1(t-t_0)+r+c_2m_1(t_2-t_1)$$
$$=1\times1000\times(190-100)+480\times1000+0.5\times1000\times(300-190)$$
$$=625\,000\ (kcal)$$

$$M=\frac{Q}{\eta q}=\frac{625\,000}{0.9\times7000}=99.2\ (kg)$$

答：每生产 1t 过热蒸汽要消耗 99.2kg 煤。

Jd2D4081 见图 D-22，某滑动轴承直径为 100mm，用压

铅法测量轴承间隙，测得 ad_1=0.618，ad_2=0.60，ad_3=0.52，bf_1=0.54，bf_2=0.51，bf_3=0.48，bf_4=0.55，bf_5=0.51，bf_6=0.47，求轴承剖分面上应加垫片厚度 δ。

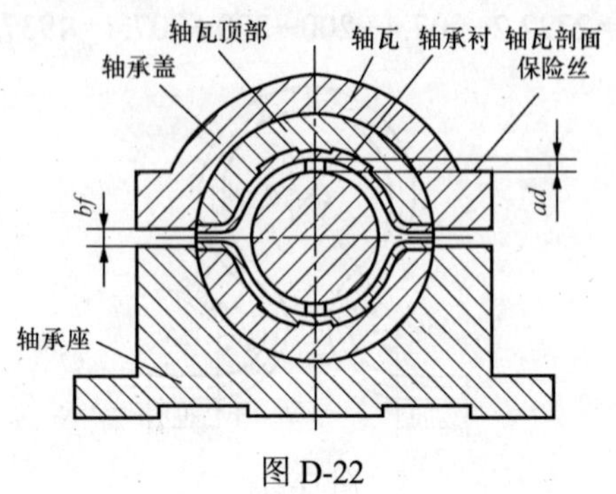

图 D-22

解： 先求出轴颈上保险丝厚度 ad

$$ad=\frac{ad_1+ad_2+ad_3}{3}=\frac{0.68+0.60+0.52}{3}=0.6\text{（mm）}$$

然后求出轴瓦剖分面保险丝厚度 bf

$$bf=\frac{bf_1+bf_2+bf_3+bf_4+bf_5+bf_6}{6}$$

$$=\frac{0.54+0.51+0.48+0.55+0.51+0.47}{6}$$

$$=0.51\text{（mm）}$$

计算出测量轴承间隙 Ψ

$$\Psi=ad-bf=0.6-0.51=0.09\text{（mm）}$$

根据技术规范可知，轴颈直径为 100mm 的配合间隙

$$S=0.12\sim0.2\text{mm}$$

因此，应加垫片厚 δ 为

$$\delta=S-\Psi=(0.12\sim0.2)-0.09=0.03\sim0.11\text{（mm）}$$

答： 应加垫片厚度为 0.03～0.11mm。

Jd2D4082 某锅炉顶棚管规格 $\phi51\times5.5$，工作压力 p=

160kgf/cm^2，蒸汽温度 t_b=344℃，管材为 20 号钢，从设计死点到炉前距离 L=13m，共有 115 根管，线膨胀系数α=13.7×10^{-6}mm/（mm·℃），弹性模量 E=2.1×106kgf/mm^2，求热膨胀量 ΔL，及当顶棚管不能自由膨胀时的膨胀力。

解：管壁计算温度

$$t=t_b+50=344+50=394\text{（℃）}$$

与环境温差

$$\Delta t=t-20=374\text{（℃）}$$

膨胀量 $\Delta L=\alpha\Delta tL$

$$=13.7\times10^{-6}\times374\times13\,000$$

$$=66.6\text{（mm）}$$

热膨胀力 $F=E\alpha\Delta tSn=2.1\times10^6\times13.7\times10^{-6}\times374$

$$\times\frac{\pi[51^2-(51-2\times5.5)^2]}{4}\times115$$

$$=972\,328\,551.694\,5\text{（kgf）}$$

$$=9\,528\,819\,806\text{（N）}\approx9529\text{（MN）}$$

答：热膨胀量为 66.6mm，热膨胀力为 9529MN。

Jd2D4083 安装疏水取样水管，需制造五个流水观察漏斗（见图 D-23），上口边长 16cm，下口边长 8cm，上下两部分高分别为 9cm 和 6cm，上盖折边 1cm，求需用薄铁皮多少？（厚度忽略不计）

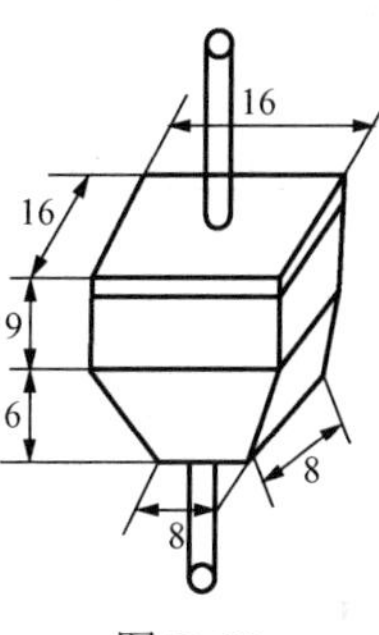

图 D-23

解：上部四棱柱侧面积

$$S_1=16\times9\times4=576\text{（cm}^2\text{）}$$

下部四棱台侧面积

$$S_2=\frac{1}{2}(16+8)\times\sqrt{\left(\frac{16-8}{2}\right)^2+6^2}\times4=346\text{（cm}^2\text{）}$$

上盖面积

$$S_3=(16+2)^2=324\text{（cm}^2\text{）}$$

下底面积

$$S_4=8\times8=64\ (\text{cm}^2)$$

每个漏斗的表面积

$$S=S_1+S_2+S_3+S_4$$
$$=576+346+324+64=1310\ (\text{cm}^2)$$

五只漏斗用料

$$5S=1310\times5=6550\ (\text{cm}^2)=0.655\ (\text{cm}^2)$$

答：需用料 0.655cm²。

Jd2D4084 一次风机两轴承之间轴的长度为 2.5m，热风温度为 240℃，求承力轴承一侧的膨胀间隙 c 最小应为多少？

解：

$$c=\frac{1.2(T+50)}{100}A=\frac{1.2\times(240+50)}{100}\times2.5=8.7\ (\text{mm})$$

答：承力轴承一侧的膨胀间隙 c 最小应为 8.7mm。

Jd2D4085 见图 D-24，若轴颈的直径为 110mm，轴颈铅丝压扁后的厚度 b_1=0.70mm，b_2=0.5mm，轴瓦接合面各段铅丝压扁后的厚度 a_1、a_2、c_1、c_2 分别为 0.4，0.2，0.6，0.40mm，试计算轴承平均顶部间隙 s。

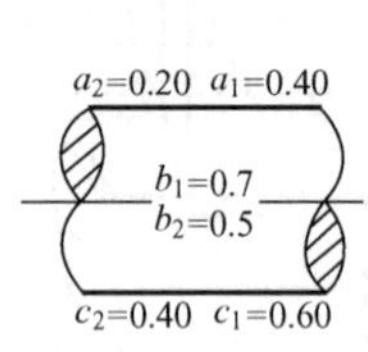

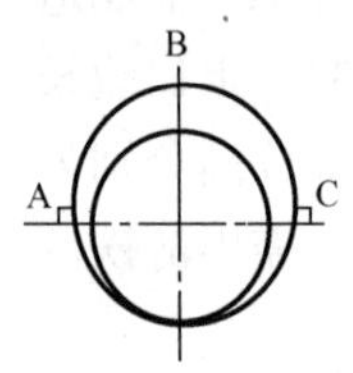

图 D-24

解：轴承顶部数值为

$$\frac{b_1+b_2}{2}=\frac{0.7+0.5}{2}=0.6\ (\text{mm})$$

轴瓦接合面数值为

$$\frac{a_1+a_2+c_1+c_2}{4}=\frac{0.4+0.2+0.6+0.4}{4}=0.40\ (\text{mm})$$

轴承平均顶部间隙

$$s=\frac{b_1+b_2}{2}-\frac{a_1+a_2+c_1+c_2}{4}=0.60-0.40=0.20\text{（mm）}$$

答：轴承平均顶部间隙 s=0.20mm。

Jd2D5086 图 D-25(a)所示等径水泥杆，长 18m，重 20kN，重心 C 距杆根长 9.32m，马道口支点 O 距杆根 2m，吊点 A 距支点 O 为 11.5m。当杆起立至与地面夹角 α=30° 时，此时固定绳与杆身夹角 β=42°，求固定绳拉力 T(sin42° =0.066 71)。

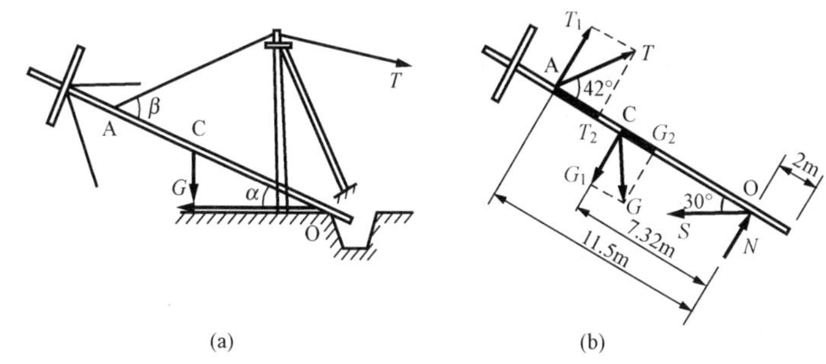

图 D-25

解：(1) 取水泥杆为研究对象，其受力图如图 D-25（b）所示，其上作用有 A 点的拉力 T，T 可分解为 T_1 和 T_2；C 点的重力 G，G 可分解为 G_1 和 G_2；支点 O 的反力 N 及制动绳拉力 S。

（2）水泥杆在图示位置这一瞬间，可以看作是处于平衡状态，则杆上各力对支点 O 的力矩的代数和必为零，即

$$\Sigma m_0(\text{P})=0$$

其中 T_2，G_2，N 和 S 四力都通过支点 O，所以对该点的力矩为零。实际只有 T_1 和 G_1 两力对 O 产生力矩。

故力矩平衡方程为

$$-\text{T}\sin 42°\times 11.5+G\cos 30°\times 7.32=0$$

$$T=\frac{G\cos 30°\times 7.32}{\sin 42°\times 11.5}=\frac{20\times 0.866\times 7.32}{0.67\times 11.5}=16.5\text{（kN）}$$

答：固定绳拉力 T 为 16.5kN。

Jd2D5087 若由三种材料组成炉墙，从炉内向炉外依次为耐火黏土砖厚 115mm，硅藻土砖厚 125 mm，石棉板厚 70mm，炉墙内表面温度为 495℃，炉墙外表面温度为 60℃，试求该炉墙的热流密度？［已知耐火黏土砖的导热系数为 1.163W/（m·K），硅藻土砖与石棉板的导热系数为 0.116 3W/（m·K）］

解：

$$q=\frac{t_1-t_2}{\dfrac{\delta_1}{\lambda_1}+\dfrac{\delta_2}{\lambda_2}+\dfrac{\delta_3}{\lambda_3}}=\frac{495-60}{\dfrac{0.115}{1.163}+\dfrac{0.125}{0.1163}+\dfrac{0.07}{0.1163}}=\frac{435}{1.7756}=245(\text{W/m}^2)$$

答：该炉墙的热流密度为 245W/m^2。

Jd2D5088 图 D-26（a）为起吊重量 G=3000N 的横担的情况。当α=60° 时，试求绳 AC 和 BC 所受的力，若α=30°，AC 和 BC 绳所受的力如何？

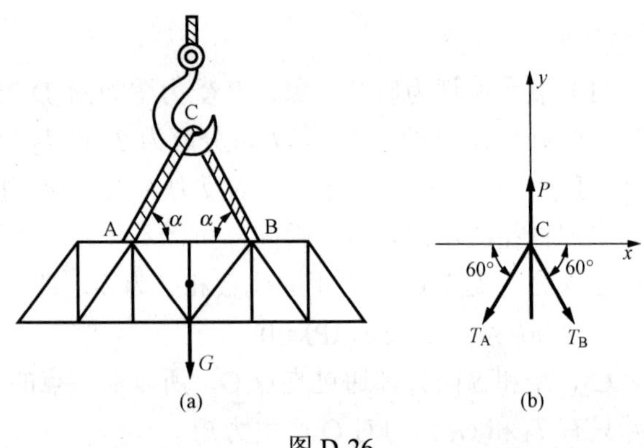

图 D-26

解：以 C 点为研究对象，受力如图 D-26（b）所示。当横担匀速上升时，力 P 与 G 相平衡。现在汇交点 C 建立直角坐标系。由

$$\Sigma x=0$$

得 $$-T_A\cos60° + T_B\cos60° = 0 \quad (1)$$

由 $$\Sigma y = 0$$

得 $$P - T_A\sin60° - T_B\sin60° = 0 \quad (2)$$

从式（1）得 $$T_A = T_B$$

代入式（2）得 $$2T_A\sin60° = P = G = 3000\text{（N）}$$

$$T_A = T_B = 1730\text{N}$$

当α=30° 时 $$T_A = T_B = \frac{3000}{2\sin30°} = 3000\text{（N）}$$

由作用、反作用公理可知绳子受力大小与 T_A、T_B 相等，但方向相反。

Jd2D5089 已知烟气在 0℃，压力在 760mmHg 下的密度为 1.3kg/m^3，求烟气在烟压不变条件下，烟温在 800℃时的密度和比体积。

解：根据公式 $\rho_2 = \rho_1 \frac{P_2T_1}{P_1T_2}$，当压力不变时，烟气的密度和温度的关系为

$$\rho_2 = \rho_1 \frac{T_1}{T_2}$$

800℃烟气的密度

$$\rho_2 = 1.3 \times \frac{273}{273+800} = 0.331\text{（kg/m}^3\text{）}$$

设其比容为 v_2，则

$$v_2 = \frac{1}{\rho_2} = \frac{1}{0.331} = 3.021\text{（m}^3\text{/kg）}$$

答：密度为 0.331kg/m^3，比体积为 3.021m^3/kg。

Jd2D5090 在图 D-27（a）中，求 a、b 支路的电流。

解：将 R_{ab} 从网络中断开，图 D-27（a）转换为图 D-27（b）。将 40A 电流源与电阻 R_{be}=0.5Ω 转换为电压源，则图 D-27（b）转换为图 D-27（c）。

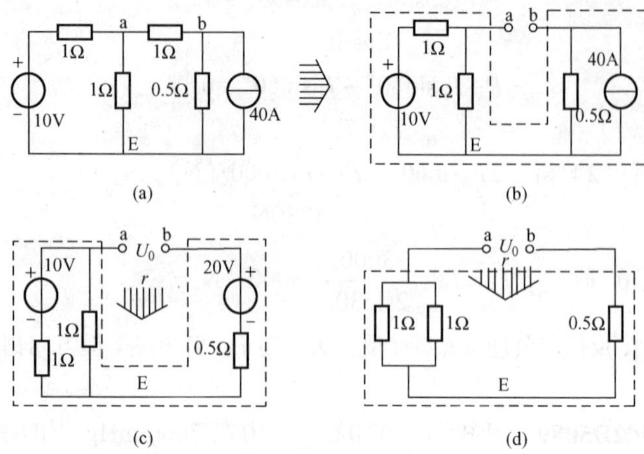

图 D-27

（1）求空载电压 U_0。

先求 a、E 两点之间电压 U_{aE}

$$U_{aE}=\frac{10}{1+1}\times1=5\text{（V）}，方向上正下负。$$

由于 bE 支路被断开，其中电流为 0，故 bE 两点之间电压 U_{bE} 为 $U_{bE}=20-0.5\times0=20\text{V}$，方向上正下负。

空载电压 $U_0=U_{aE}-U_{bE}=U_{ab}=-15$（V）

（2）求内阻 R。

将图 D-27（c）所有电势短路，得图 D-27（d），内阻 R 为

$$R=\frac{1\times1}{1+1}+0.5=1\text{（Ω）}$$

（3）R_{ab} 中的电流。

$$I_{ab}=\frac{U_0}{R+R_{ab}}=\frac{-15}{1+1}=-7.5\text{（A）}$$

负号表明 R_{ab} 中的电流方向是由 b 指向 a。

答： a、b 支路的电流为 −7.5A，负号表明 R_{ab} 中的电流方向是由 b 指向 a。

Jd2D5091 试计算图 D-28（a）中的电流 I。

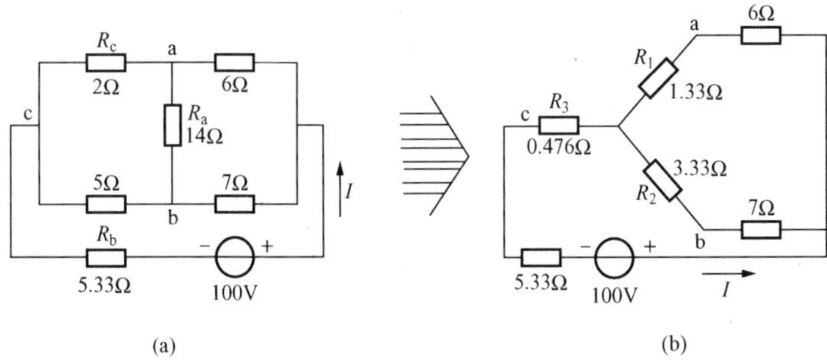

图 D-28

解： 对图中节点 a、b、c 利用星—三角变换得

$$R_1=\frac{R_aR_c}{R_a+R_b+R_c}=\frac{14\times2}{2+5+14}=1.33\ (\Omega)$$

$$R_2=\frac{R_aR_b}{R_a+R_b+R_c}=\frac{14\times5}{21}=3.33\ (\Omega)$$

$$R_3=\frac{R_bR_c}{R_a+R_b+R_c}=\frac{5\times2}{21}=0.476\ (\Omega)$$

于是，图 D-28（a）等效成图 D-28（b）的简单电路，这个电路的总电阻 R 为

$$R=0.467+\frac{7.33\times10.33}{7.33+10.33}+5.33=10\ (\Omega)$$

所以电流

$$I=\frac{100}{10}=10\ (\text{A})$$

答： 电流 I 为 10A。

Jd1D2092 求容器内气体的绝对压力。如压力表读数为 p_b=0.12MPa，而大气压力根据气压计读数为 680mmHg。

解： 由表压力计算绝对压力的公式

$$p=p_b+p_{amb}$$

已知表压力为：p_b=0.12MPa，而 p_{amb}=680mmHg。

为了进行加法计算，应先将它们的单位统一起来，现统一使用单位 Pa。

$$p_{amb}=\frac{680}{750.1}\times10^5=90\ 654.6\text{（Pa）}$$

$$p_b=0.12\text{MPa}=120\ 000\text{Pa}$$

所以绝对压力为

$$\begin{aligned}p&=p_b+p_{amb}\\&=120\ 000+90\ 654.6\\&=210\ 654.6\text{（Pa）}\doteq0.21\text{（MPa）}\end{aligned}$$

答：容器内气体的绝对压力为 0.21MPa。

Jd1D3093 设有一钢制传动轴，直径 d=40mm，许用剪应力［τ］=300kgf/cm^2（29.4MPa），若转速 n=200r/min，试计算它能传递的最大功率。

解：已知轴直径 d=40mm，许用剪应力［τ］=300kgf/cm^2，转速 n=200r/min。

首先求出轴能传递的最大扭矩，由强度计算方程

$$\tau_{max}=\frac{M_{n\,max}}{W_p}\leqslant[\tau]$$

得 $$M_{nmax}\leqslant W_p[\tau]$$

而抗扭截面模量 $W_p=\dfrac{\pi d^3}{16}\approx0.2\times40^3=12\ 560\text{mm}^3$

所以： $M_{nmax}\leqslant12\ 560\times29.4=369$（N·m）

再求出轴能传递的最大功率 P

$$P=\frac{M_{max}n}{9550}=\frac{369\times200}{9550}\approx7.7(\text{kW})$$

答：轴能传递的最大功率为 7.7kW。

Jd1D3094 采用固定于电机侧的百分表测量，某电动机找正记录如图 D-29 所示，试问电动机底脚高度如何调整（联轴器对轮直径为 300mm）？

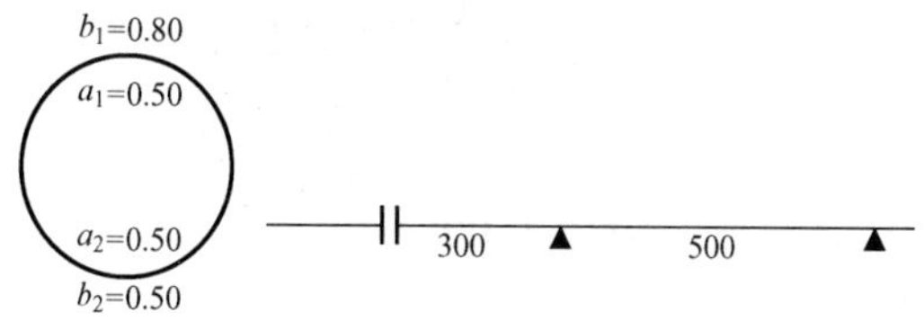

图 D-29

解：采用百分表测量时上径向读数大，说明电动机低。电动机底脚应垫高。

其值 $$\delta=\frac{1}{2}(a_1-a_3)=\frac{1}{2}\times(0.80-0.50)=0.15\text{（mm）}$$

答：电动机前后脚均垫高 0.15mm。

Jd1D4095 图 D-30 所示为管子串吊架，各管子对吊架的载荷分别是 Q_1=1500kgf（14.7kN），Q_2=1000kgf（9.8kN），Q_3=500kgf（4.9kN）。试求吊杆 S_1、S_2、S_3 的内力？若用 3 号钢的圆钢做吊架，各处该用何种规格的圆钢？

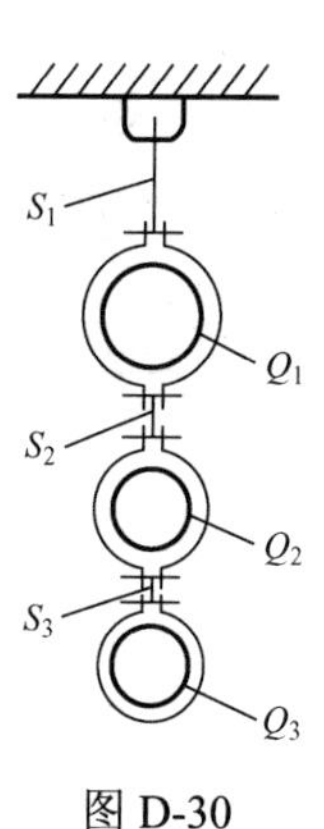

图 D-30

解：首先按图分析：作用在 S_3 上的只有下面一根管子重量，

所以 $S_3=Q_3=500$（kgf）

同理 $S_2=Q_2+S_3$

$=1000+500=1500$（kgf）

$S_1=Q_1+S_2=Q_1+Q_2+S_3$

$=1500+1000+500=3000$（kgf）

取 A3 钢许用应力［σ］=1600kgf/cm²，求出截面积：

$$A_1 \geqslant \frac{S_1}{[\sigma]}=\frac{3000}{1600}=1.875\text{cm}^2$$

$$A_2 \geqslant \frac{S_2}{[\sigma]}=\frac{1500}{1600}=0.937\,5\text{cm}^2$$

$$A_3 \geqslant \frac{S_3}{[\sigma]}=\frac{500}{1600}=0.312\,5\text{cm}^2$$

求出吊架直径

$$d_1=\sqrt{4A_1/\pi}=\sqrt{4\times1.875/3.14}=1.55\ (\text{cm})$$

$$d_2=\sqrt{4A_2/\pi}=\sqrt{4\times0.937\,5/3.14}=1.09\ (\text{cm})$$

$$d_3=\sqrt{4A_3/\pi}=\sqrt{4\times0.312\,5/3.14}=0.63\ (\text{cm})$$

答：所以吊杆分别取 A3 钢ϕ17、ϕ11、ϕ7 三种规格。

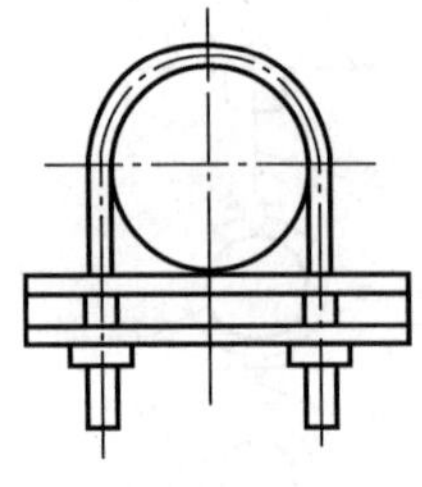

图 D-31

Jd1D4096 见图 D-31，用ϕ16 圆钢制作水冷壁联箱抱卡，联箱外径为ϕ273，与组合架联接用的槽钢为 14 号，螺母 M16 厚度 H=18mm，螺丝扣露出 5mm，求抱卡长度为多少毫米？

解：抱卡长度 L 为

$$L=\left(\frac{273}{2}+8\right)\times3.14+\left(\frac{273}{2}+140+18+5\right)\times2$$

$$=1053\ (\text{mm})$$

答：抱卡长度为 1053mm。

Jd1D4097 见图 D-32，前包墙过热器上联箱中心标高为 48 300mm，斜坡水冷壁上联箱标高为 39 600mm，密封板长 110mm，密封板上端面比斜坡水冷壁上联箱中心高 60mm。求密封板中心至前包墙上联箱中心的距离。

解： 已知 H_1=48 300mm，H_2=39 600mm，L=110mm，L_1=60mm。

设密封板中心至前包墙上联箱中心的距离为 L_x

$$L_x=(H_1-H_2)-(L_1-L/2)$$
$$=(48\,300-39\,600)-\left(60-\frac{110}{2}\right)$$
$$=8695\text{（mm）}$$

答：密封板中心至前包墙上联箱中心的距离为 8695mm。

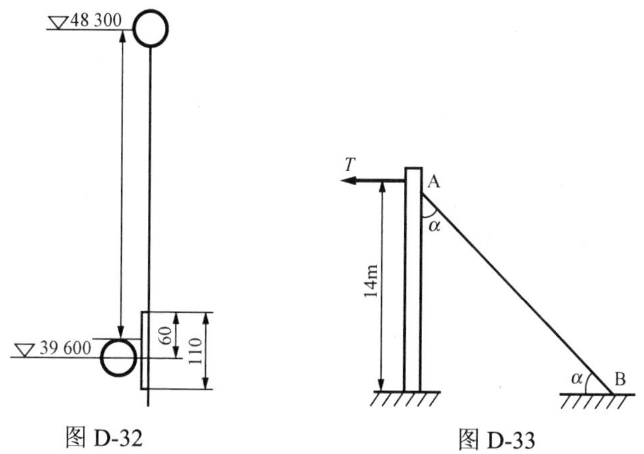

图 D-32 图 D-33

Jd1D5098 一终端电杆，如图 D-33 所示。拉线上端固定点至地面高度为 14m，对地面夹角α=45°，三根导线拉力各为 0.4kN，如果拉线用 8 号铁丝，其拉断力为 0.44kN，安全系数 n=2.5，求拉线长度和股数。

解：（1）拉线长 L_{AB}。

$$L_{AB}=\frac{h}{\sin 45^\circ}=\frac{14}{0.707}=19.8\text{（m）}$$

（2）拉线受力。

取电杆为研究对象，画受力图，如图 D-34 所示。

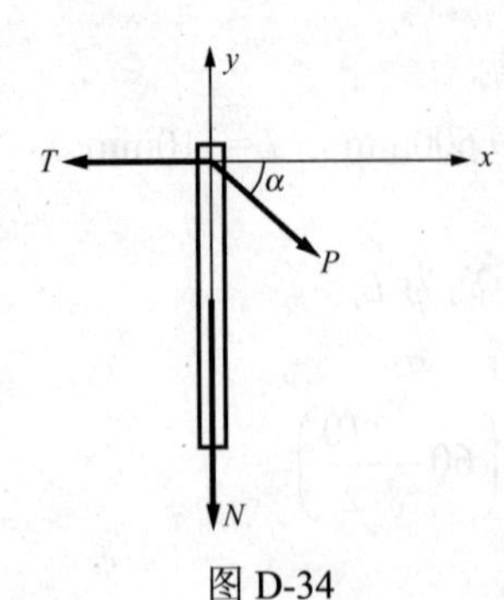

图 D-34

由 $\Sigma X=0$

得 $-T+P\cos\alpha=0$

$$P=\frac{T}{\cos 45^\circ}=\frac{3\times 0.4}{0.707}$$

$$=1.697\text{（kN）}$$

工作载荷等于危险载荷（即极限载荷 P_{jx}）除以安全系数。

$$P\leqslant\frac{P_{jx}}{n}$$

$$P_{jx}\geqslant Pn=1.697\times 2.5=4.242\text{（kN）}$$

（3）拉线股数 Z。

$$Z=\frac{4.242}{0.44}\approx 10\text{（股）}$$

答：拉线长度为 19.8m，拉线股数为 10 股。

Jd1D5099 图 D-35 所示是混联电路，电阻的数值标注在图中，若 R_5 消耗的功率为 15W，求电势 E。

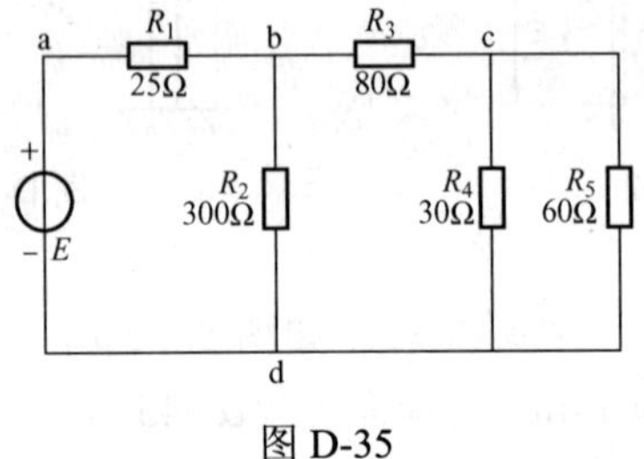

图 D-35

解：因为 $I_5^2R_5=15\text{W}$

所以 $$I_5=\sqrt{\frac{15}{R_5}}=\sqrt{\frac{15}{60}}=0.5\text{（A）}$$

根据欧姆定律，cd 两端电压

$$U_{cd}=I_5R_5=0.5\times 60=30\text{（V）}$$

R_4 中的电流

$$I_4 = \frac{U_{cd}}{R_4} = \frac{30}{30} = 1 \text{（A）}$$

R_3 中的电流

$$I_3 = I_4 + I_5 = 1 + 0.5 = 1.5 \text{（A）}$$

bc 两端电压 U_{bc}

$$U_{bc} = 80 \times 1.5 = 120 \text{（V）}$$

bd 两端的电压 U_{bd}

$$U_{bd} = U_{bc} + U_{cd} = 120 + 30 = 150 \text{（V）}$$

R_2 中的电流

$$I_2 = \frac{U_{bd}}{R_2} = 150/300 = 0.5 \text{（A）}$$

R_1 中的电流

$$I_1 = I_2 + I_3 = 0.5 + 1.5 = 2 \text{（A）}$$

ab 两端的电压

$$U_{ab} = I_1 R_1 = 2 \times 25 = 50 \text{（V）}$$

E 的数值

$$E = U_{ab} + U_{bd} = 50 + 150 = 200 \text{（V）}$$

答：电势 E 为 200V。

Jd1D5100 在找正电动机与风机对轮之间的径向和轴向间隙时，记录数值及有关尺寸如图 D-36 所示，问如何调整？

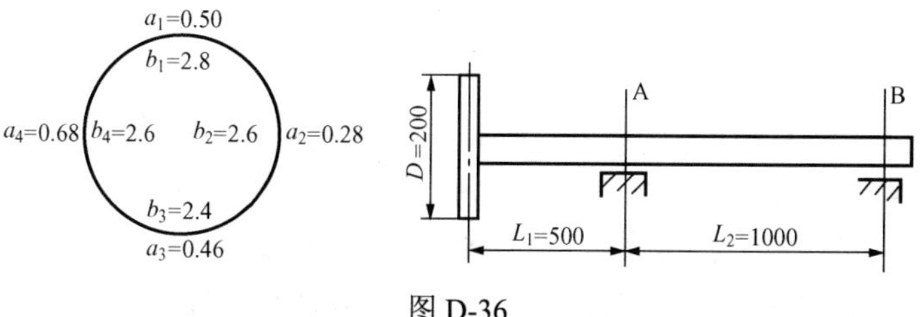

图 D-36

解：从记录可知 $b_1>b_3$，则上张口；$a_1>a_2$，电机轴偏右。

前支架 A 应做垂直变动量

$$A_{sx}=\frac{L_1}{D}(b_1-b_3)+\frac{a_1-a_3}{2}$$

$$=\frac{500}{200}\times(2.8-2.4)+\frac{0.5-0.46}{2}$$

$$=1.02\text{（mm）（正值表示垫高）}$$

后支脚 B 应做垂直变动量

$$B_{sx}=\frac{L_1+L_2}{2}(b_1-b_3)+\frac{a_1-a_3}{2}$$

$$=\frac{500+1000}{200}\times(2.8-2.4)+\frac{0.5-0.46}{2}=3.02\text{（mm）}$$

前脚 A 应做水平移动量

$$A_{zy}=\frac{L_1}{D}(b_2-b_4)+\frac{a_2-a_4}{2}=\frac{500}{200}\times(2.6-2.6)$$

$$+\frac{0.28-0.68}{2}=-0.2\text{（mm）（}-\text{表示左）}$$

后支架 B 应做水平移动量

$$B_{zy}=\frac{L_1+L_2}{D}(b_2-b_4)+\frac{a_2-a_4}{2}$$

$$=\frac{500+1000}{200}\times(2.6-2.6)+\frac{0.28-0.68}{2}$$

$$=-0.2\text{（mm）}$$

答：前脚 A 垫高 1.02mm，左移 0.2mm，B 垫高 3.02mm，左移 0.2mm。

Jd5D1101 从某电厂锅炉型号中可确定其过热器出口蒸汽的温度 t 为 540℃，请将此温度化为绝对温度 T。

解：绝对温度 $T=t+273=540+273=813(\text{K})$

答：过热器出口蒸汽的绝对温度应是 813K。

Jd5D2102 在某电路中，有一负载电阻为 20Ω，其两端电压为 220V，求通过该负载的电流。

解：根据欧姆定律 $I=\dfrac{U}{R}$，又已知 $R=20\Omega$，$U=220V$；所以

$$I=\frac{U}{R}=\frac{220}{20}=11(\text{A})$$

答：通过该负载的电流为11A。

Jd5D3103 已知某自然循环燃煤锅炉的循环倍率为 4，试求上升管出口汽水混合物的蒸气干度为多少？

解：因为循环倍率 $K=\dfrac{G}{D}$，G 为上升管中的循环水量，D 为上升管中产生的蒸汽量，而蒸气干度 $x=\dfrac{D}{G}$，所以 $x=\dfrac{1}{K}$。又已知循环倍率为 4，故有下式：

$$x=\frac{1}{K}=\frac{1}{4}=0.25$$

答：上升管出口汽水混合物的蒸气干度为 0.25。

Jd3D4104 某锅炉上联箱长 L=4m，预计投入运行后联箱内介质温度与安装时环境温度之差 Δt=520℃，试计算在进行上联箱的安装时，应预留出纵向膨胀间隙值 S 为多少？[联箱的线膨胀系数 $\alpha=12\times10^{-6}$m/(m·℃)]

解：联箱投入运行后的纵向膨胀值

$S_l=\alpha L\Delta t=12\times10^{-6}\times4\times520=0.024\ 96(\text{m})=24.96(\text{mm})$

考虑到预留间隙应稍大于膨胀值，故

$$S=24.96+5\approx32(\text{mm})$$

答：应预留出的纵向膨胀间隙值应为 32mm。

Jd3D4105 某循环热源温度为530℃，冷源温度为15℃。在此温度范围内，循环可能达到的最大热效率是多少？

解：已知 $T_1=273+530=803(K)$

$T_2=273+15=288(K)$

$$\eta_{最大}=\eta_{卡诺}=1-\frac{T_2}{T_1}=1-\frac{288}{803}=1-0.359=0.641=64.1\%$$

答：在此温度范围内循环可能达到的最大热效率为64.1%。

Jd3D4106 已知轴的基本尺寸 $d=80$mm，轴的最大极限尺寸 $d_{max}=79.988$mm，轴的最小极限尺寸为 $d_{min}=79.966$mm，求轴的极限偏差及公差。

解：轴的上偏差：$es=d_{max}-d=79.988-80$

$=-0.012(mm)$

轴的下偏差：$ei=d_{min}-d=79.966-80=-0.034(mm)$

轴的公差：$T_s=|(-0.012)-(-0.034)|$

$=0.022(mm)$

或 $T_s=79.988-79.966=0.022(mm)$

答：该轴的极限偏差为 $\phi80\left(\begin{smallmatrix}-0.012\\-0.034\end{smallmatrix}\right)$，公差为0.022mm。

Jd2D4107 分别在中碳钢和铸铁工件上，各钻一不通孔后，攻M12×1.75的螺纹，需要的螺纹孔深度为45mm，求底孔直径和钻孔深度？

解：中碳钢工件底孔直径 $D=d-t=12-1.75=10.2$（mm）

中碳钢工件钻孔深度 $H=h+0.7d=45+0.7\times12$

$=53.2$（mm）

铸铁工件底孔直径 $D=d-1.1t=12-1.1\times1.75$

$=10.1$（mm）

铸铁工件钻孔深度 $H=h+0.7d=45+0.7\times12$

$=53.2$（mm）

答：在中碳钢工件上的底孔直径为 10.2mm，钻孔深度为 53.2mm；在铸铁工件上的底孔直径为 10.1mm，钻孔深度为 53.2mm。

Jd2D5108 在运行中经实测得出，某发电厂的低温管式空气预热器前烟气中的过氧量 O_2'=5.23%，空气预热器出口处烟气中的过氧量 O_2''=6%，求本级空气预热器的漏风系数 $\Delta\alpha_{ky}$。

解：先根据过氧量利用公式计算出空气预热器进、出口处的过量空气系数 α_{ky}'、α_{ky}''

$$\alpha_{ky}' = \frac{21}{21-O_2'} = \frac{21}{21-5.5} = 1.35$$

$$\alpha_{ky}'' = \frac{21}{21-O_2''} = \frac{21}{21-6.3} = 1.43$$

再利用公式计算出漏风系数 $\Delta\alpha_{ky}$

$$\Delta\alpha_{ky} = \alpha_{ky}'' - \alpha_{ky}' = 1.43 - 1.35 = 0.08$$

答：本级空气预热器的漏风系数 $\Delta\alpha_{ky}$ 为 0.08。

Jd2D5109 试用万能分度头在某法兰圆周上画出均匀分布的 56 个孔。求每画一个孔的位置后，分度头手柄应转过孔距。（此分度头带一块分度盘，正面孔数情况分别为 24、25、28、30、34、37、38、39、41、42、43；反面孔数情况分别为 46、47、49、51、53、54、57、58、59、62、66）

解：$N=40/n=40/56=5/7$

由于 21 就是 7 的整倍数，所以选择在分度盘上一圈 28 个孔的情况。

$$28\times5/7=20$$

答：每画完一个孔后，分度手柄在每圈 28 孔的分度板上转过 20 个孔距。

Jd1D2110 某电厂汽包质量为120t，安装起吊过程中，预计两个吊点分置于汽包两端，见图D-37，一端吊点采用在炉顶布置一台卷扬机并穿绕一套滑车组的方式，另一端吊点采用吊装能力在调点处可达百吨的起重机抬吊。根据炉顶顶棚梁的布置情况，确定滑车组吊点的绑扎位置距汽包横向中心距离为5.8m，负荷分配 35t，求百吨起重机吊点绑扎位置距汽包横向中心距离L_2。

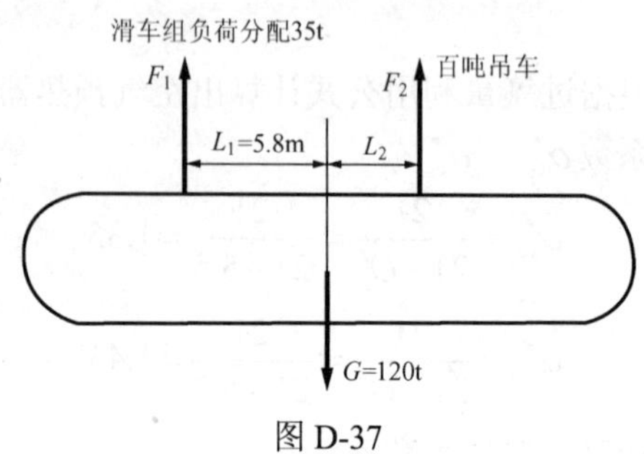

图D-37

解：百吨起重机负荷分配为：

$$F_2=G-F_1=120-35=85\text{（t）}$$

百吨起重机吊点绑扎位置距汽包横向中心距离为：

$$85L_2=35\times5.8$$

$$L_2=203/85\approx2.338\text{（m）}$$

答：百吨起重机吊点绑扎位置距汽包横向中心距离L_2应为2.338m。

Jd1D3111 图D-38表示了一个卷扬机齿轮轮系传动系统，z_1=16、z_2=32、z_3=18、z_4=36、z_5=2、z_6=50，其中z_5为涡杆，若n_1=1000r/min，鼓轮直径D=200mm，与涡轮同轴，求涡轮的转速及重物G的移动速度。

解：首先计算轮系传动比：

$$i_{16}=\frac{n_1}{n_6}=\frac{z_2z_4z_6}{z_1z_3z_5}=\frac{32\times36\times50}{16\times18\times2}=100$$

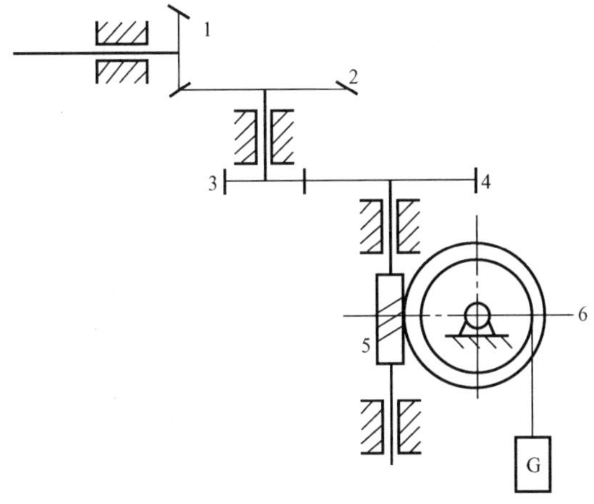

图 D-38

其次计算涡轮转速：

$$n_6 = \frac{n_1}{i_{16}} = \frac{1000}{100} = 10(\mathrm{r/min})$$

最后计算重物移动速度：

因为鼓轮与涡轮同轴运动，所以与涡轮等速，故重物移动速度为

$$\upsilon = \omega_6 R = \frac{2\pi n_6}{60}\frac{D}{2} = \frac{\pi n_6 D}{60} = \frac{\pi \times 10 \times 0.22}{60} = 0.115(\mathrm{m/s})$$

答：涡轮的转速为10r/min；重物移动速度为0.115m/s。

Jd1D4112 已知重物的质量为1000kg，在起吊时，捆绑所用钢丝绳直径 d 为多少毫米(安全系数为10)？

解：钢丝绳的安全系数为10

$$最大允许拉力 = \frac{钢丝绳破断拉力}{安全系数}$$

$$破断拉力 = 45d^2$$

$$45d^2=1\times10^3\times10$$

$$d=\sqrt{\frac{1\times10^4}{45}}=\sqrt{222.22}=14.9\text{(mm)}$$

答：钢丝绳的直径为 14.9mm，在实际应用中应选用直径大于 14.9mm 钢丝绳。

4.1.5 识绘图题

La5E1001 圆柱表面上一点 *A*，在主视图上的投影是 a'，见图 E-1，画出 *A* 在左视图上的投影。

答：如图 E-2 所示。

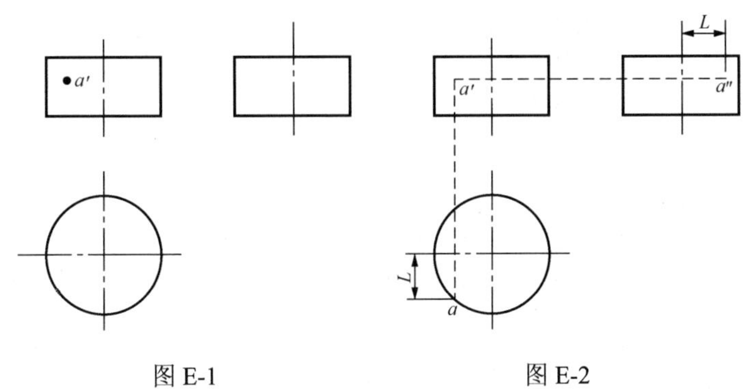

图 E-1　　图 E-2

La5E1002 补画图 E-3 中的第二视图。

答：如图 E-4 所示。

La5E1003 请画出图 E-5 所示的管子展开图。

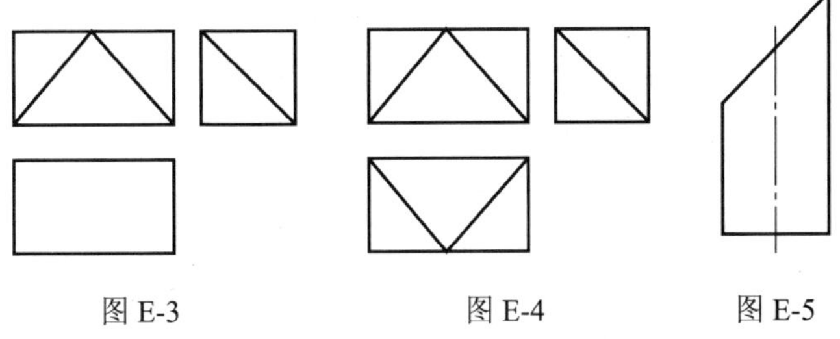

图 E-3　　图 E-4　　图 E-5

答：见图 E-6。

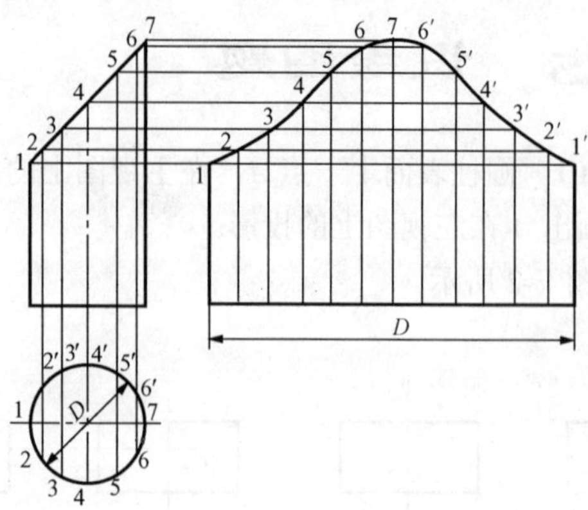

图 E-6

La5E1004 已知圆柱表面上一段弧线 *AB* 在主视图的投影是 $a'b'$（见图 E-7），画出弧线 *AB* 在左视图上的投影。

答：见图 E-8。

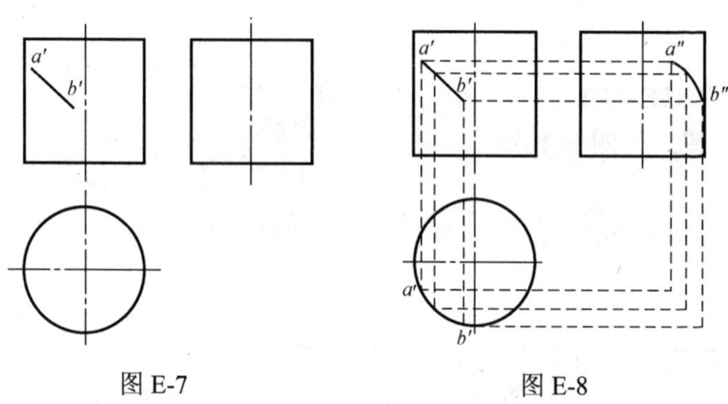

图 E-7　　　　图 E-8

La5E1005 做图 E-9 所示的 90° 三通展开图。

答：见图 E-10。

La5E1006 做图 E-11 所示的异向等径三通的展开图。

答：见图 E-12。

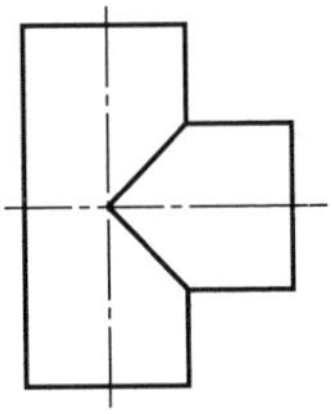

图 E-9 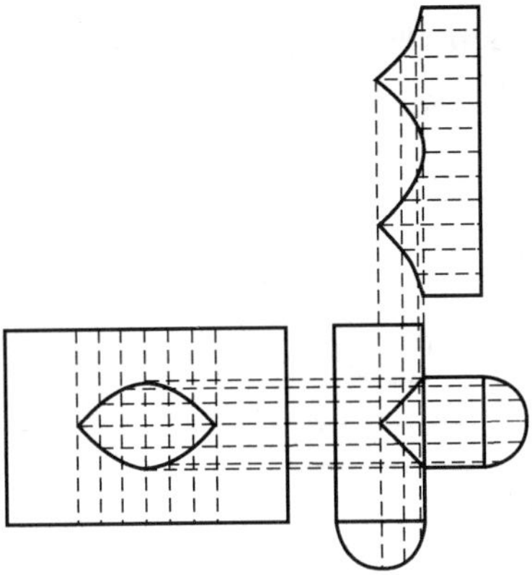　　　　图 E-10

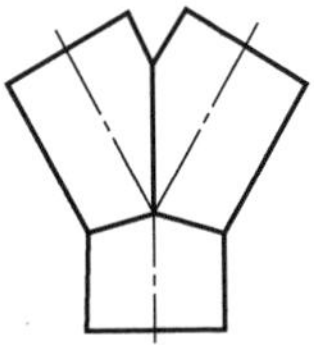

图 E-11 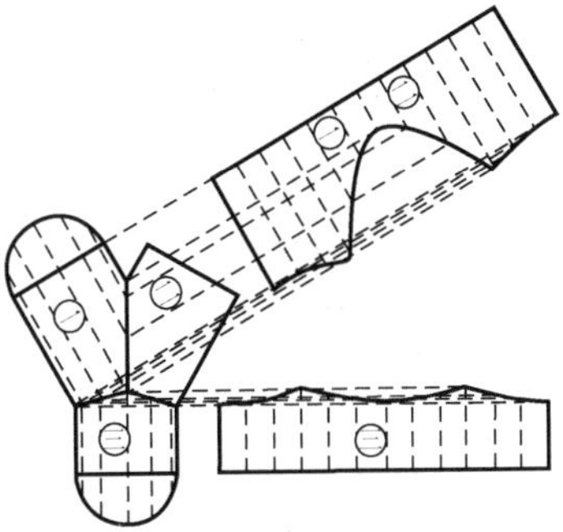　　　　图 E-12

La5E1007　给出三视图，见图 E-13，请补画出图中漏画的线。

答：见图 E-14。

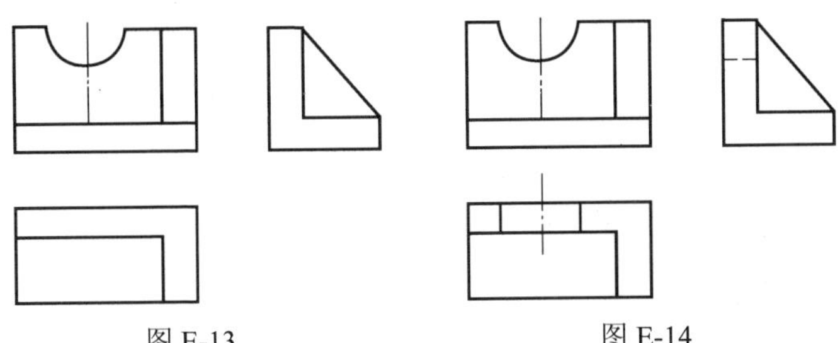

图 E-13　　　　图 E-14

La5E2008 给出立体图，见图 E-15，请画出三视图。

答：见图 E-16。

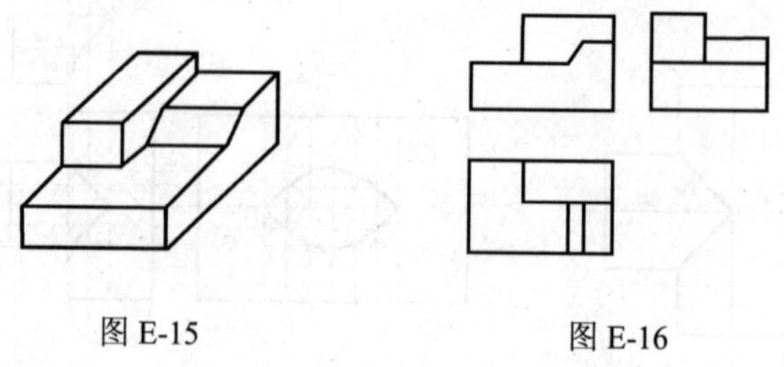

图 E-15　　图 E-16

La5E3009 做旋转剖（见图 E-17）的全剖视图。

答：见图 E-18。

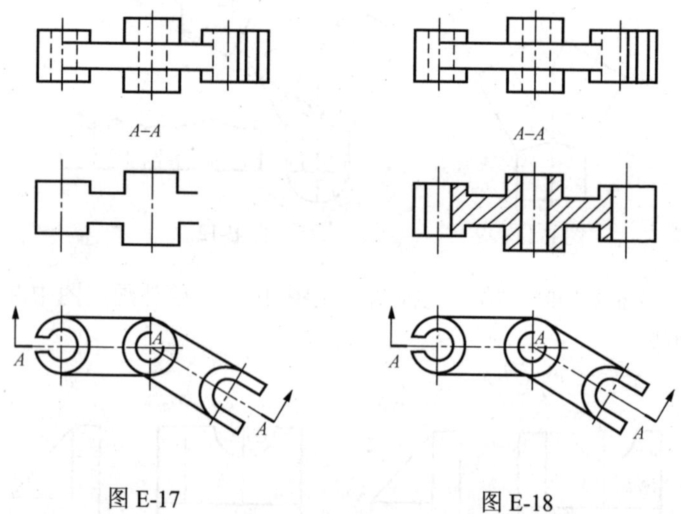

图 E-17　　图 E-18

La5E3010 见图 E-19，对照立体图，将对应的主、左视图图号填入表中。

答：见表 E-1。

表 E-1　　图号对照表

立体图号	(A)	(B)	(C)	(D)	(E)	(F)
主视图号	(4)	(8)	(10)	(9)	(7)	(6)
左视图号	(3)	(1)	(12)	(2)	(5)	(11)

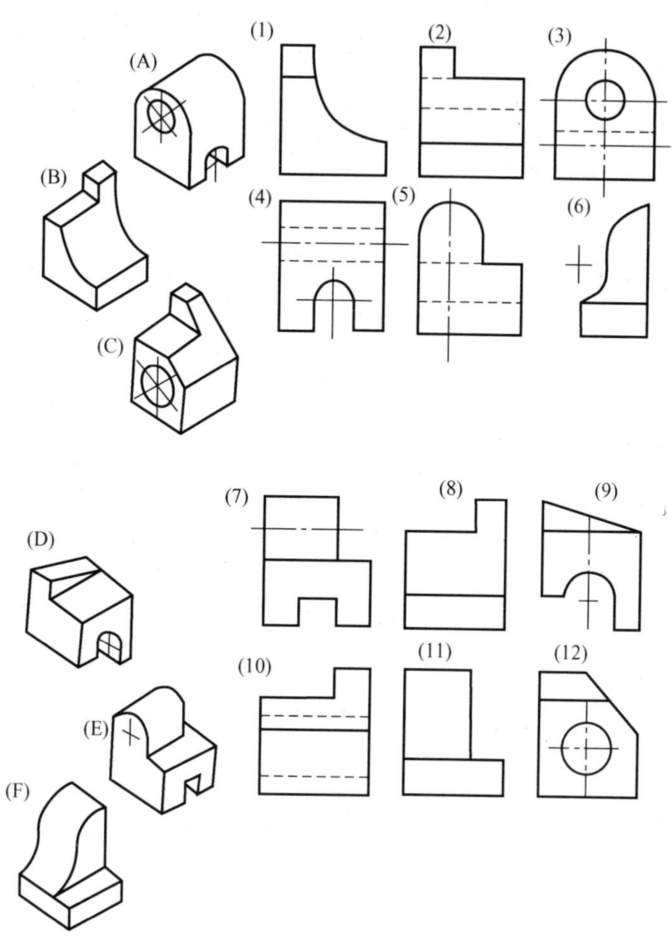

图 E-19

La4E1011　请根据图 E-20 中所示的三视图，画出立体图。

答：见图 E-21。

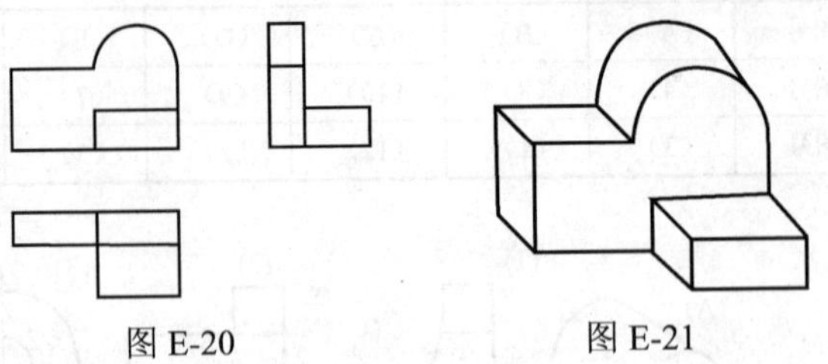

图 E-20　　　　图 E-21

La4E1012　如图 E-22 中所示，补画第三视图。

答：见图 E-23。

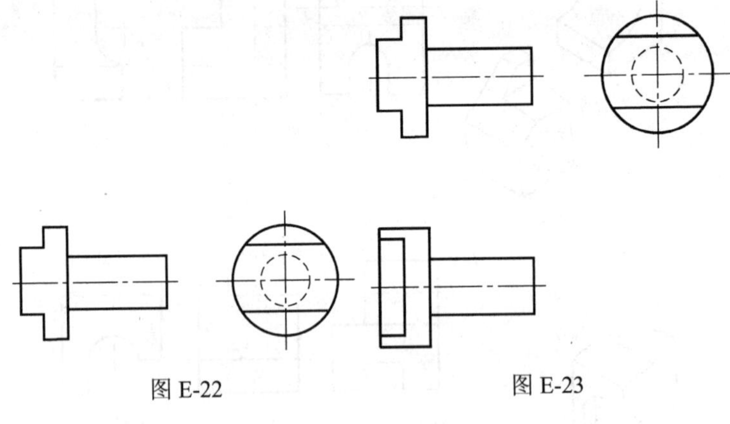

图 E-22　　　　图 E-23

La4E1013　如图 E-24 中所示，补画视图中的缺线。

答：见图 E-25。

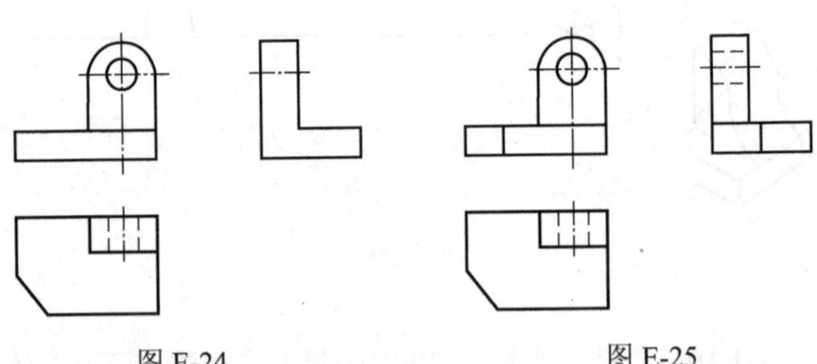

图 E-24　　　　图 E-25

La4E2014 图 E-26 所示螺纹剖视图是否正确？若不正确，请绘一正确图。

答：不正确。正确的图见图 E-27。

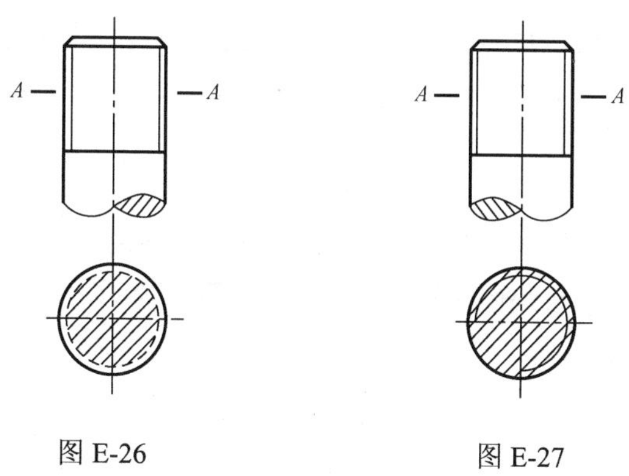

图 E-26　　图 E-27

La4E2015 给出三视图，见图 E-28，请绘出立体图。

答：见图 E-29。

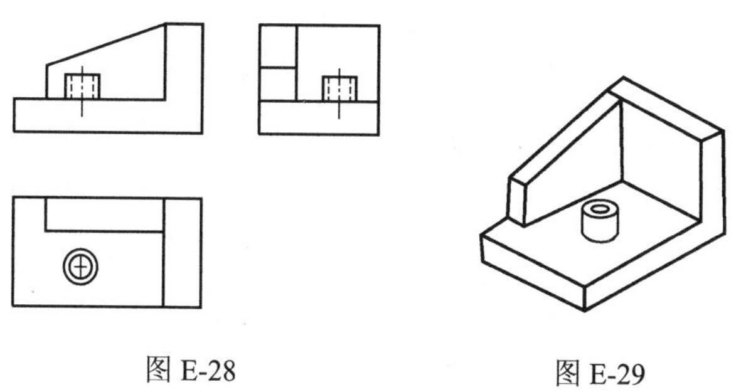

图 E-28　　图 E-29

La4E2016 将图 E-30 改为半剖视图。

答：见图 E-31。

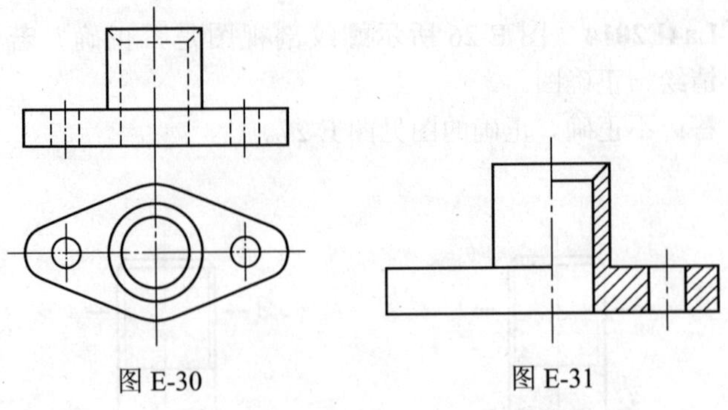

图 E-30　　　　图 E-31

La4E2017　画出中间再热循环的设备系统图和 *T-s* 图。

答：中间再热循环的装置系统图及 *T-s* 图表示于下图 E-32 中。

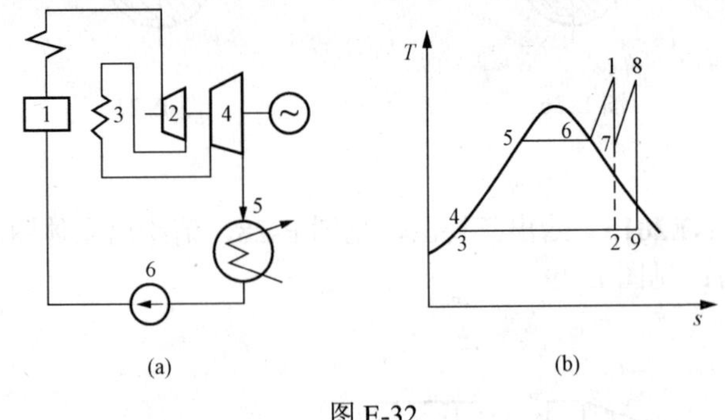

(a)　　　　(b)

图 E-32

（a）再热循环装置系统图；（b）再热循环的 *T-s* 图

图（a）中：1—锅炉；2、4—汽轮机高、低压缸；3—再热器；5—凝汽器；6—给水泵

La4E2018　（1）绘出再热器冷段管的图形符号。

（2）绘出再热器热段管的图形符号。

答：再热器冷段管的图形符号见图 E-33，再热器热段管的图形符号见图 E-34。

图 E-33 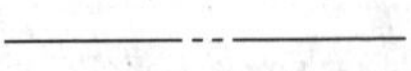　　　　图 E-34

La4E3019 由立体图 E-35 做三视图。

答：见图 E-36。

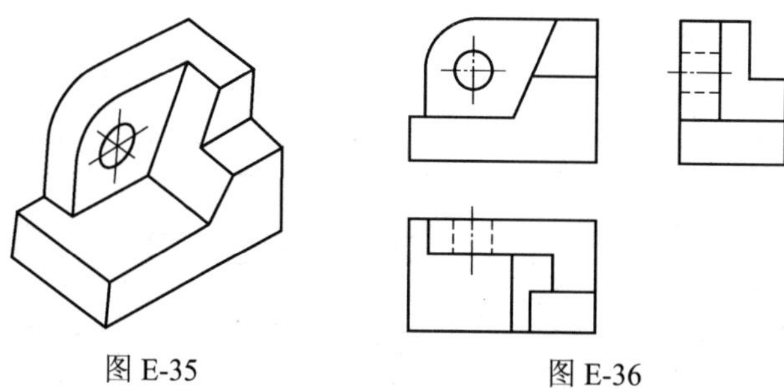

图 E-35　　图 E-36

La4E3020 根据两视图（见图 E-37）想出截交线的形状，补画第三视图。

答：见图 E-38。

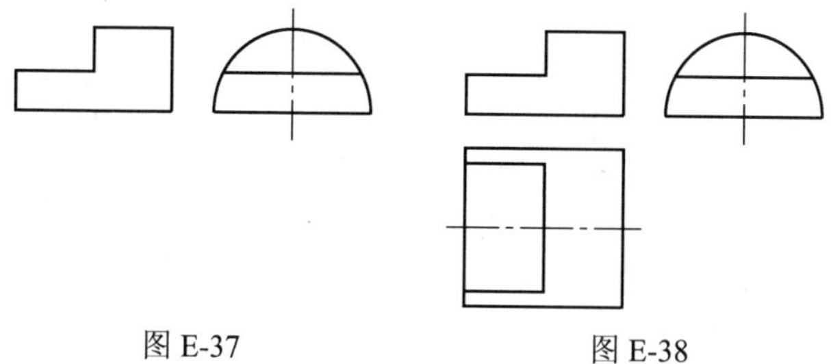

图 E-37　　图 E-38

La4E3021 补画三视图（见图 E-39）中的缺线。

答：见图 E-40。

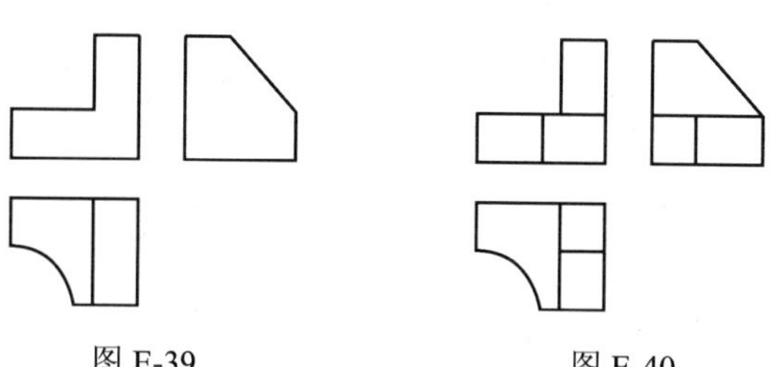

图 E-39　　图 E-40

La3E2022 根据轴测图及已知视图（见图 E-41），请画出另外两个视图。

答：见图 E-42。

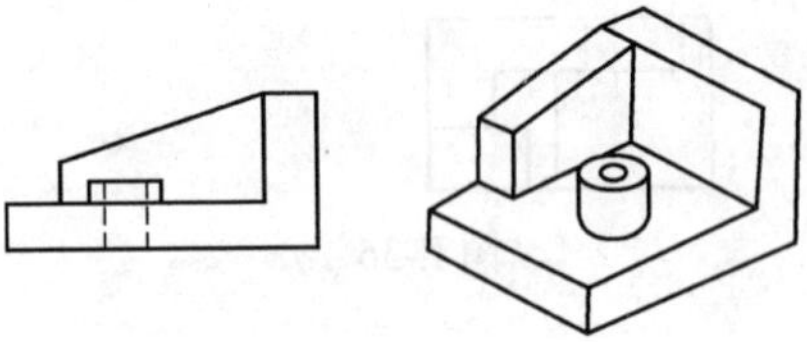

图 E-41 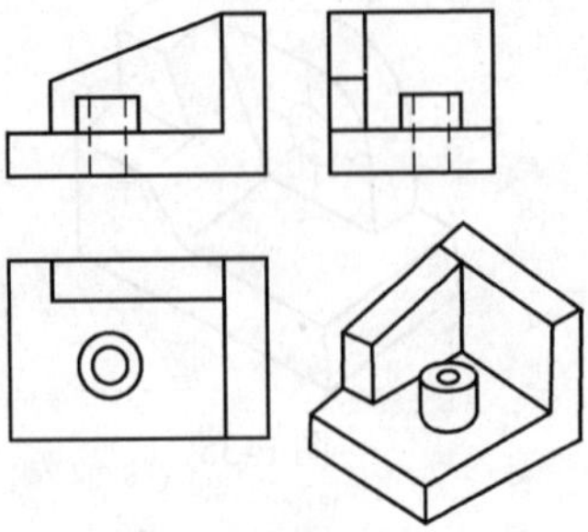　　　　图 E-42

La3E2023 请根据两投影（见图 E-43），补画第三投影。

答：见图 E-44。

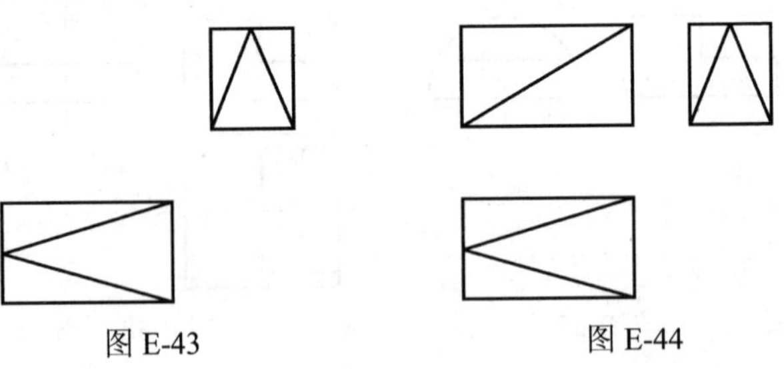

图 E-43　　　　图 E-44

La3E2024 请根据两投影（见图 E-45），补画第三投影。

答：见图 E-46。

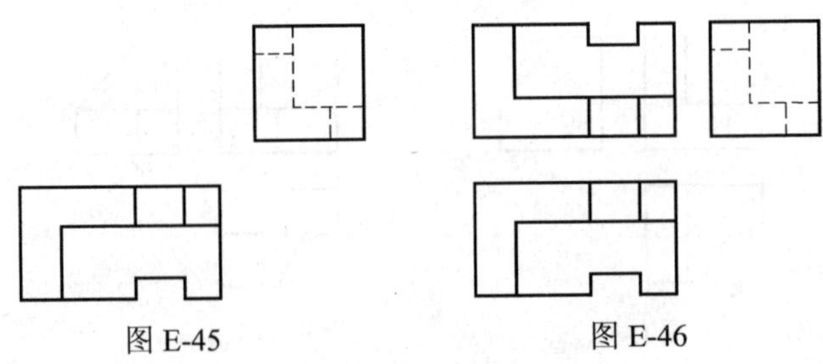

图 E-45　　　　图 E-46

La3E3025 请根据两投影（见图 E-47），补画第三投影。

答：见图 E-48。

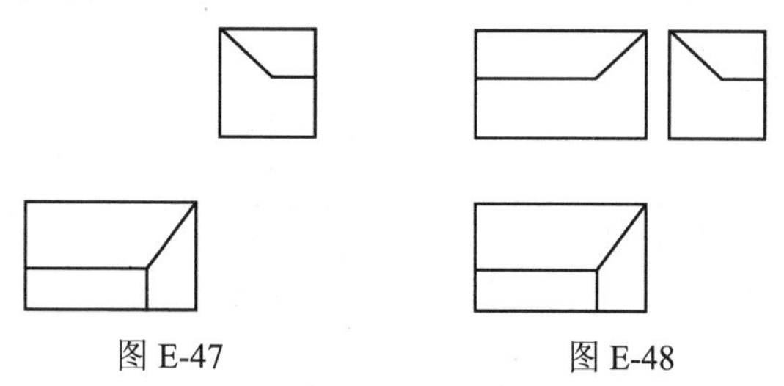

图 E-47　　图 E-48

La3E3026 根据两视图（见图 E-49）想出截交线的形状，补画第三视图。

答：见图 E-50。

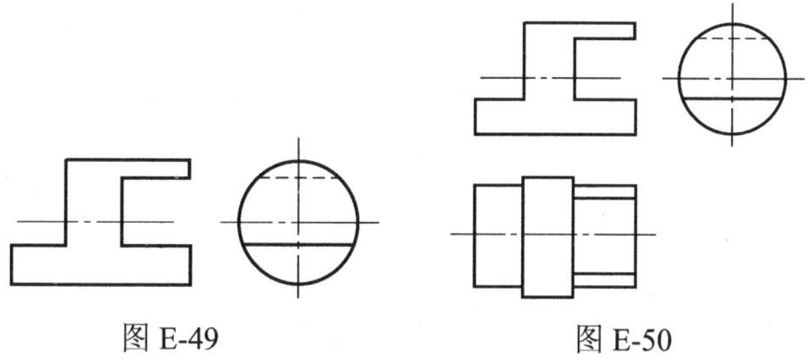

图 E-49　　图 E-50

La3E3027 由立体图补画三视图（见图 E-51）中的缺线。

答：见图 E-52。

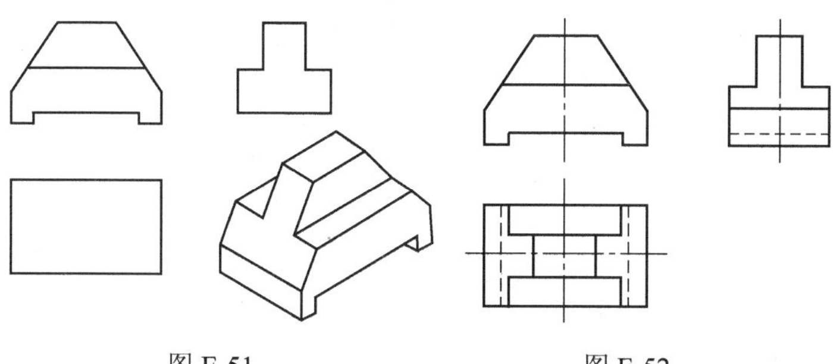

图 E-51　　图 E-52

La3E3028 补画三通的三视图（见图 E-53）中的缺线。

答：见图 E-54。

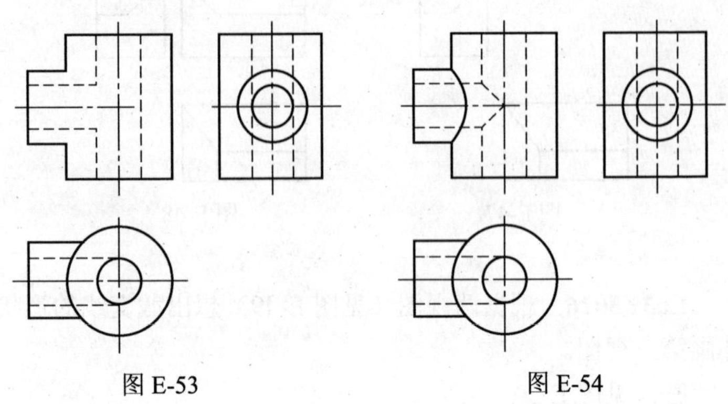

图 E-53　　图 E-54

La3E3029 已知两视图（见图 E-55），补画第三视图。

答：见图 E-56。

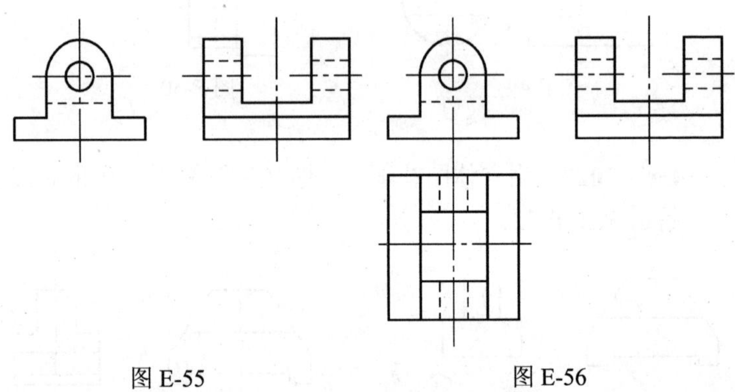

图 E-55　　图 E-56

La3E4030 已知两视图及参照立体图（见图 E-57），补画第三视图。

答：见图 E-58。

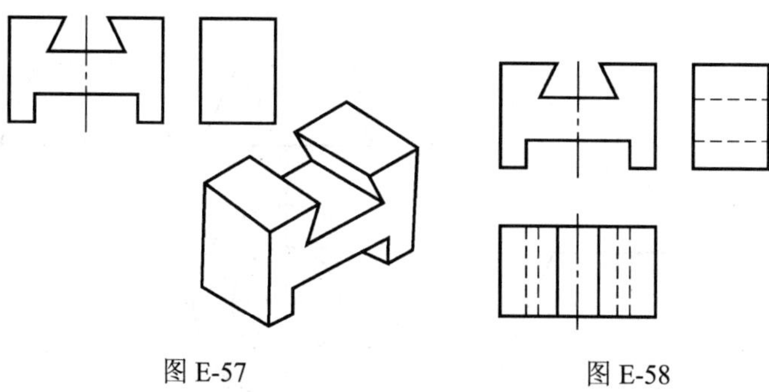

图 E-57　　图 E-58

La3E4031　已知圆柱表面上一弧线 *AB*，在主视图上的投影是 $a'b'$（见图 E-59）。试画出弧线 *AB* 在左视图上的投影。

答：见图 E-60，画出 *AB* 在俯视图中的位置，画出俯视图和左视图的投影关系，画出左视图中的虚线、实线。

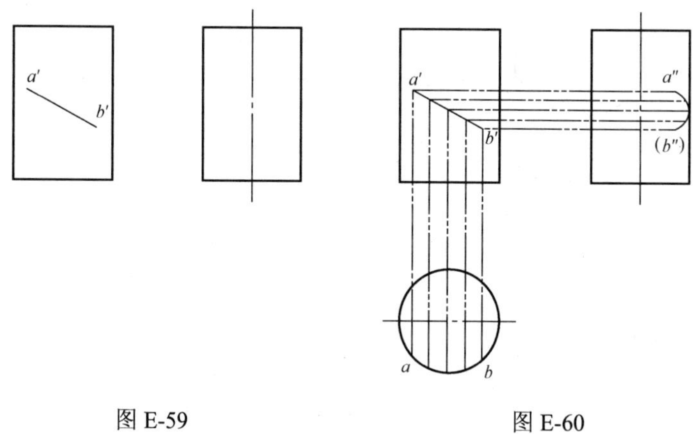

图 E-59　　图 E-60

La3E4032　已知正圆台表面上有一点 *A*（见图 E-61），请画出 *A* 点在俯视图和左视图中的位置。

答：见图 E-62，画出 *A* 在俯视图中的位置，画出俯视图和左视图的投射关系，画出左视图中的虚实关系。

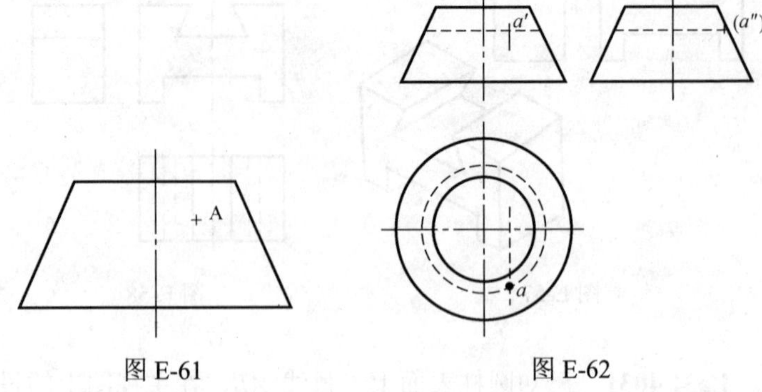

图 E-61　　图 E-62

La3E4033　画出立体图（见图 E-63）的三视图。

答：见图 E-64。

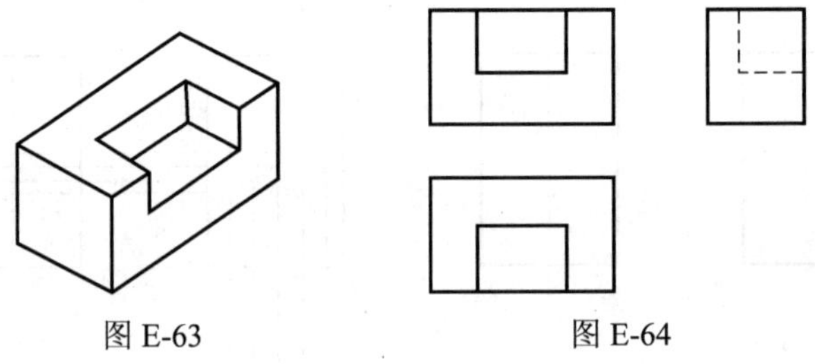

图 E-63　　图 E-64

La3E4034　如何用圆规做一个正六边形？

答：用圆规做正六边形，是利用正六边形的边长等于外接圆的半径的原理，做法见图 E-65。

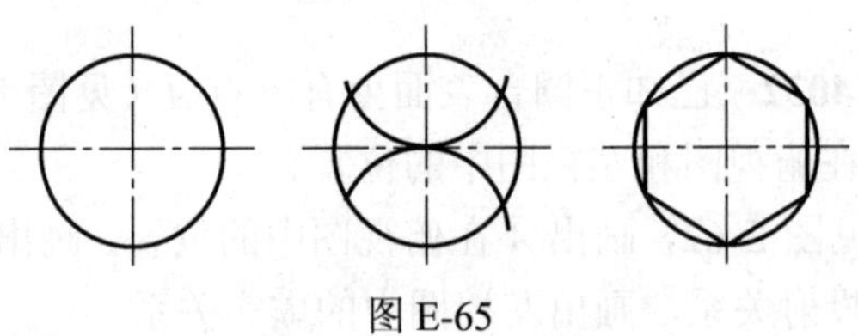

图 E-65

La3E4035 画出火力发电厂一次抽汽回热循环装置系统图和 *T-s* 图，并对注明工质的状态点。

答：一次抽汽回热循环装置系统图和 *T-s* 图见图 E-66。

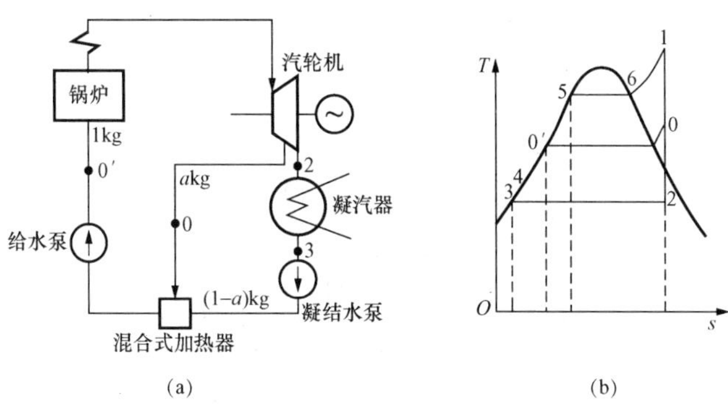

图 E-66

（a）一次抽汽回热循环装置系统图；（b）一次抽汽回热循环 *T-s* 图

La3E4036 画出卡诺循环的 *T-s* 图、*p-v* 图，并表明每一对应过程的状态点符号。

答：卡诺循环的 *T-s* 图、*p-v* 图见图 E-67。

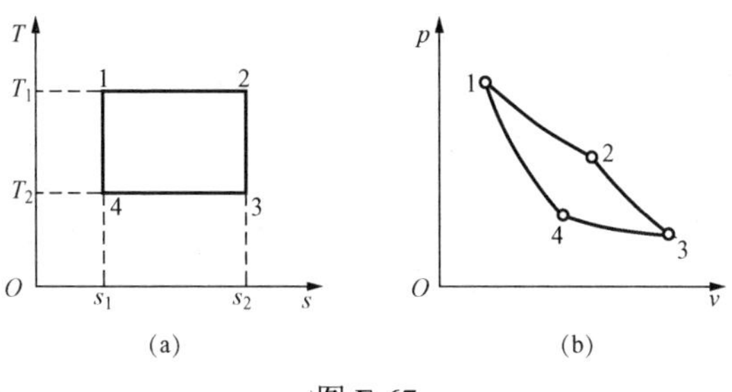

图 E-67

（a）*T-s* 图；（b）*p−v* 图

La3E5037 补齐图 E-68 所示的左视图。

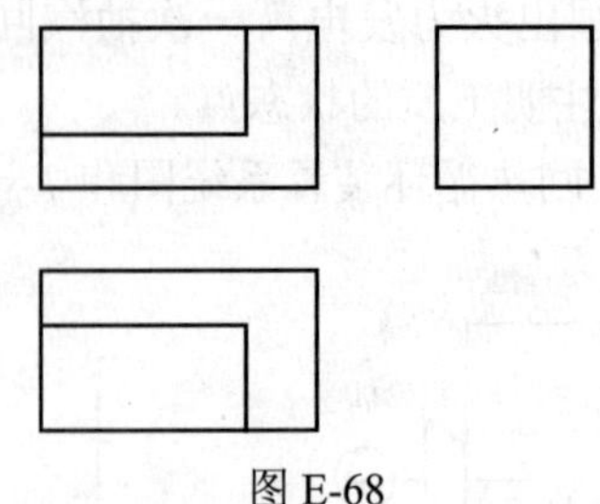

图 E-68

答：有两种情况，如图 E-69（a）、（b）所示。

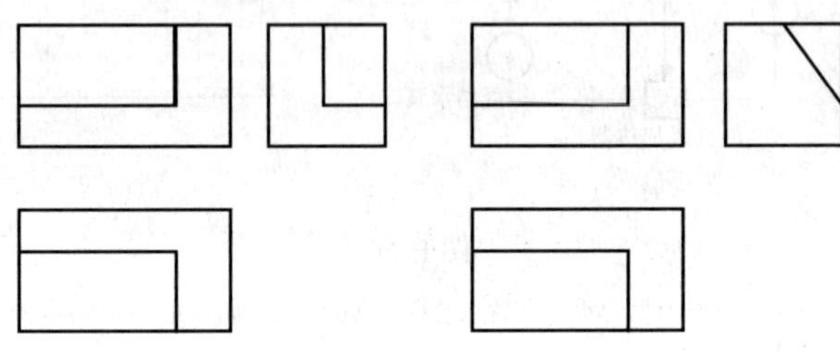

图 E-69

La2E3038 补做图 E-70 的 A-A 剖面图。

答：见图 E-71。

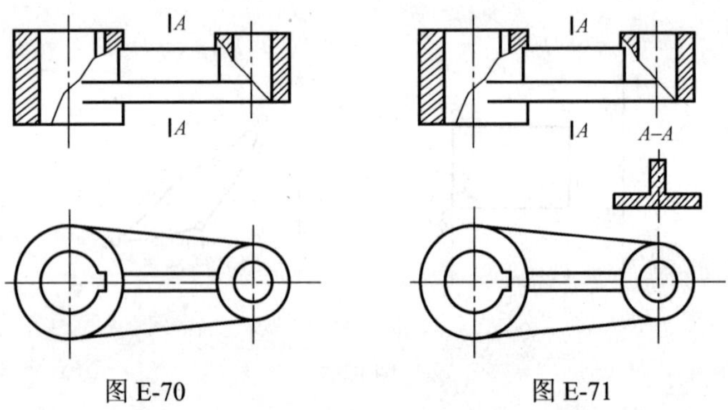

图 E-70 图 E-71

La2E3039 用直角三角形法求线段 *AB* 和 *CD*（见图 E-72）的实长。

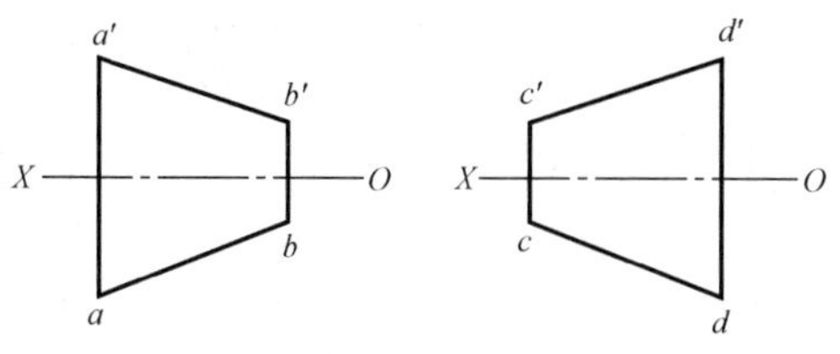

图 E-72

答：有两种方法（a）和（b），见图 E-73。

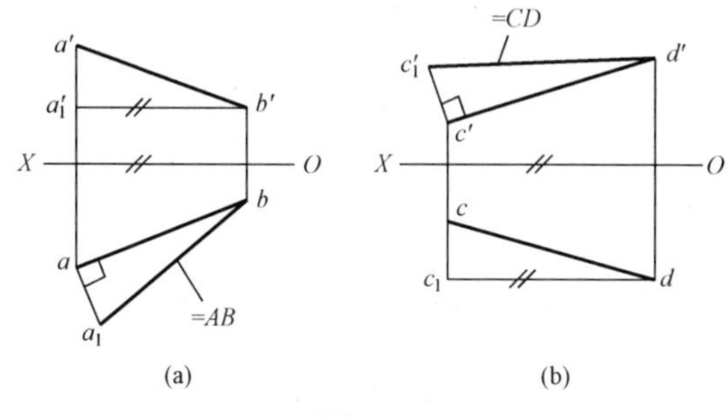

(a)　　(b)

图 E-73

La2E3040　已知两视图及参照立体图见图 E-74，补画第三视图。

答：见图 E-75。

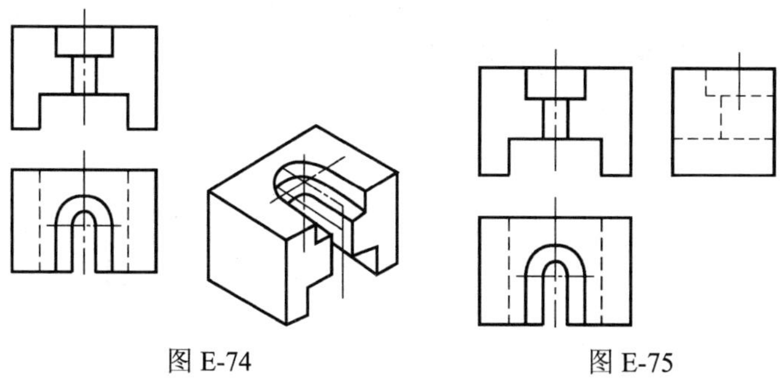

图 E-74　　图 E-75

La2E4041　选择图 E-76 中正确的剖视图。

答：（b）。

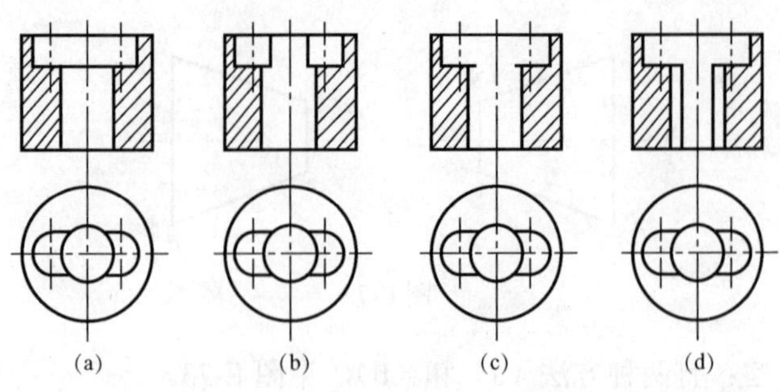

图 E-76

La2E4042 用平行线法求作斜切四棱柱管（见图 E-77）展开图。

答：见图 E-78。

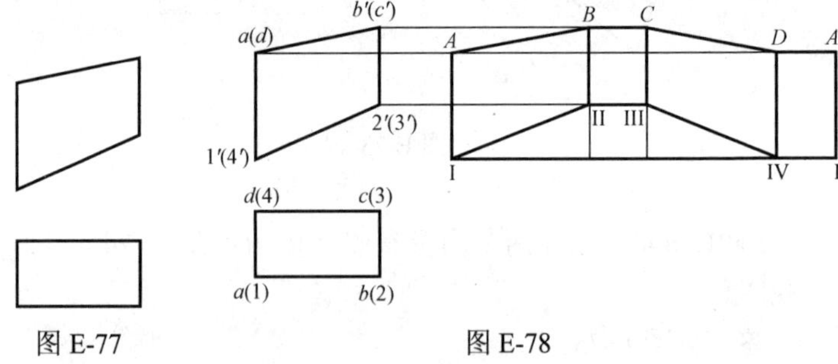

图 E-77　　图 E-78

La2E4043 用旋转法求作线段 *AB*（见图 E-79）的实长 。

答：见图 E-80。

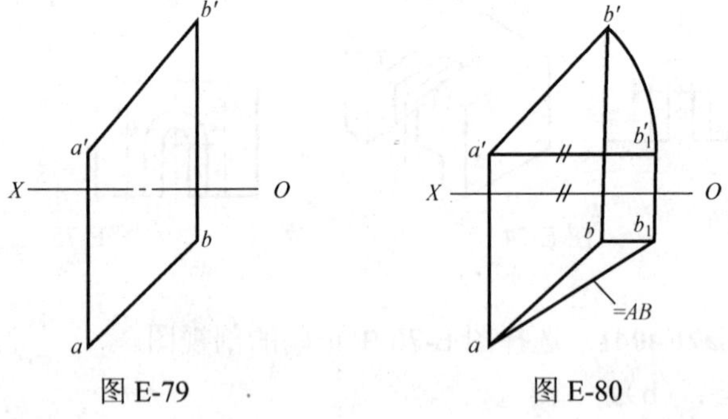

图 E-79　　图 E-80

La2E4044 补画剖视图（见图 E-81）中的缺线。

答： 见图 E-82。

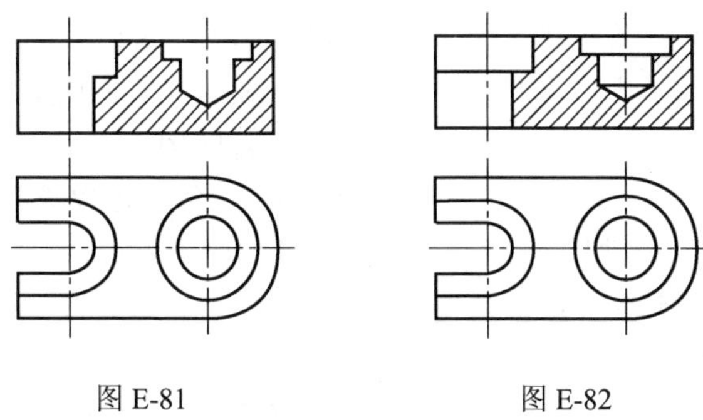

图 E-81　　　　图 E-82

La2E4045 绘出朗肯循环 *p-v* 图、*T-s* 图及其简化图，并说明图中每一过程线的含义。

答： 朗肯循环 *p-v* 图、*T-s* 图及其简化图示于图 E-83 中。

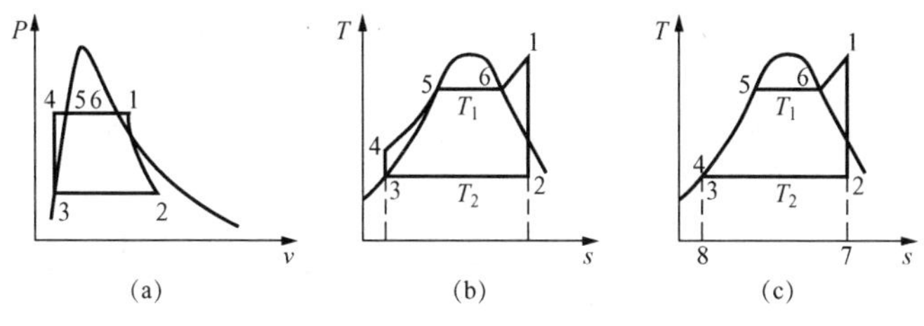

图 E-83

（a）朗肯循环的 *p-v* 图；（b）朗肯循环的 *T-s* 图；（c）朗肯循环简化图

图中：4–1 为水在锅炉中的定压加热过程；

1–2　为过热蒸汽在汽轮机中的绝热膨胀过程。

2–3　为汽轮机乏汽在凝汽器中的等压凝结过程。

3–4　为水在给水泵中的压缩过程（在 *p-v* 图上近似为定容压缩过程，在 *T-s* 图上近似为绝热压缩过程，当忽略泵功后，此过程在 *T-s* 图上重合为一点）。

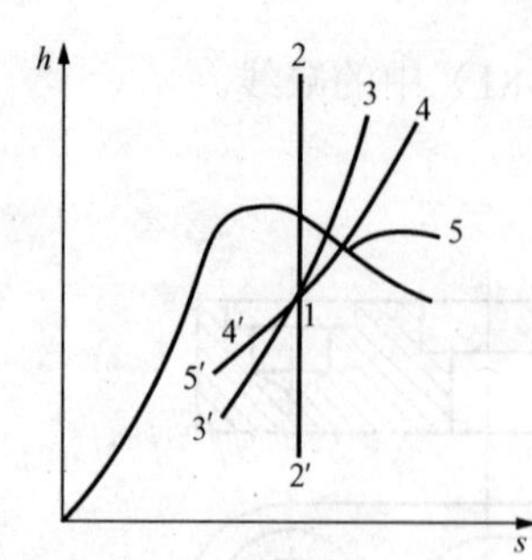

图 E-84

La2E5046 把水蒸气各热力过程画在 *h-s* 图上。

答：水蒸气在 *h-s* 图上的热力过程线如图 E-84 所示。图中：1–过程初态；2–2′—绝热过程线；3–3′—定容过程线；4–4′—定压过程线；5–5′—等温过程线。

La2E5047 请根据两投影（图 E-85），补画第三投影。

答：见图 E-86。

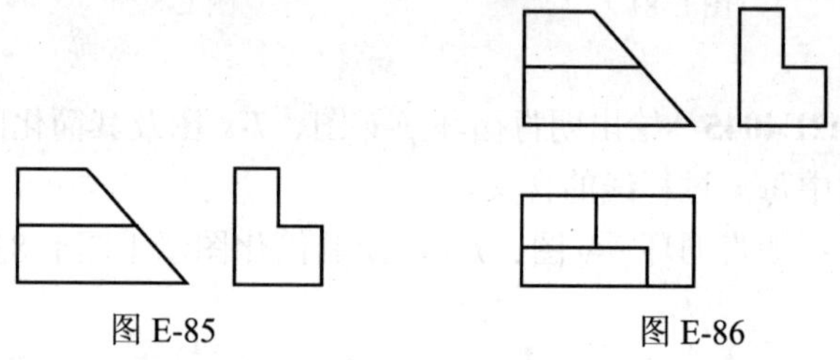
图 E-85　　图 E-86

La2E5048 请根据两投影图 E-87，补画第三投影。

答：见图 E-88。

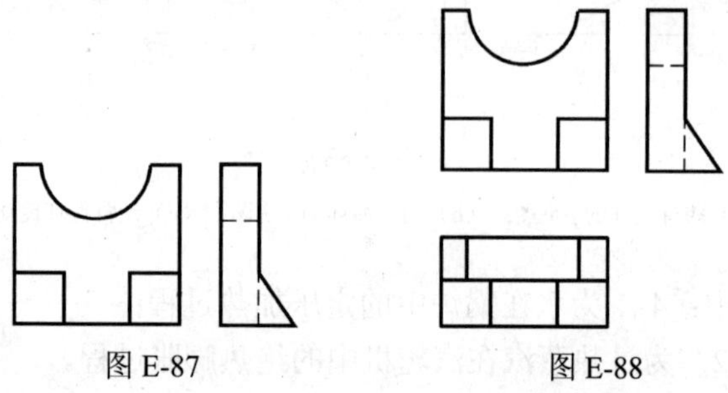
图 E-87　　图 E-88

La2E5049 螺纹剖视见图 E-89，请判断（a），（b）是否正确。

答：（a）×，（b）√。

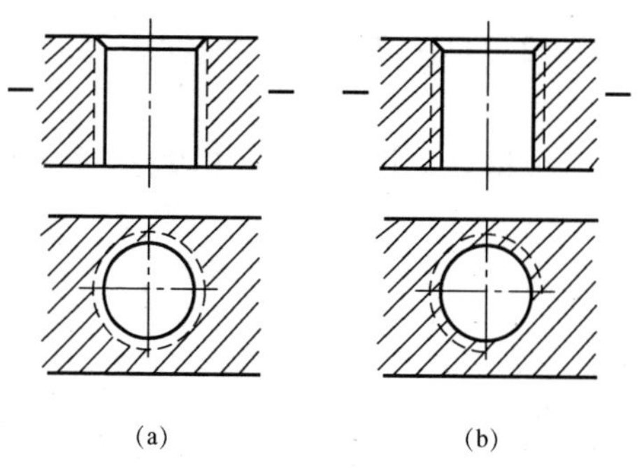

图 E-89

La2E5050 螺纹剖视见图E-90，请判断（a），（b）是否正确。

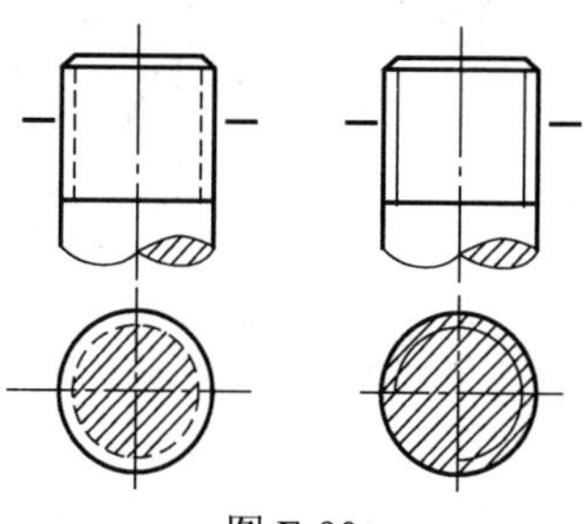
图 E-90

答：（a）×，（b）√。

La1E3051 已知两视图（见图E-91），选择正确的第三视图。

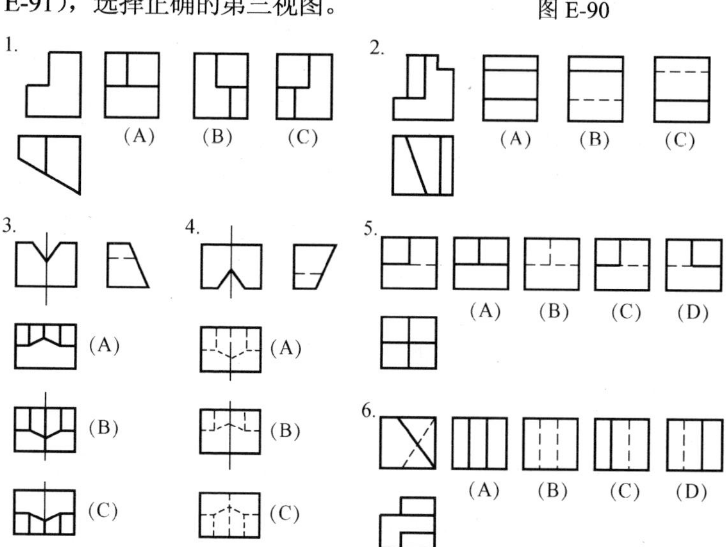

图 E-91

答：1.（C）；2.（C）；3.（B）；4.（A）；5.（D）；6.（C）。

La1E3052 根据立体图（见图 E-92），补全三视图中的缺线。

答：见图 E-93。

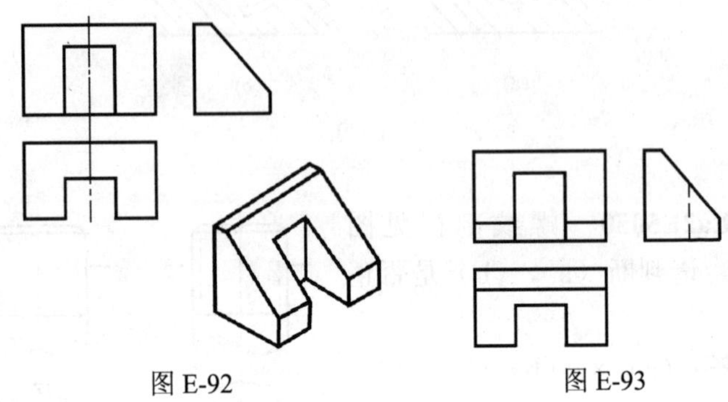

图 E-92　　图 E-93

图 E-94

Jd5E4053 工程图纸中，对焊接工艺标有图 E-94 示的图 E-94 辅助符号时，焊接技术要求是什么？

答：表示工地焊缝，在工地安装时所进行的焊缝。K 为焊缝宽，⊿为焊缝形式。

Jd4E2054 识图填空：

（1）见图 E-95，A–A 是（　　）剖视，B–B 是（　　）剖视。

（2）按 B–B 剖视图的标注，Ⅰ面形状如（　　）视图所示；Ⅱ面形状如（　　）视图所示；Ⅲ面形状如（　　）视图所示；Ⅳ面形状如（　　）视图所示。

答：（1）阶梯、旋转；

（2）D 向、E 向、A–A 剖、C–C 剖。

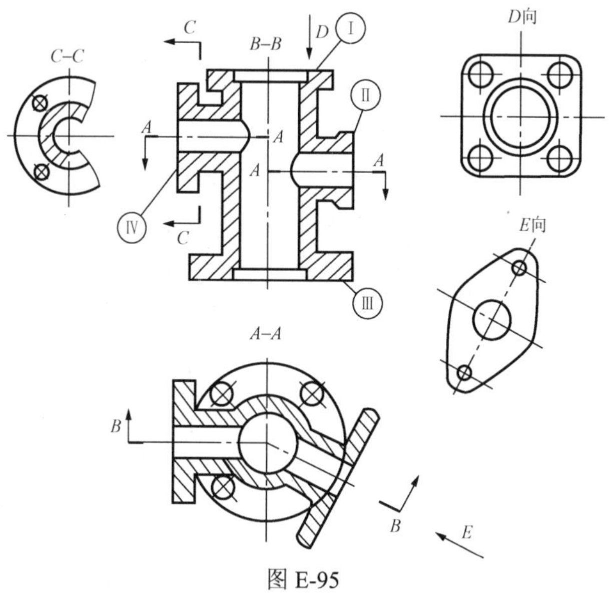

图 E-95

Jd4E2055 识图作答：

（1）见图 E-96，说明图中$\phi 16\dfrac{H7}{k6}$代表（　　）制（　　）配合，$\phi 15\dfrac{H7}{g6}$代表（　　）制（　　）配合。

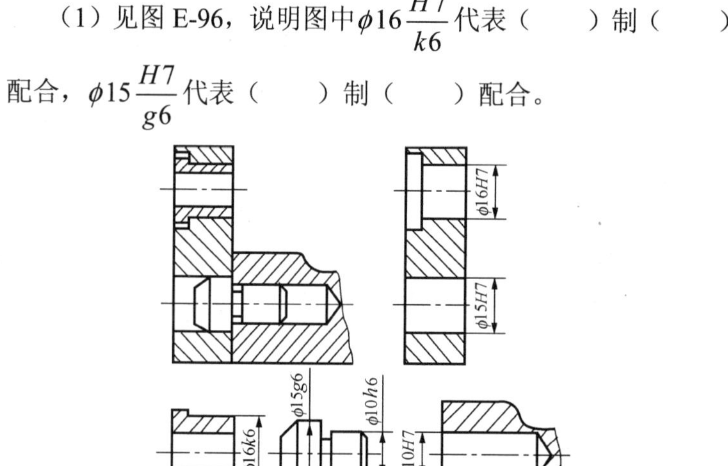

图 E-96

（2）按规定在相应零件图中注上图中给定的尺寸。

答：（1）基孔，过渡；基孔，间隙。

（2）如图 E-97 所示。

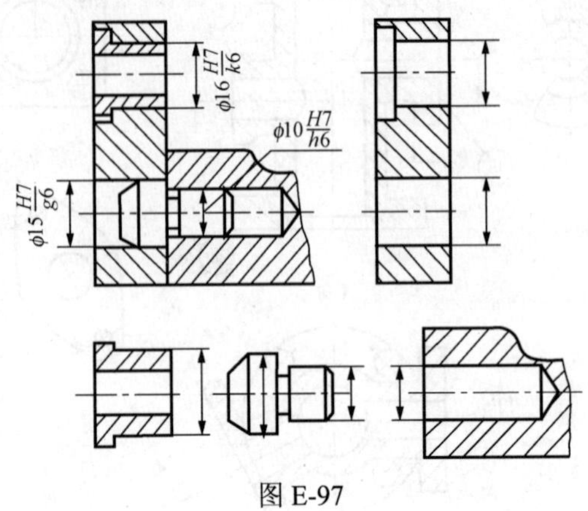

图 E-97

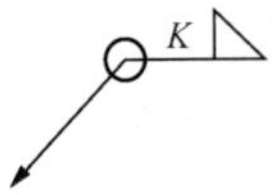

K

图 E-98

Jd4E4056 工程图纸中，对焊接工艺标有如图 E-98 所图 E-98 示辅助符号时，焊接技术上有什么要求？

答：在焊缝标记引出线上标有一个圆圈，表示同样焊缝的类型。在整张图样上，只出现一个符号时，表示全部焊缝的类型，如果出现几个符号，表示有几组结构形式一样的焊缝。*K* 为焊缝宽；◺为焊缝形式。

Jd4E5057 图 E-99 中 3 个分图是水冷壁组合件吊装工艺的过程示意图，请按吊装过程顺序把图号写出来。

答：应该是（b）、（c）、（a）。

Jd4E5058 在图 E-100 指定位置做出剖面图。

答：见图 E-101。

Jd3E2059 阅读某零件加工图图 E-102，（a）和（b）两图中，尺寸标注是否正确？

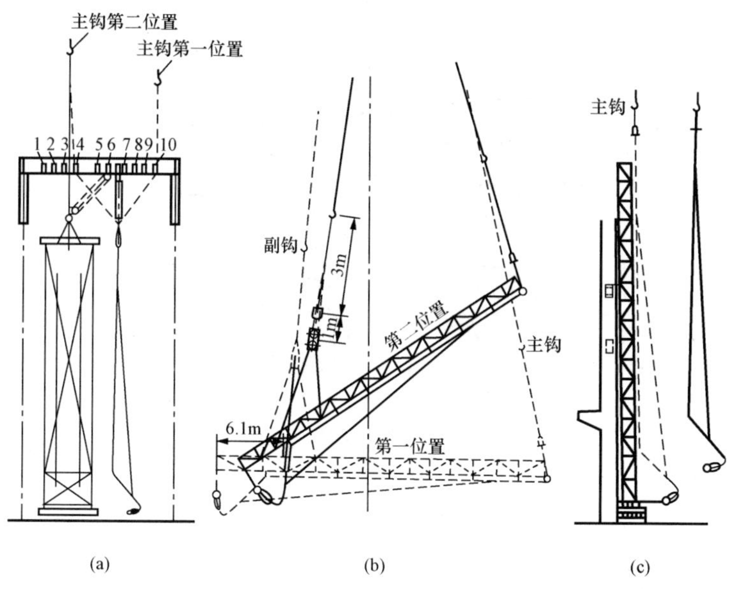

图 E-99

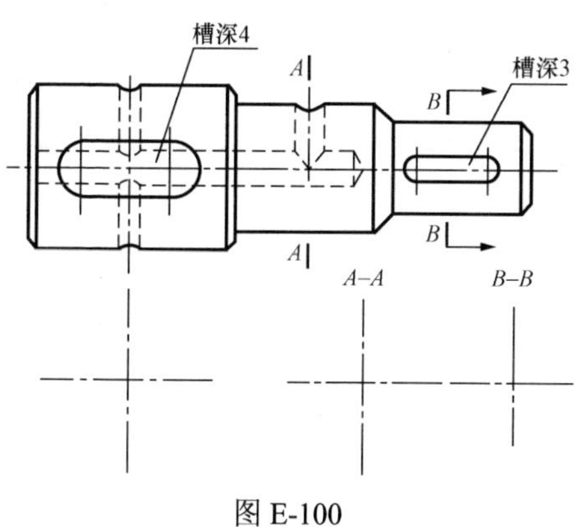

图 E-100

“ √ ” 表示正确，“ × ” 表示错误。

答：（a） √，（b） × 。

Jd3E3060　补画剖视图（见图 E-103）中的缺线。

答：见图 E-104。

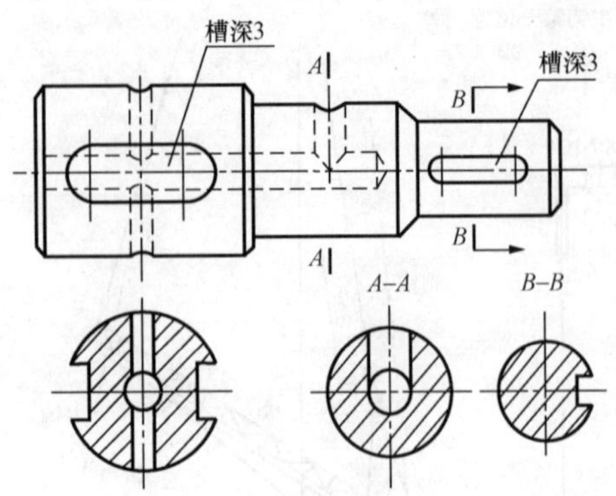

图 E-101

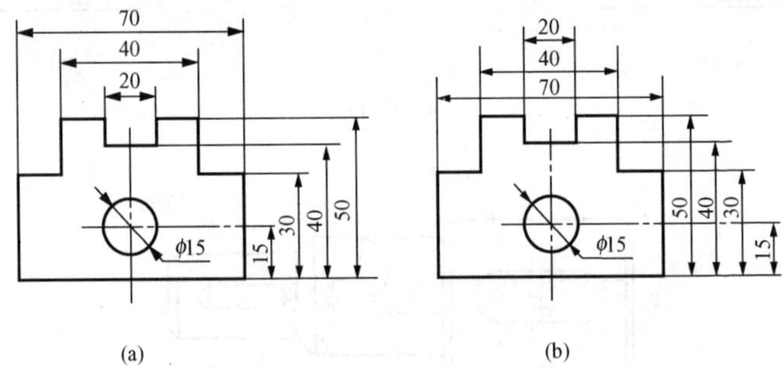

图 E-102

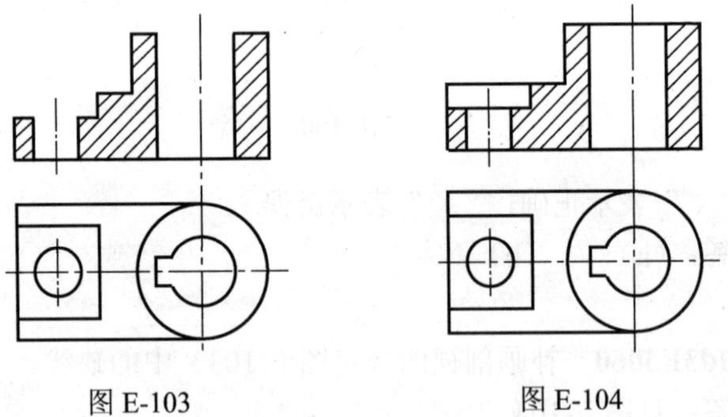

图 E-103　　图 E-104

Jd3E4061 将主视图图 E-105 改画成半剖视图。

答：见图 E-106。

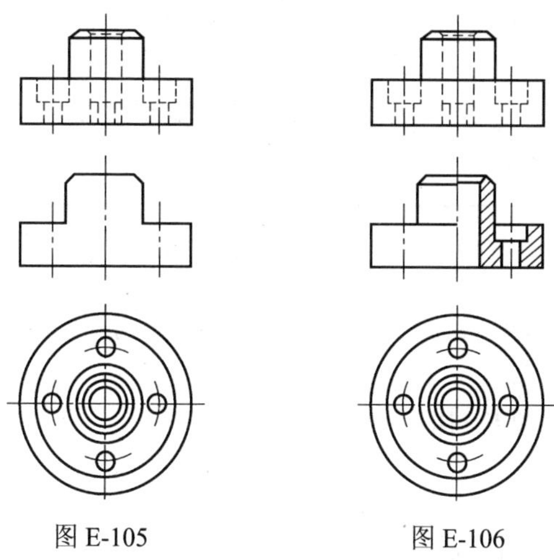

图 E-105　　图 E-106

Jd3E4062 剖视图（见图 E-107）是否正确。如不正确，画出正确的剖视图。

答：剖视图（a），（b）均不正确，正确的图见图 E-108。

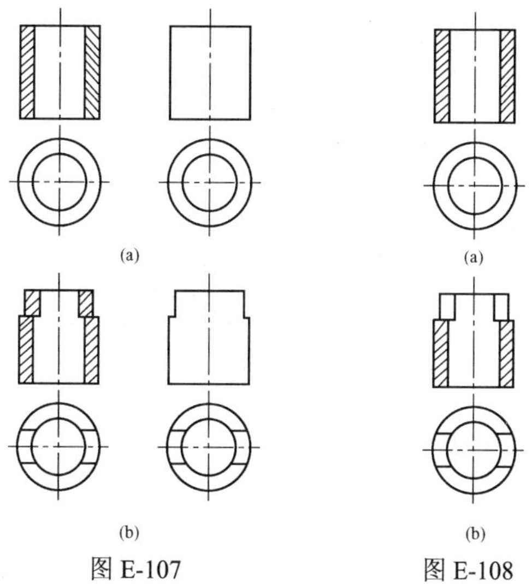

图 E-107　　图 E-108

Jd3E4063 将ϕ1320 的等径直三通的支展开（不考虑壁厚，比例自选）。

答：见图 E-109。

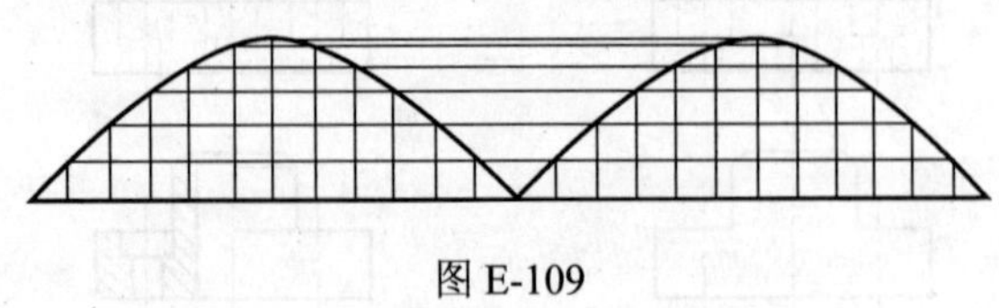

图 E-109

Jd3E4064 将ϕ1320 的等径 45° 三通的支展开（不考虑壁厚，比例自选）。

答：见图 E-110。

Jd3E4065 工程图纸中，对焊接工艺标有图 E-111 示的辅助符号时，焊接技术上有什么要求？

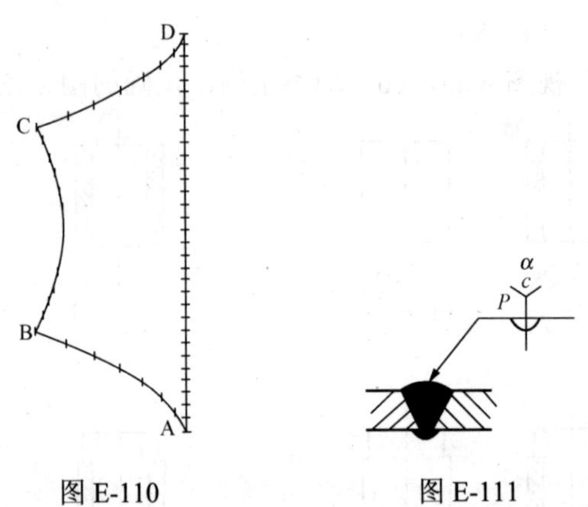

图 E-110　　图 E-111

答：焊缝的单面 V 形坡口上封底焊接，要求在单面坡口对焊中，待工件坡口面焊接完毕，并将背面铲根后，在根部进行一道焊缝。若在坡口面未焊接前，先在背面根部进行一道焊接。

表示封底符号，P 为钝边宽度；c 为对口间隙；α为坡口角度。

Jd3E4066 请用图示意出自然循环的原理。

答： 见图 E-112。

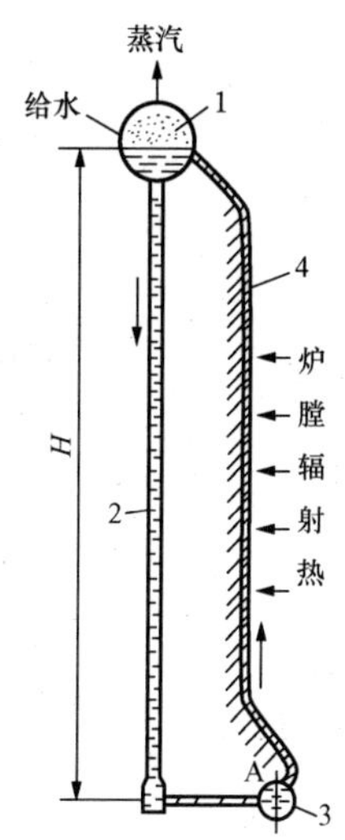

图 E-112 自然循环的原理示意图

1—汽包；2—下降管；3—下联箱；4—上升管

Jd3E4067 请绘出省煤器再循环管的示意图。

答： 见图 E-113。

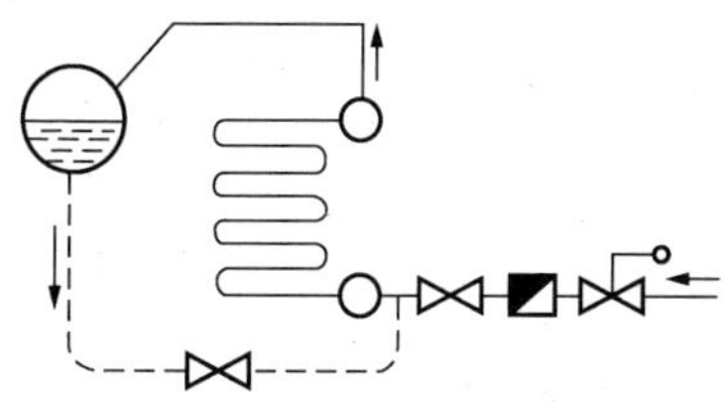

图 E-113

Jd3E5068 将主视图图 E-114 改画成旋转剖的全剖视图。
答：见图 E-115。

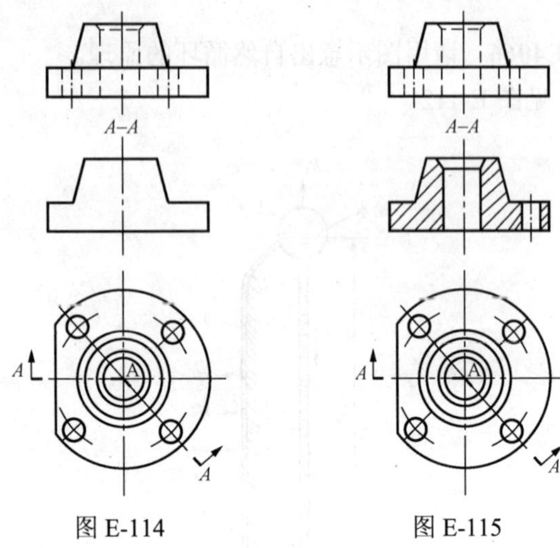

图 E-114 图 E-115

Jd2E4069 在指定线框内（见图 E-116）画出全剖视图。
答：见图 E-117。

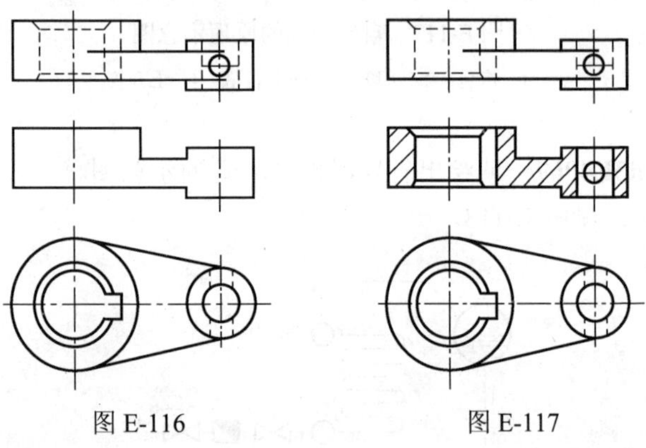

图 E-116 图 E-117

Jd2E4070 图 E-118 中表面粗糙度标注是否有错误，并在作答图形中做正确标注。

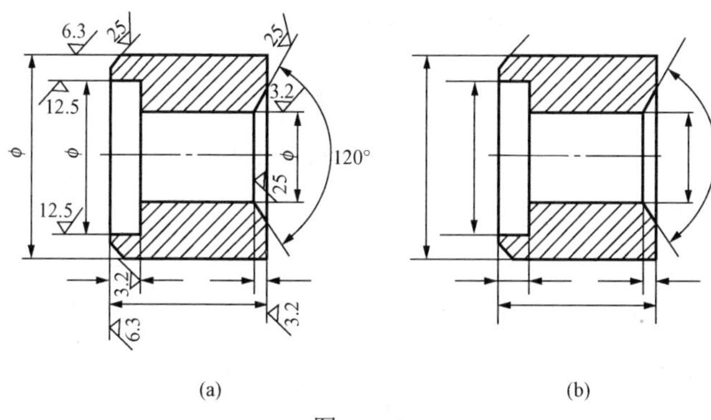

图 E-118

答：有错误，正确标注见图 E-119(b)。

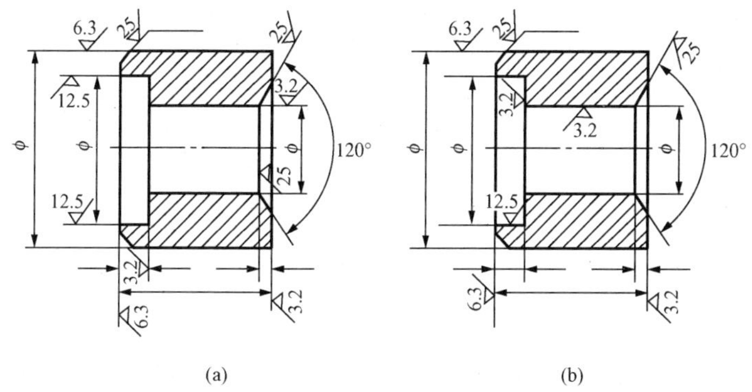

图 E-119

Jd2E4071 画一个平焊法兰加工草图，并标注出尺寸线（可不标注尺寸）。

答：见图 E-120。

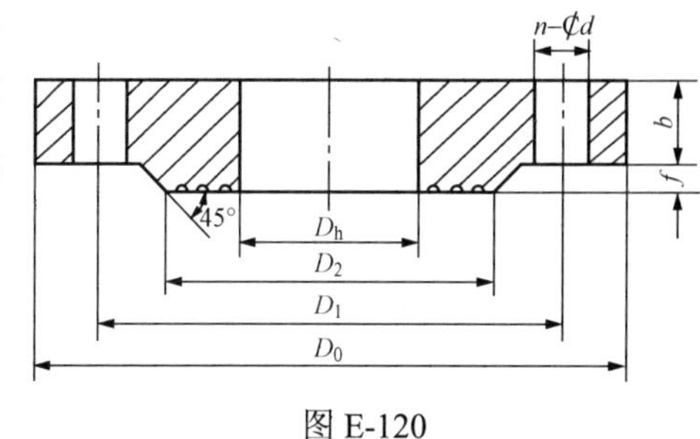

图 E-120

Jd2E4072 识图作答：

（1）见图 E-121，G1/2″ 的含义是什么？它属于什么尺寸？

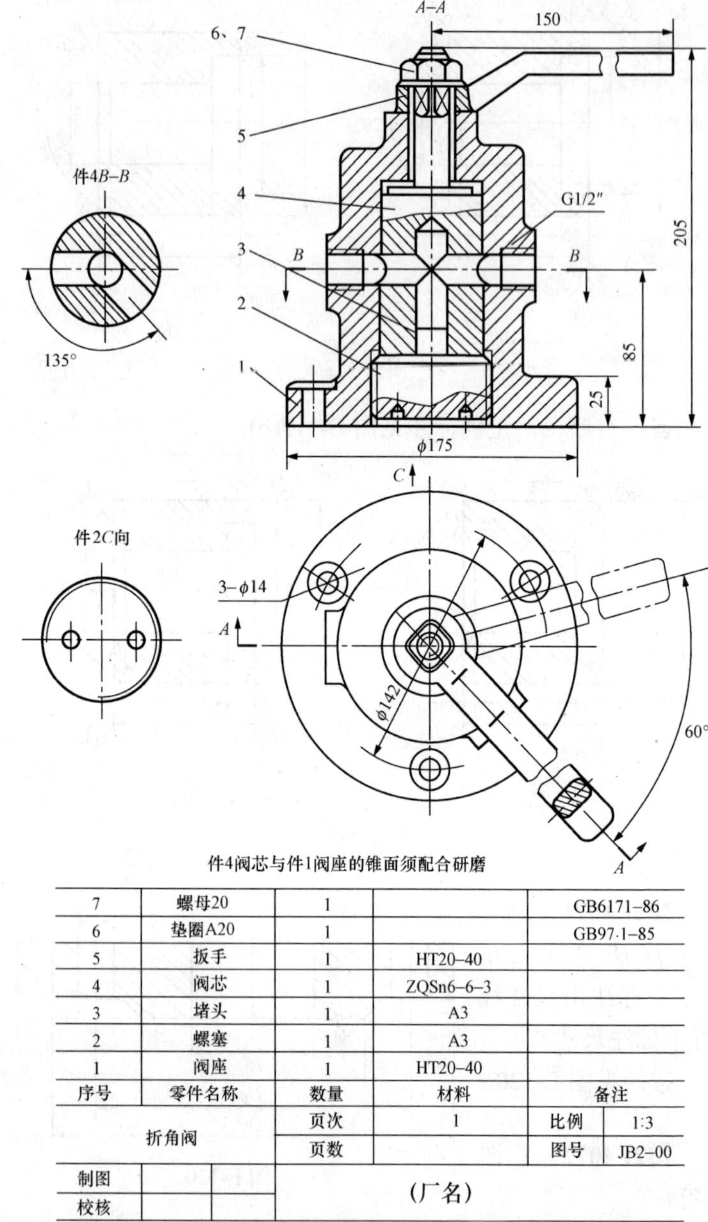

序号	零件名称	数量	材料	备注
7	螺母20	1		GB6171–86
6	垫圈A20	1		GB97·1–85
5	扳手	1	HT20–40	
4	阀芯	1	ZQSn6–6–3	
3	堵头	1	A3	
2	螺塞	1	A3	
1	阀座	1	HT20–40	

折角阀		页次	1	比例	1:3
		页数		图号	JB2–00
制图		（厂名）			
校核					

图 E-121

（2）画出件 2 的图（仅画图形）。

答：G1/2″表示非螺纹密封的管螺纹，公称直径（指通径）为 1/2″。G1/2″属于规格特性尺寸，同时也属于装配尺寸。

件 2 的图见图 E-122。

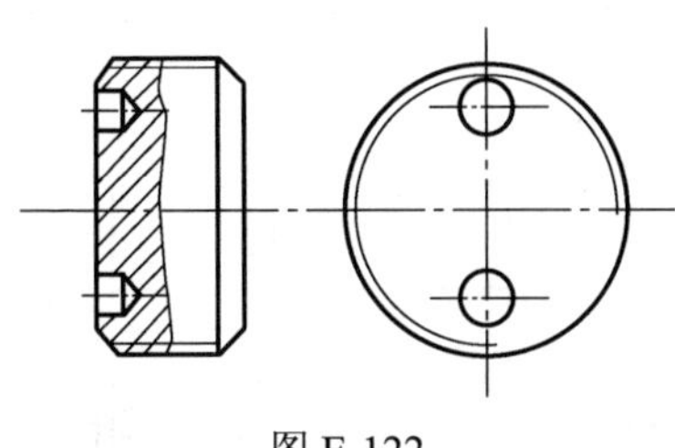

图 E-122

Jd2E4073 工程图纸中，对焊接工艺标有如下图 E-123 示辅助符号时，焊接技术上有什么要求？

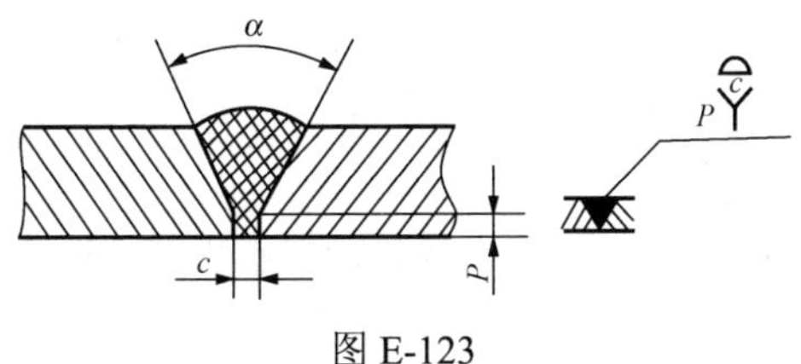

图 E-123

答：表示焊缝的 V 行单面焊接，焊接表面必须铲平，使焊缝与被焊零件表面相一致，在焊缝背面无垫板。

⌓ 符号表示铲平，α为坡口角度；c 为对口间隙；P 为留钝边厚度。

Jd2E4074 工程图纸中，对焊接工艺标有图 E-124 所示的辅助符号时，焊接技术上有什么要求？

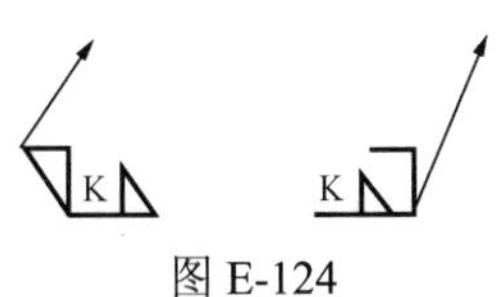

图 E-124

答：表示装配焊缝，指在工厂装配时所进行的焊缝。

⌉符号表示装配焊缝；K为焊缝宽；◺表示焊缝形式。

Jd2E4075 请绘出高温对流过热器采用两侧逆流中间顺流的混流（并联）布置示意图。

答：见图 E-125。

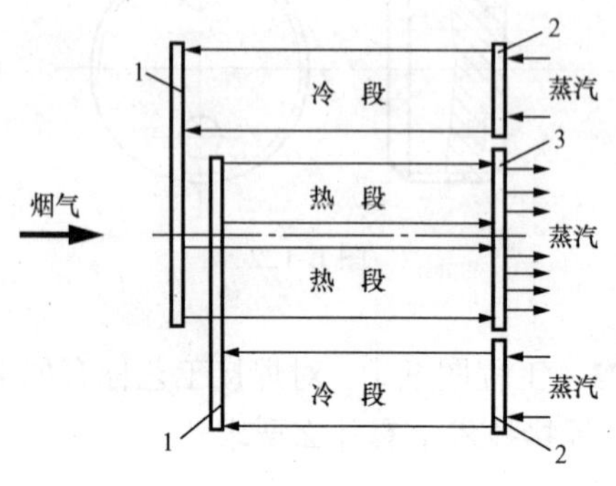

图 E-125

1—中间联箱（第Ⅱ级喷水减温器）；2—入口联箱；3—出口联箱

Jd2E4076 绘出表面式减温器与省煤器串联布置示意图。

答：见图 E-126。

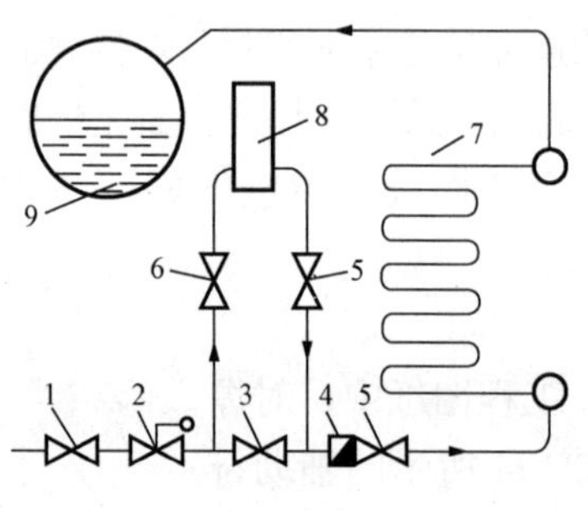

图 E-126

1—给水调节阀；2—给水自动调节阀；3—节流阀；4—止回阀；5—直通阀；6—减温水调节阀；7—省煤器；8—减温器；9—汽包

Jd2E5077 阅读某零件加工图图 E-127：(a) 和 (b) 两组图中尺寸的标注是否正确？"√"表示正确；"×"表示不正确。

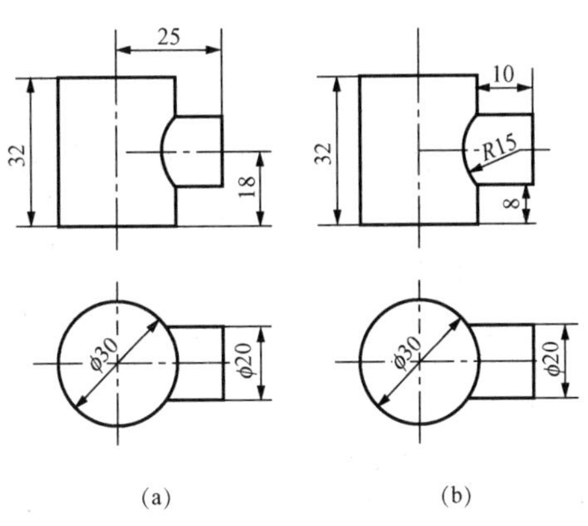

图 E-127

答：(a) √；(b) ×。

Jd1E3078 图 E-128 中哪个尺寸标注是正确的？

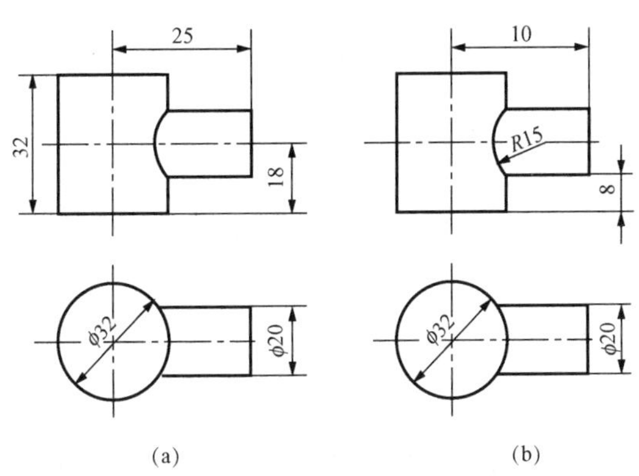

图 E-128

答：(a) 正确。图 E-129。

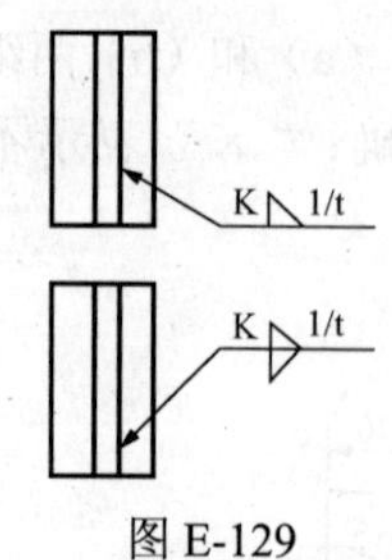

图 E-129

Jd1E3079　工程图纸中，对焊接工艺标有图 E-129 所示的辅助符号时，焊接技术要求是什么？

答： 图 E-129 表示单面断续分布焊缝，下图表示双面链状分布断续焊缝。

焊缝的长度与间隔长度均用数字标出。◺为单面焊缝；—▷为双面焊缝。

Jd1E4080　阅读某零件加工图，图 E-130（a）和（b）两组图中尺寸标注是否正确？“ √ ”表示正确；“×”表示不正确。

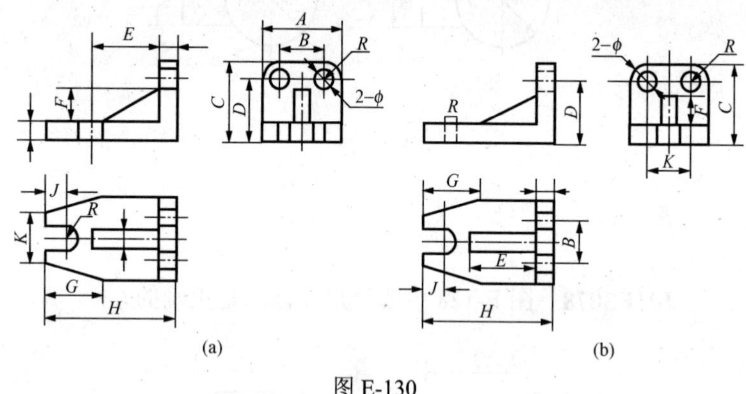

图 E-130

答：（a）√；（b）×。

Jd1E4081　试绘制图 E-131 的 *X*、*Y*、*Z* 三个方向的三视图。

答： 见图 E-132。

Jd1E4082　请绘出省煤器蛇形管的常用三种方式：纵向布置、横向布置双面进水、横向布置单面进水。

答： 见图 E-133。

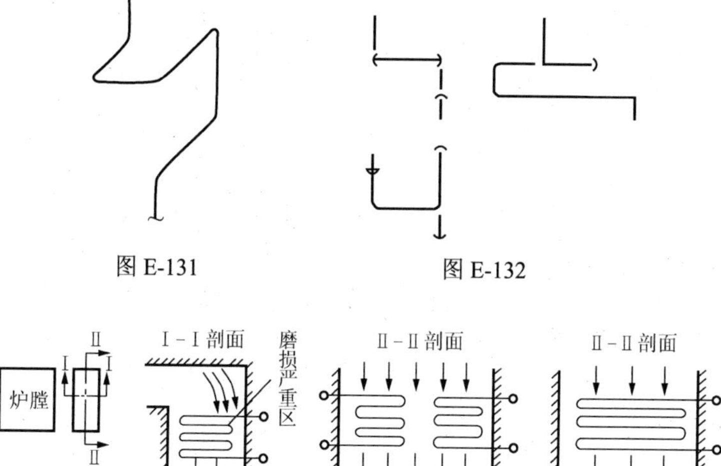

图 E-131

图 E-132

(a)　(b)　(c)

图 E-133

（a）纵向布置；（b）横向布置双面进水；（c）横向布置单面进水

La5E1083　作出图 E-134 中点 R(0，0，30) 的三面投影。

答：如图 E-135 所示。

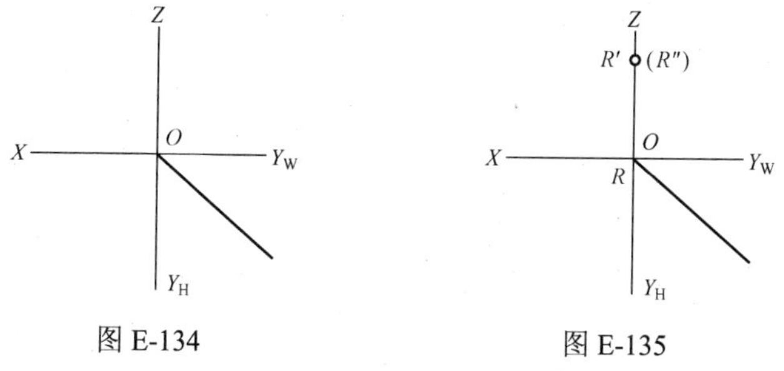

图 E-134

图 E-135

La5E1084　补全图 E-136 点 *h* 的三面投影。

答：如图 E-137 所示。

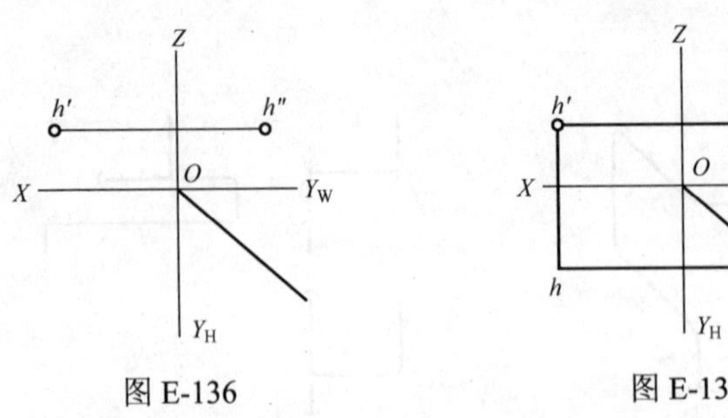

图 E-136　　图 E-137

La5E1085　直线段的投影。求作已知直线段如图 E-138 的第三面投影。

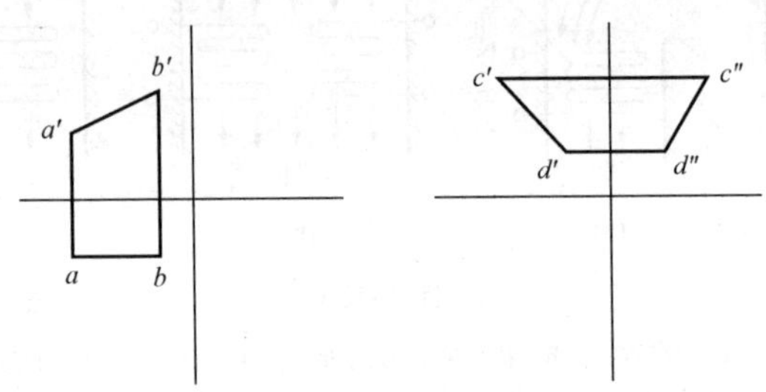

图 E-138

答：如图 E-139 所示。

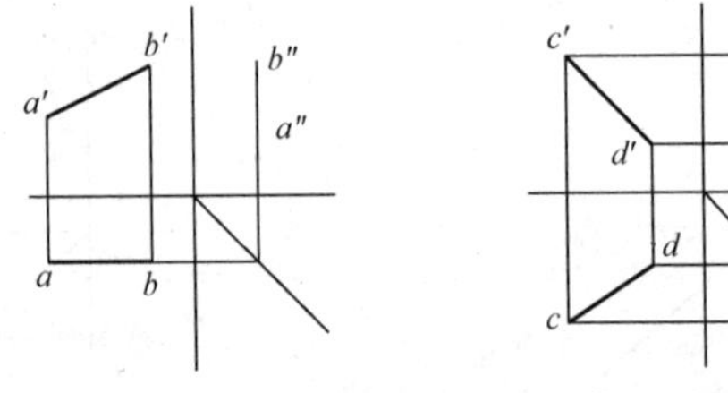

图 E-139

La4E1086　已知点 *P* 为直线 *AB* 上的一任意点，求作过点 *P* 且垂直于直线 *AB* 的一条直线。

答：如图 E-140 所示。

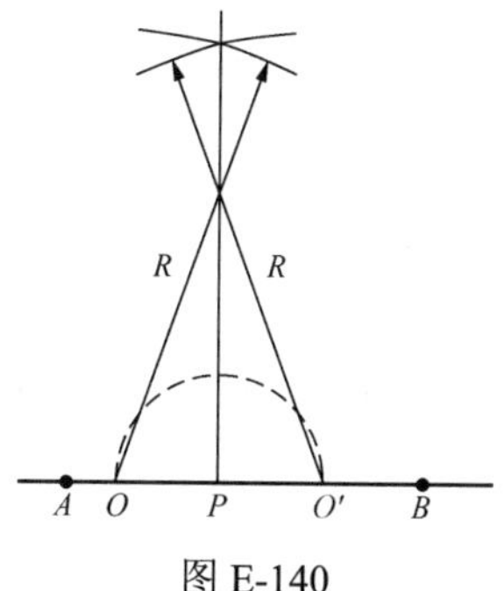

图 E-140

La4E4087 如图 E-141 所示，根据直线或平面的一个投影，求其他两个投影，在立体图中注上它们的位置，并做填充题。

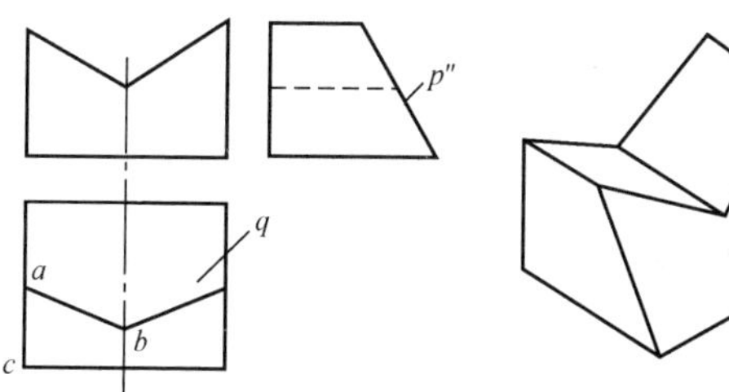

图 E-141

直线 *AB* 是_________线；

直线 *AC* 是_________线；

平面 *P* 是__________面；

平面 *Q* 是__________面。

答：如图 E-142 所示。

直线 *AB* 是<u>一般位置</u>线；

直线 *AC* 是<u>　侧平　</u>线；

平面 *P* 是<u>　侧垂　</u>面；

平面 *Q* 是<u>　正垂　</u>面。

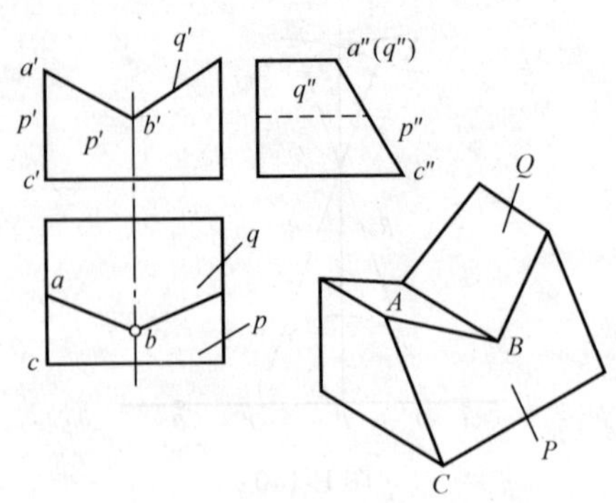

图 E-142

Jd5E3088 说明图 E-143 中螺纹代号的含义。

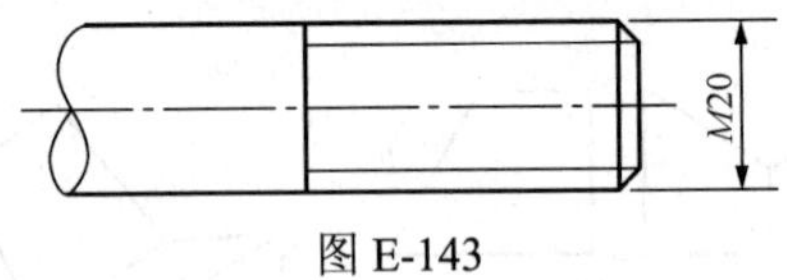

图 E-143

答：粗牙普通螺纹，公称直径 20mm，右旋。

Jd5E4089 画一长为 40mm，宽为 10mm，高为 6mm 的平键加工图。

答：如图 E-144 所示。

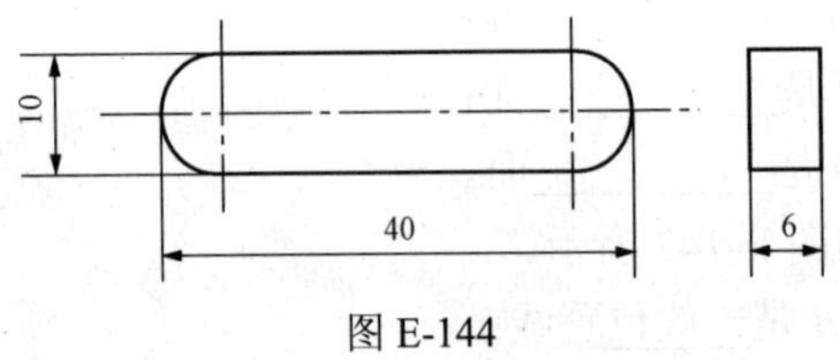

图 E-144

Jd4E4090 画圆管直角弯头如图 E-145 的展开图。

答：如图 E-146 所示。

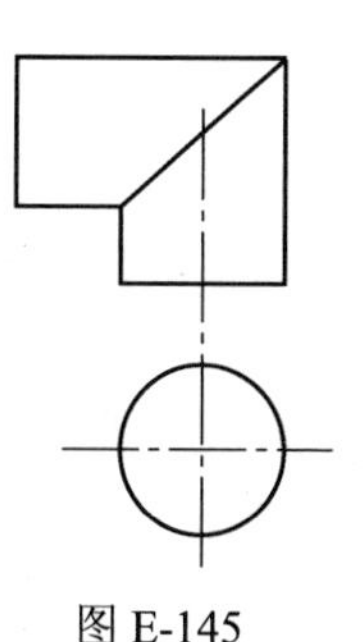
图 E-145

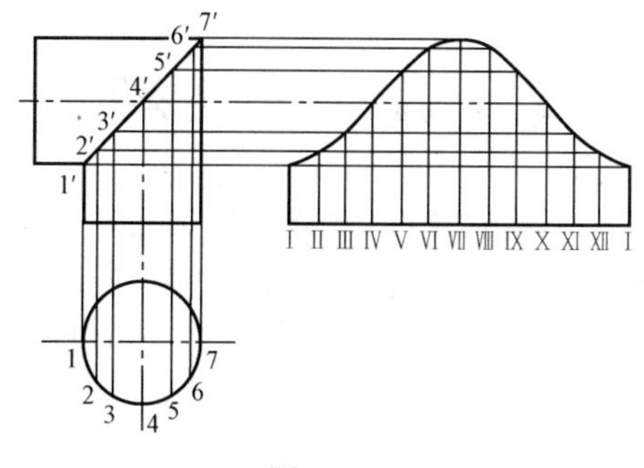

图 E-146

Jd4E5091 做斜切圆锥管展开图，如图 E-147 所示。

答：如图 E-148 所示。

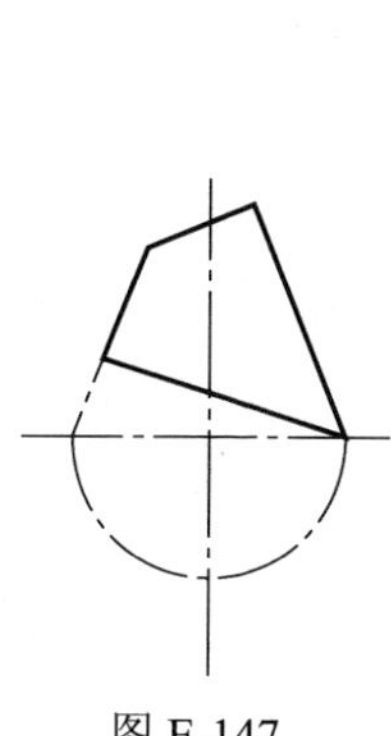
图 E-147

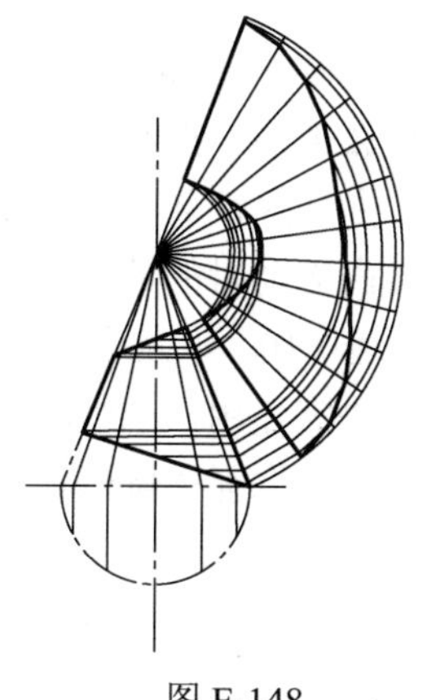
图 E-148

Jd4E5092 用一个主视图将 M20 的螺母以比例画法的形式表示清楚。

答：如图 E-149 所示。

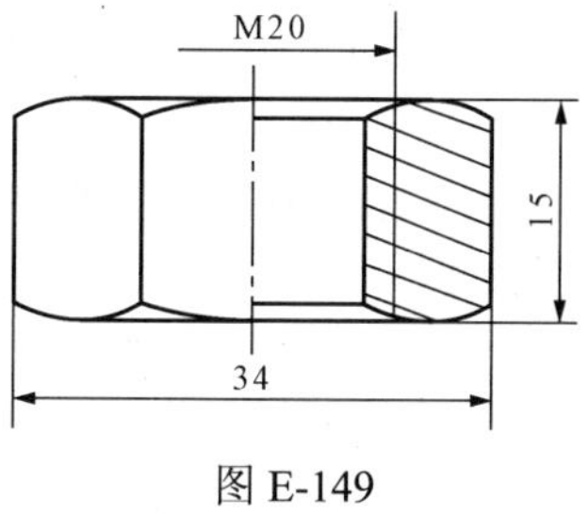

图 E-149

4.1.6 论述题

La5F4001 试述为什么三相电动机的电源可以用三相三线制，而照明电源必须用三相四线制？

答：因为三相电动机是三相对称负载，无论是星形接法或是三角形接法，都只需将三相电动机的三根火线接在电源的三根相线上，而不需要第四根零线，所以，可用三相三线制电源供电。而照明电源的负载是电灯，它的额定电压均为相电压，必须一端接一相相线，一端接零线，这样可以保证各相电压互不影响，所以必须用三相四线制，但严禁用一相一地照明。

La3F3002 沸腾换热时，热负荷与加热壁面饱和水之间的温度有什么关系？换热系数与其温差有什么关系？

答：热负荷 Q 较低 Δt 也较小时，α值并不大，基本上相当于液体自由运动时的放热系数，然后沸腾换热系数α随温差 Δt 的提高迅速增加，以至达到很高的数值。这一阶段，汽泡产生和运动起着决定作用，这种沸腾称为泡态沸腾。继续提高温差 Δt，沸腾换热系数会显著降低，这是由于汽泡数目的迅速增加，最后汽泡与汽泡之间发生汇合，并形成一层汽膜把水与加热面隔开。这时加热面与水之间的热量传递须通过这层汽膜才能进行，汽膜内热量传递依靠导热，蒸汽导热系数较小，因此汽膜热阻较大，沸腾换热系数迅速降低，这时的沸腾称膜态沸腾，此过程换热量也迅速降低。

La1F3003 试述水在加热汽化过程中经历的状态和它们的定义。

答：当在一定压力下对水加热，水温升高的同时并产生蒸汽，温度到达某一定值，水分子与蒸汽分子相互运动成为动态平衡时，称为饱和状态，这时的温度和压力称饱和温度和饱和压力，水和蒸汽称为饱和水和饱和蒸汽。对应于一定的饱和温度，压力越高，饱和温度越高。

水在加热过程中，温度尚未达到饱和温度时，称未饱和水。非沸腾式省煤器中的水，当加热到沸腾时，温度等于饱和温度的水称为饱和水。汽包中汽空间的汽，假定这时不含有一点水分，即干度（x）为 1 的饱和蒸汽称干饱和蒸汽。含有一定的湿度，即 $0<x<1$ 的饱和蒸汽称湿饱和蒸汽。汽包中实际进入过热器的蒸汽都带有一些水分，也就是湿饱和蒸汽，湿饱和蒸汽进入过热器后，继续加热，水分蒸发完，成了干饱和蒸汽，并再加热，此时汽温升高——过热，即温度高于饱和温度时，称为过热蒸汽，高出的温度称为过热度。

Lb5F3004　在过热蒸汽流程中为什么要进行左右交叉？

答：过热蒸汽流程中进行左右交叉，有助于减轻沿炉膛宽度方向由于烟温不均而造成热负荷不均的影响，也是有效减少过热器左右两侧热偏差的重要措施。

Lb5F4005　以传热学观点，试述汽包锅炉点火时，为什么必须控制一定的炉火升温速度。

答：锅炉点火时，汽包壁上半部与下半部有一定的温差，位于汽包上半部空间的蒸汽，遇到较冷的汽包壁时发生凝结放热；在汽包下半部是水，在水循环建立以前，水与壁间的换热，以自然对流为主。由于凝结放热系数远比自然对流放热系数大，因而汽包上半部壁温比下半部壁温要高，造成温差；相应地上半部膨胀也比下半部大，造成热应力，升温速度越大，温差也越大，热应力也越大。所以必须控制一定的升温速度，以减小热应力对汽包所造成的变形。

Lb4F3006　试述省煤器再循环的工作原理及作用。

答：省煤器再循环是指汽包底部与省煤器进口管间装设再

循环管。它的工作原理是：在锅炉点火初期或停炉过程中，因不能连续进水而停止给水时，省煤器管内的水基本不流动，管壁得不到很好冷却易超温烧坏。若在汽包与省煤器间装设再循环管，当停止给水时，可开启再循环门，省煤器内的水因受热密度小而上升进入汽包，汽包里的水可通过再循环管不断地补充到省煤器内，从而形成自然循环。由于水循环的建立，带走了省煤器蛇形管的热量，可有效地保护省煤器。

Lb4F3007　在火力电厂中汽轮机为什么采用多级回热抽汽？怎样确定回热级数？

答：火力发电厂中都采用多级抽汽回热，这样凝结水可以通过各级加热器逐渐提高温度，抽汽可在汽轮机内更多地做功，并可减少过大的温差传热造成的做功能力损失。回热抽汽级数越多，热效率越高，但也不能过多，因为随着抽汽级数的增加，热效率增加速度减慢，并且设备投资增加，系统复杂，安装、运行、维护都困难。目前中低压电厂采用3～5级抽汽回热，高压电厂采用7～8级抽汽回热。

Lb4F3008　采用回热循环为什么会提高热效率（用平均温度法解释）？

答：采用回热循环后，进入锅炉的给水在回热加热器中得到了抽汽的热量，使给水温度从原来的凝结水温度上升到加热器出口温度，从而减少了给水在锅炉中的低温吸热阶段，使工质的平均吸热温度升高，而平均放热温度未变，故循环热效率提高。采用给水回热循环后，汽耗率增大，因进入汽轮机的每千克新蒸汽所做的功减少了，但由于循环热效率的提高，汽轮机的热耗率是下降的，从而所需燃料减少，即发电厂的煤耗下降。而衡量一个循环经济性的好坏，主要指标为煤耗率是否降低，即是否节省了燃料，所以回热加热的热经济性必然是提高的。

Lb4F4009　试举五个实例说明，在锅炉机组设计、安装中充分注意到金属热膨胀对机组正常运行的影响，采取的措施。

答：① 在烟风管道设计中设置波纹伸缩节；② 管道支吊架设计中采用弹簧支吊架，以补偿管道热膨胀位移引起的附加力；③ 立式过热器管排热态时向下伸长，安装要留出足够间隙；④ 四侧水冷壁下联箱与灰斗连接处设计水封密封装置，既允许水冷壁向下膨胀，又保证密封；⑤ 磨煤机安装中承力轴承端要留出膨胀间隙量，以便热态时自由膨胀。

Lb3F3010　水冷壁为什么要分若干个循环回路？

答：因为沿炉膛宽度和深度方向的热负荷分布不均，造成每面墙的水冷壁管受热不均，使中间部分水冷壁管受热最强，边上的管子受热较弱。若整面墙的水冷壁只组成一个循环回路，则并联水冷壁中，受热强的管子循环水速大，受热弱的管内循环水速小，对管壁的冷却差。为了减小各并列水冷壁管的受热不均，提高各并列管子水循环的安全性，通常把锅炉每面墙的水冷壁，划分成若干个（3～8）循环回路。

Lb3F3011　减温器的形式有哪些？各有什么特点？

答：减温器主要有表面式和混合式两种。表面式减温器，一般是利用给水作为冷却介质来降低汽温的设备，其特点是：对减温水质要求不高，但这种减温器调节惰性大，汽温调节幅度小，而且结构复杂、笨重，易损坏、易渗漏，故现代高参数、大容量锅炉中很少使用。混合式减温器是将水直接喷入过热蒸汽中，以达到降温的目的。其特点是：结构简单，调温幅度大，而且灵敏，易于自动化，但为保证合格的蒸汽品质，对喷水的质量要求很高。

Lb3F4012　什么叫对流换热？影响对流换热系数的因素有哪些？

答：流动的流体与固体壁面接触时，由于流体与壁面之间有温差，从而发生的两者之间的热交换现象称对流换热。影响对流换热系数的因素有：

（1）流体流动的动力，强制循环换热系数大于自然循环换热系数。

（2）与流体有无物态变化有关，有物态变化时的对流换热系数比无物态变化时的对流换热系数大。

（3）与流体流动状态有关，紊流流动对流换热系数比层流流动大。

（4）与流体所接触的固体表面的形状、大小以及流体与固体表面间相对位置有关。

（5）与流体的物理性质，如密度、黏性、导热系数、比热、汽化潜热等有关。

（6）与流体种类有关。

Lb3F4013　锅炉最大部分的热损失是什么损失？正常情况下有多少？它与哪些因素有关？

答：燃料燃烧后产生大量烟气，从锅炉的尾部排出，烟气温度一般为120～170℃，显然，这些烟气带走了热量，这部分热量损失的百分数，叫排烟损失百分数，或简称排烟损失。此项是锅炉最大热损失，正常情况下，排烟损失约为4%～8%。

排烟损失的大小与排烟温度和排烟烟气体积有直接关系，受热面积灰、堵塞和污染，都会减弱传热而使排烟温度升高，增大排烟损失；锅炉的密封不良而使大量空气漏入，或因空气预热器的漏风，都会使排烟气体积增加而增大排烟损失。

Lb3F4014　再热器与过热器有什么不同？

答：（1）再热器蒸汽压力低，比热小，所以再热器在温度偏差方面，是相当敏感的。

（2）再热蒸汽压力低，密度小，因此从管壁到蒸汽的传热系数比较小，在同样的受热面热强度和蒸汽流速条件下，其管壁温度与蒸汽温度的差值，要比对流过热器大。所以，再热器一般不宜放置于烟气温度很高的区域，而放在烟气温度较低的对流烟道中。

（3）再热器的被加热蒸汽，来自汽轮机的高压缸排汽，当汽轮机甩负荷时，再热器通过的蒸汽量小，易超温。而对流过热器不同，它的蒸汽来自汽包，汽轮机甩负荷时，影响很小。

（4）为了不影响机组的做功能力，再热器的压降受到限制，不能大于0.2～0.3MPa，而过热器没有这个限制。

Lb3F4015　论述脉冲式安全阀的工作原理。

答：脉冲式安全阀由一个主要安全阀和一个比较小的辅助安全阀组成。辅助安全阀与一般的杠杆安全阀一样，不同的是它的尾部带有电磁吸铁线圈，以供电气控制；辅助安全阀的脉冲汽源来自汽包或过热器出口集汽联箱。当锅炉压力达到安全阀动作定值时，辅助安全阀首先动作，并发送一个脉冲至主安全阀使之开启，主安全阀的阀盘以蒸汽压力压向阀座，从而保证了安全阀关闭的严密性。当辅助安全阀动作后，蒸汽沿脉冲管进入主安全阀的活塞室；此外，作用在活塞面积上的力克服蒸汽作用于阀盘面积上的力和弹簧的提升力，使主阀阀芯向下开启，于是将锅炉多余的蒸汽排入大气。当锅炉压力下降到规定值以后，辅助安全阀关闭。蒸汽停止进入主安全阀的活塞室，主安全阀自行回座。

Lb3F4016　再热器为什么要进行保护？一、二级旁路系统的作用是什么？

答：因为在机组启停过程或运行中，因汽轮机突然发生故障而使再热汽流中断时，再热器将无蒸汽冷却而造成管壁超温烧坏，所以，必须装设旁路系统通入部分蒸汽，以保护再热器的安全。

一、二级旁路的工作原理都是使蒸汽扩容降压，并在扩容过程中喷入适量的水降温，使蒸汽参数降到所需数值。一级旁路的作用是将新蒸汽降温、降压后进入再热器，冷却其管壁。二级旁路是将再热蒸汽降温、降压后，排入凝汽器，以回收工质，减少排汽噪声。在机组启停过程中一、二级旁路还起到匹配一、二次蒸汽温度的作用。

Lb3F4017　论述朗肯循环热效率的定义及提高发电厂热经济性的途径。

答：热效率指每1kg工质在循环中产生的净功 W_t 与其在锅炉中吸收的热量 q_1 之比，该比值用来表明循环中热能变为功的有效程度。提高它的途径有下列几种：

（1）提高蒸汽初参数，以提高循环的平均吸热温度。

（2）降低蒸汽终参数，以降低循环的平均放热温度。

（3）采用蒸汽中间再热，以提高循环的平均吸热温度。

（4）改进蒸汽循环方式：① 采用给水回热，以提高循环的平均吸热温度；② 尽可能地合理减少能量转换过程中的各项不可逆损失；③ 有合适的热用户时，尽可能合理地采用热电联合能量生产，或联片集中供热，以提高热能的有效利用程度；④ 充分利用低位热能，以提高热利用率。

Lb3F4018　直流锅炉水冷壁设置炉外混合分配器的作用是什么？为什么有的用二级，有的用三级？

答：直流锅炉水冷壁设置了炉外混合器的目的是减少由于水力不均和热力不均引起的热偏差。混合器装在汽水混合物的流程中，汽水混合物进入混合器后，在其中得以充分混合，通过分配管送到下一级管组进口联箱，使工质进入下一级时焓值趋于均匀，从而使热偏差减少。

中间混合次数越多，最后热偏差虽越小，但使锅炉结构越复杂，流动阻力损失也越大，工质流速降低，还会产生流量分配不均。所以在设计时，根据流动阻力损失和热偏差的大小，有的锅炉用二级混合，有的用三组混合。

Lb2F4019　直流式燃烧器为什么要采用四角布置的方式？

答：由于直流燃烧器单个喷口喷出的气流扩散角较小，速度衰减慢，射程较远。而高温烟气只能在气流周围混入，使气流周界的煤粉首先着火，然后逐渐向气流中心扩展，所以着火较迟，火焰行程较长，着火条件不理想。

采用四角布置时，四股气流在炉膛中心形成假想切圆，这种切圆燃烧方式能使相邻燃烧器喷出的气流相互引燃，起到帮助气流点火的作用。同时气流喷入炉膛，产生强烈的旋转，在离心力的作用下使气流向四周扩展，炉膛中心形成负压，使高温烟气由上向下回流到气流根部，进一步改善气流着火条件。由于气流在炉膛中心的强烈旋转，煤粉与空气混合强烈，加速了燃烧，形成了炉膛中心的高温火球，而且由于气流的旋转上升延长了煤粉在炉内的燃尽时间,改善了炉内气流的充满程度。

Lb1F3020　现代大型锅炉为什么采用非沸腾式省煤器？

答：从整台锅炉工质所需热量的分配来看，随着参数的升高，饱和水变成饱和汽所需的汽化潜热减小，液体吸热增加；因而所需炉膛蒸发受热面积减少，加热液体所需的受热面（省煤器）增加。锅炉参数越高，容量越大，炉膛尺寸和炉膛放热越大，为防止锅炉炉膛结渣，保证锅炉安全运行，必须在炉膛内敷设足够的受热面，将炉膛出口烟温降到允许范围。为此，将工质的部分加热转移到由炉膛蒸发受热面完成，这相当于由辐射蒸发受热面承担了省煤器的部分吸热任务。另外，省煤器受热面主要依靠对流传热，而炉膛内依靠辐射换热，其单位辐射受热面（水冷壁）的换热量，要比对流受热面（省煤器等）传热量大许多倍，因此，把加热液体的任务移入炉膛受热面完成，可大大减少整台锅炉受热面积数，减少钢材耗量，降低锅炉造价；另外，提高给水的欠焓，对锅炉水循环有利。所以，现代高参数大容量锅炉的省煤器一般都设计成非沸腾式。

Lb1F4021　为什么说蒸汽的初参数过高，经济性反而差？

答：提高蒸汽初参数后，循环经济性相应提高，但也带来了一些问题。蒸汽压力愈高，则汽轮机、锅炉以及所有的蒸汽管道和阀门的制造、安装费用也就愈高。蒸汽温度提高时，对金属方面的要求也将提高，因为这时要求金属必须在高温下能保持较强的抗蠕变和抗氧化能力，并保持一定的强度，为此不得不采用优质合金钢。当汽温提高到 570℃以上时，就需要采用价格昂贵的奥氏体不锈钢，因此就导致经济性下降。故选择热力参数时，不仅需要考虑循环的热经济性，同时还应对组成循环设备的工作可靠性、设备投资和运行维护费用等方面，进行综合经济比较，从而得出比较科学、合理的结论。

Je5F3022　试述锅炉受热面安装中，保证“管内空、箱内净”的意义，以及安装中应采取的措施。

答：“管内空、箱内净”，指的是锅炉受热面管与联箱的洁净程度，保证管箱内洁净，使汽水系统运行时能保持正常的工况，保证汽水畅通，防止因汽水流动受阻，受热面传热恶化，管壁温度超温而造成管子变形，以致发生爆管事故。为确保管箱内洁净，在安装中应采取管箱的吹扫、清理、通球、化学清洗、蒸汽吹管等措施。

Je5F3023　弯管时，管子弯曲半径有什么规定？为什么不能太小？

答：弯曲半径一般为：冷弯管时，弯曲半径应不小于管子外径的4倍；如在弯管机上弯制，不小于管外径的2倍。灌砂加热弯管时，弯曲半径应不小于管子外径的3.5倍；管子弯制，如果弯曲半径太小，会造成弯头外侧管壁减薄量太大而影响强度。

Je5F3024　省煤器与汽包的连接管为什么要装特殊套管？

答： 这是因为省煤器出口水温可能低于汽包中的水温，如果省煤器的出口水管直接与汽包连接，会在汽包壁管口附近因温差产生热应力。尤其当锅炉工况变动时，省煤器出口水温可能剧烈变化，产生交变应力而疲劳损坏。装上套管后，汽包壁与给水管壁之间充满着饱和蒸汽或饱和水，避免了温差较大的给水管与汽包壁直接接触，防止了汽包壁的损伤。

Je5F3025　在锅炉启动初期为什么不宜投减温水？

答： 在锅炉启动初期，蒸汽流量较小，气温较低。若在此时投入减温水，很可能会引起减温水与蒸汽混合不良，使得在某些蒸汽流速较低的蛇形管圈内积水，造成水塞，导致超温过热，因此在锅炉启动初期应不投或少投减温水。

Je5F4026　热力系统进行保温的目的，是为了减少散热损失；但空气预热器后的烟气热量已不再吸收利用，为什么这部分烟道也要进行保温呢？

答：（1）防止烟气温度降低，避免烟气中水蒸气结露。防止结露腐蚀。

（2）在垂直烟道中（包括烟囱），烟气会产生自生通风力，其大小与烟气温度有关，烟气温度高，自生通风力大。

所以对这部分烟道进行保温是为了防止烟气温度降低，以保持自生通风力，从而减少引风机电耗。

Je5F4027　锅炉过热蒸汽、再热蒸汽的气温调节常用哪些手段？

答：过热蒸汽气温调节，可以从烟气侧或者从蒸汽侧进行调节，蒸汽侧用表面式减温器或用喷水减温器调节，烟气侧采用摆动式燃烧器改变火焰位置来调节过热气温。

再热蒸汽气温调节，可以从烟气侧或蒸汽侧进行调节，在蒸汽侧可用汽—汽热交换器调节，烟气侧可用烟气再循环或烟气比例挡板作为粗调，再用微量喷水作为再热气温细调。

Je5F4028　直流锅炉气温调节与气包锅炉有什么区别？

答：气包锅炉的过热气温调节一般以喷水减温为主，它的原理是利用给水作为冷却工质，直接冷却蒸汽，以改变蒸汽的焓增量，从而改变过热蒸汽的温度。

直流锅炉的加热、蒸发和过热各区段之间无固定的界限，各种扰动将对各被设参数产生作用；加上直流锅炉的蓄热能力差，气温变化的时滞短，且工况变动时气压的变化较为剧烈，这又给气温的调节带来困难，因此，直流锅炉的气温调节比汽包锅炉要复杂。为了能使过热器出口气温在稳定工况、变工况以及各种扰动下保持稳定，首先要通过给水量和燃料量的比例来进行粗调，再辅以喷水减温进行细调。

Je5F5029　对流过热器组合有什么特点（与其他受热面组合件相比）？

答：（1）对流过热器组合大多是合金钢元件，组合前均需做光谱分析，严防错用钢种。

（2）对流过热器组合焊接条件比较困难（管排焊口集中，焊接空间小）。

（3）合金钢材质焊接技术难度大，对管排加热校正，应注意加热程度及热处理，使其符合该钢种特性。

（4）组件联箱找正时，严禁采用焊接临时加固方法进行固定，必要时可在联箱上做抱卡固定。

（5）蛇形管排下部弯曲排列应整齐。尤其高温对流过热器蛇形管下部与后水冷壁管上斜面，两者间隙不大，如蛇形管底部弯头组合误差大，有可能影响膨胀。

Je4F3030　为什么在热态启动一级旁路喷水减温不能投用时，主汽温度不得超过450℃？

答：在热态启动或事故状态下，为对再热器进行保护，必须开启一级旁路，使主蒸汽降压、降温后通过再热器。因为再热器冷段钢材为20号碳钢，所处烟温一般都在500℃以上，受钢材允许温度的限制，进入再热器的汽温必须低于450℃，否则再热器管将超温。所以当一级旁路喷水不投时，规定主汽温度不得高于450℃。

Je4F3031　汽包锅炉启动初期为什么要严格控制升压速度？

答：锅炉启动时，蒸汽是在点火后由于水冷壁管吸热而产生的，蒸汽压力是由于产汽量的不断增加而提高。汽包内工质的饱和温度随着压力的提高而增加，由于水蒸气的饱和温度在压力较低时对压力的变化率较大，在升压初期，压力升高很小的数值，将使蒸汽的饱和温度提高很多。锅炉启动初期，自然水循环尚不正常，汽包下部的水流速低或局部停滞，水对汽包壁的放热为接触放热，其放热系数很小，故汽包下部金属壁温升高不多。汽包上部因是蒸汽对汽包金属壁的凝结放热，故汽包上部金属温度较高，由此造成汽包壁温上高下低的现象，由于汽包壁厚较大，而形成汽包壁温内高外低的现象。因此，蒸汽温度的过快提高将使汽包由于受热不均而产生较大的温差热应力，严重影响汽包寿命。故在锅炉启动初期必须严格控制升压速度，以控制温度的过快升高。

Je4F3032 直流锅炉为什么要设置启动旁路系统？

答： 直流锅炉的单元机组启动中，由于启动初期从水冷壁甚至过热器出来的只是热水或汽水混合物，不允许进入汽轮机，为此必须另设启动旁路系统，以排走不合格的工质，并通过旁路系统回收工质和热量。同时，利用启动旁路系统，在满足进入汽轮机的蒸汽具有一定过热度的前提下，建立一定的启动流量和启动压力，改善启动初期的水动力特性，防止脉动、停滞现象的发生，保证启动过程顺利进行。

Je4F4033 对各类阀门安装方向应如何考虑？为什么？

答：（1）对闸形阀方向可不考虑，闸形阀结构是对称的。

（2）对小直径截止阀，安装时应正装（即介质在阀门内的流向自下而上），开启时省力。而且在阀门关闭时阀体和阀盖间的衬垫和填料盒中填料都不致受到压力和湿度影响，可以延长使用寿命。而且可在阀门关闭的状态下，更换或增添填料。对于直径大于 100mm 的高压截止阀，安装时应反装（应使介质由上而下流动），这样是为了使截止阀在关闭状态时，介质压力作用于阀芯上方，以增加阀门的密封性能。

（3）止回阀安装方向，应使介质流向与阀体上标记方向一致，一般介质流动方向是由下向上流动，升降式止回阀应安装在水平管道上。

Je4F5034 锅炉组合件布置应考虑哪些因素？

答： 要考虑：① 要符合起吊安装顺序，先安装的组件应靠近吊装机械附近，后安装的组件则远离；② 组合件应尽量分类、集中布置；③ 所有组件，应布置在起重机械起吊范围内；④ 组合件布置应紧凑合理，提高场地利用率；⑤ 起重量大、起吊次数较多的主要组合件，布置在主组合场内；⑥ 对运输较为困难的大型组合件，如立式过热器、钢架等可布置在锅炉房内；⑦ 组合件放置的边缘，不应影响组合件的运输；⑧ 当组合场面积较小时，可以在组合好的组件上加好支撑件，再进行设备的重叠组合。

Je4F5035　顶部汽水联络管的穿装有哪些原则要求？为什么？

答：由于顶部联络管穿装是在顶部设备安装后进行，顶部吊杆林立，管子穿插布置在吊杆之间，穿装很困难，因此，应有步骤、按顺序逐根穿装，否则容易出错，穿错了，会给施工带来困难或增加不必要的工作量。

穿装的原则要求是：

（1）大口径联络管应跟随大件设备吊装穿插进行，预先就位。

（2）顶板梁处适当考虑联络管处穿装入口。

（3）穿装前，对联络管逐一进行编号，穿装时对号就位。

（4）采取分层穿装原则，每一层由前到后、从中间到两边的穿装方式。

炉顶部分：由底层到高层，分层穿装。

汽包底部：先穿装最外侧管，再穿装内侧管。

（5）个别影响联络管穿装的吊杆，可缓装，待联络管就位后再安装。

Je3F3036　锅炉水压试验前应做哪些准备工作？

答：（1）准备好试验用压力表，压力表应校验合格。为防止误将压力升高，在表盘上画出试验压力红线，以示醒目。

（2）准备好试验用药品和废液中合药品。

（3）准备好试验用水。

（4）水压临时升压系统安装完毕，升压泵检查合格，试运正常。

（5）系统风压检查临时系统安装完毕，空压机检查合格，试运正常。

（6）锅炉临时上水设备（水箱、上水泵等）安装完毕，运转正常。

（7）临时排水系统接通，能够满足排放要求。

（8）试验用水蒸气加热系统安装完毕，汽源能够满足加热要求。

（9）试验中操作阀门已编号、挂牌。

（10）检查平台搭设完毕，步道畅通，能够安全使用。

（11）现场照明接通，满足检查要求。

（12）准备好必备的检查工具，如手电、记号笔等。

（13）安全门已采取措施压死。

（14）冬季水压试验时，事先做好防冻措施。

Je3F4037　在锅炉启动过程中，为什么要规定上水前后及压力在0.49MPa和9.8MPa时各记录膨胀指示一次？

答：因为锅炉上水前各部件都处于冷态，膨胀为零，当上水后各部件受到水温的影响，就有所膨胀。锅炉点火升压后，0～0.49MPa 压力下饱和温度上升较快，则膨胀也较大，0.49～9.8MPa 压力下，饱和温度上升较慢，则膨胀变缓，但压力升高，应力增大。由于锅炉是许多部件的组合体，在各种压力下，记录膨胀指示，其目的就是监视各受热承压件是否均匀膨胀。如膨胀不均匀，易引起设备的变形和破裂、脱焊、裂纹等，甚至发生泄漏和引起爆管，所以要在不同的状态下分别记录膨胀指示，以便监视、分析并发现问题。当膨胀不均匀时，应及时采取如减缓升压、切换火嘴、进行排污、入水等措施，以消除膨胀不均的现象，使锅炉安全运行。

Je3F5038　锅炉启动前对上水的时间和温度有什么规定？为什么？

答：锅炉启动前的进水速度不宜过快，一般冬季不少于4h，其他季节2～3h，进水初期尤应缓慢，冷态锅炉的进水温度一般不大于 100℃，以使进入汽包的给水温度与汽包壁温度的差值不大于 40℃。未完全冷却的锅炉，进水温度可比照汽包壁温度，一般差值应控制在 40℃以内，否则应减缓进水速度。原因是：

（1）由于汽包壁较厚，膨胀较慢，而连接在汽包壁上的管子壁较薄，膨胀较快，若进水温度过高或进水速度过快，将会造成膨胀不均，使焊口发生裂缝，造成设备损坏。

（2）当给水进入汽包时，总是先与汽包下半壁接触，若给水温度与汽包壁温度差值过大，进水时速度又快，汽包的上下壁、内外壁间将产生较大的膨胀差，给汽包造成较大的附加应力，引起汽包变形，严重时产生裂缝。

Je3F5039　超临界锅炉螺旋水冷壁安装前为什么进行预组合？预组合的工作内容有哪些？

答：（1）由于螺旋水冷壁为倾斜布置，且设备为膜式壁分段、分片供货。如设备单件吊装，不对设备做相关尺寸校验和消缺，对安装工作会带来很多困难。因此，在地面做适当组合，消除缺陷，画出安装定为标记，为设备安装创造条件。

（2）预组合的主要工作内容包括：

1）在平台上按图纸摆放设备，校验设备的外形尺寸；

2）校验管排倾斜角度是否符合图纸要求；

3）校验孔门位置，安装孔门密封壳体等铁件；

4）按照吊装方案要求进行部分膜式壁组合；

5）安装张力板等零部件；

6）检查刚性梁铁件位置等。

Je2F3040　蒸汽管道为什么会产生温度应力？有何危害？如何消除？

答：（1）蒸汽管道受热膨胀后伸长，冷却后收缩，或这种伸长或收缩受到限制，管道材料就会产生温度应力。

（2）如果温度应力超过了材料的抗拉或抗压强度极限，管道就要变形或弯曲，严重时还会使管道断裂，如果产生的应力施加于所连接的热力设备，就会使设备损坏。

（3）消除温度应力的方法通常是装补偿器和合理设置适当型式的支吊架，保证管道能自由膨胀。

Je2F3041　什么叫水击？它有何危害？如何防止？

答：在压力管路中，由于某种外界因素（如阀门的突然关闭或开启，水泵的突然停止或启动等）骤变，致使液体流动速度的突然变化，从而引起管中液体压力产生反复、急剧的变化，这种现象称为水击或水锤。

水锤有正水锤和负水锤之分；当发生正水锤时，管道中的压力升高，可以超过管中正常压力的几十倍，甚至几百倍，以致使管壁材料产生很大的应力。而且压力的反复变化，将引起管道和设备的强烈振动，发出强烈噪声，在反复的冲击和交变应力作用下，将造成管道、管件和设备的变形和损坏。当发生负水锤时，管道中的压力降低，应力交递变化，引起管道和设备振动。如压力降得过低可能使管中产生不利的真空，在外界压力的作用下，会将管道挤扁。

防止或减轻水击危害的基本方法有：

（1）缓慢启闭阀门。

（2）尽量缩短设备间的管道长度。

（3）止回阀应动作灵活，避免出现忽开忽关现象。

（4）在管道上装设安全阀、空气阀、蓄能器或空气室等，以限制压力突然升高或降低的幅度。

（5）蒸汽管道送汽前要充分暖管，彻底疏水，防止蒸汽凝结成水现象而产生的体积突然缩小，出现局部真空，周围介质高速向此处冲击现象的形成，送气时应缓慢开启送汽阀门。

Je2F3042　造成过热器热偏差的原因是什么？防止措施有哪些？

答：引起热偏差的原因有两个方面，一方面是过热器受热不均，另一方面是过热器各并联管子中的蒸汽流量不均。防止热偏差的措施：受热面分段，级间混合，进行蒸汽交叉流动，屏式过热器也可采用联箱交换来减少热偏差。在运行上确保燃烧稳定，防止火焰中心偏斜，消除局部结焦，燃烧器投入力求均匀，尽量对称投入，避免一侧燃烧强，另一侧燃烧弱。沿烟道宽度将受热面管子节距布置相等，避免出现“烟气走廊”。

Je2F3043　试述水冷壁组件的起吊就位工艺过程。

答： 一般水冷壁组件吊装均采取两台吊车抬起，一台吊车吊装就位的方式安装，其工艺如下：

（1）组件扳直。一台吊车（主吊车）吊设备的上部（联箱处），另一台吊车吊设备的中下部（起吊加固或起吊桁架），起吊时设备应保持平直（或有较小的弯曲）。两台吊车同时起吊，达到一定高度后，抬吊吊车停止提升，主吊车继续提升，抬吊吊车根据情况配合松钩，直至设备垂直。

（2）组件与加固（起吊桁架）分离。组件扳直后撤掉抬吊锁具及拆除起吊加固（或起吊桁架）。

（3）组件的吊装就位。拆除起吊加固的组件，由主吊车继续提升，从设备的吊装入口处吊入到安装位置就位。一般情况下存在不能一次吊装到位、需倒钩就位情况，因此，组件需临时吊挂（临抛）在顶部大梁上，再接钩吊装到位。

（4）初步找正。组件到位后，穿装吊挂装置，调整吊杆。用玻璃管水平仪测量联箱标高，经反复调整设备标高符合要求后，检查吊杆受力情况，紧固吊杆锁母，吊车摘钩。

Je2F4044　减温器在过热器中布置的位置有哪几种？各有什么缺点？

答： 有三种位置：

（1）装在过热器出口，调温灵敏度高，能维持减温后的气温变动不大，可以保护蒸汽管道和汽轮机。但不能保护过热器，如果蒸汽中产生水滴，将对汽轮机产生不良影响。

（2）装在过热器入口，饱和蒸汽被冷却而变成湿蒸汽，蒸汽中水分再到过热器中蒸发吸热，使提高过热蒸汽温度的热量减少，从而降低了锅炉的经济性。这种布置可以保护过热器及汽轮机的安全，还可以防止减温水汽化，防止水击（对表面式而言）。但是调温迟缓，惰性大，减温器中传热温差小，故需加大受热面。此外还可能因减温器壳体安装的不够水平，或联箱弯头等一些原因，使得湿蒸汽进入蛇形管间分配不均，会引起蛇形管出口汽温有显著偏差。

（3）装在过热器中间，既保护了过热器，又使减温器惰性减小，减温器越靠近过热器出口，其调温性能越灵敏。

Je2F4045　采用烟道挡板调节再热蒸汽温度的锅炉，其调温原理是什么？

答：烟道挡板的调温幅度一般在30℃左右，调温原理是采用烟道挡板将对流烟道分隔成两个并联烟道，其中一个烟道中装再热器，另一个烟道中装低温过热器或省煤器。分隔烟道下部装有烟道挡板，改变两烟道挡板开度，就可改变流过两烟道的烟气比例。如负荷降低时，开大装有再热器一侧的烟道挡板，关小另一侧烟道挡板，就可使再热蒸汽温度有所提高。采用这种方法调节气温，设备简单，操作方便，但有时挡板容易产生热变形，使调温的准确性变差。

Je2F4046　大容量直流锅炉为什么在炉膛高温负荷区采用内螺纹管？扰流子起什么作用？

答：当锅炉工作压力升高时，炉膛受热面热负荷也增高，由于直流锅炉循环倍率低（K=1），处于高热负荷区的水冷壁管最容易出现传热恶化现象，此时，沸腾管内侧放热系数将急剧降低，使管壁温度升高。为了防止传热恶化，如1000t/h 直流锅炉在下、中辐射区的高热负荷区采用了内螺纹管，由于内螺纹管增强了管内流体的扰动，将水压向壁面而迫使汽泡脱离壁面，被水带走，使传热恶化推迟。如推迟到沸腾区的出口端，则该处热负荷已较低，管内汽水流速也较高，则管壁温度已不致因传热恶化而飞升了，从而使管壁温度显著降低。

在锅炉沸腾管内加装扰流子也是推迟传热恶化的有效方法之一，扰流子就是塞在沸腾管内扭成螺旋状的金属片。加装扰流子后，流动阻力有所增加，但截面中心及沿管壁的流体因受到扰动而混合充分，这样可使传热恶化得以推迟。

Je2F4047　膜式水冷壁管排的对接与单根管子的对接有什么区别？

答：单根管子对接不受其他管子影响，可自由调整，焊口焊接的收缩问题，这对其他管子对口没有影响。

膜式壁管排对接不同于单根管子的对接。对口时，管子间距已固定，如管口错位，需切割鳍片进行调整。管排焊接前应检查管排所有管口的间隙，在保证管排与联箱（或管排）垂直的前提下，将所有管口间隙修整合适为止，最小管口间隙应符合焊接要求，稍大间隙的管口由于焊接收缩可变为合适的管口，个别短（间隙过大）的管子采取换管处理。管排焊口时不能由一侧向另一侧顺序焊接，因焊接收缩原因，会造成后焊的管口顶死，无法焊接。因此，应选择管排两端2～3根管间隙较小的管子先点焊、焊接，将上下管排固定，再焊接其他管口，可避免因焊接收缩造成管口顶死无法焊接的问题。在管口焊接中，决不允许采取热胀对口焊接，为减小管口焊接变形，应采取对称焊或交叉焊的方法。

Je2F5048　论述锅炉化学清洗的一般步骤和每个阶段的目的。

答：锅炉化学清洗的一般步骤是水冲洗—碱洗—酸洗—

漂洗—钝化。

水冲洗是为了除去新炉安装过程中遗留的焊渣、浮铁和外界混入的泥土等。对运行锅炉来说，是为了除去运行中产生的某些可松动的沉积物；此外，水冲洗可起到检查清洗系统是否严密的作用。

碱洗是为了消除锅炉在制造、安装和运行过程中带进的油污或硅化物，为酸洗创造条件。

酸洗是化学清洗的主要步骤，它可以除去附着的钙镁垢、铁铜垢、硅垢等。

漂洗是除去酸洗后水溶液中残留的铁离子以及水冲洗时在金属表面产生的铁锈，为钝化处理创造条件。

钝化是对酸洗后活化的金属表面进行化学处理，使其在表面上形成一层致密的氧化铁覆盖层，防止金属表面再次受到腐蚀。

Je2F5049　电站锅炉的汽包内部主要有哪些装置？它们的布置位置和作用怎样？

答：电站锅炉随参数容量的不同，其汽包内部装置也不完全一样，现以高压和超高压锅炉的汽包为例，介绍其内部装置、它们的布置及主要作用。

沿汽包长度在两侧装设若干旋风分离器，每个旋风分离器筒体顶部配置有百叶窗（波形板）分离器，它们的主要作用是将由上升管引入的汽水混合物进行汽和水的初步分离。在汽包内的中上部，水平装设蒸汽清洗孔板，其上有清洁给水层，当蒸汽穿过水层时，便将溶于蒸汽或携带的部分盐分转溶于水中，以降低蒸汽的含盐。靠近汽包的顶部设有多孔板，均匀汽包内上升蒸汽流，并将蒸汽中的水分进一步分离出来。汽包中心线以下150mm左右设有事故放水管口，正常水位线下约200mm处设有连续排污管口，再下面布置加药管。下降管入口处还装设了十字挡板，以防止下降管口产生旋涡斗，造成下降管带汽。

Je2F5050　电站锅炉中，常用的安全阀有哪两种？每种安全阀的工作原理是什么？

答：常用的安全阀有弹簧安全阀和脉冲式安全阀两种。

弹簧安全阀工作原理：在正常压力下，弹簧力大于蒸汽作用于阀瓣上的力，使密封面密合。当蒸汽压力超过规定值，蒸汽作用于阀瓣上的压力大于弹簧的作用力，使弹簧受到压缩，阀瓣被推离阀座，安全阀开启，排汽降压。当介质压力降低到使作用于阀瓣上的力小于弹簧的作用力时，弹簧力又将阀瓣推回阀座，密封面重新合上，安全阀关闭。

脉冲式安全阀，由主安全阀和脉冲安全阀（弹簧或重锤式）及连接管组成。当容器内压力超过规定值时，将脉冲阀打开，蒸汽进入主阀活塞上部，借蒸汽压力使活塞向下移动，打开主阀，排汽降压。当压力降低到一定程度时，脉冲阀关闭，蒸汽停止进入主阀活塞上部，主阀在弹簧力作用下关闭。

Je2F5051　大型锅炉受热面设备安装找正的依据是什么？找正有什么特点？

答：悬吊锅炉设备找正，设备位置以顶板梁纵横中心线为找正依据，标高以钢架 1m 标高线为基准，向上测量定位的各联箱标高点为找正依据。汽包锅炉的设备位置确定方法同上，但还应保证汽包与相关受热面设备的前后位置，以保证顶部联络管的安装。

现代大型锅炉受热面设备由于较大、较重，安装大多采取组合与散件相结合的安装方式。由于锅炉柱距较大，设备多而重，安装的周期较长等原因，随着设备质量的不断增加，顶板大梁弯曲挠度增加，以及安装过程中的其他原因，造成设备移位，标高、位置产生偏差等。因此，设备找正分初找和终找进行，初步找正时考虑设备的下沉，可预先将联箱抬高 5～10mm，位置找正后将设备进行加固固定。待设备基本安装完毕，连接顶部联络管之前，进行最终调整找正。顶部联络管连接后，再发生偏差是无法调整的，因此，初找是基础、终调整是关键，必须认真做好每一步的找正工作。

Je1F4052　运行中，水冷壁常出现哪些缺陷？如何消除？

答：水冷壁常发生的缺陷有管子变形，管内结垢，腐蚀，管子烧粗和磨损，管子拉钩挂钩损坏等。

（1）管子烧粗和鼓包，是由于局部管壁金属温度过高所致。所以，在检查水冷壁时，局部鼓包和管子胀粗超过原管径的3.5%时，就要更换新管。

（2）管子弯曲变形的修理方法有两种：一种是炉内校直，再一种是炉外校直。如果管子弯曲不大，而且数量不多，可以采用局部加热校直的方法。如果管子弯曲缺陷较大而且数量较多，就应把它们先割下来，拿到炉外校直，再装回原位焊好；属于超温变形的就要更换新管子。

（3）水冷壁拉钩、挂钩脱落、烧坏。在锅炉进行一段时间后，水冷壁拉钩、挂钩就烧坏，造成水冷壁管不整齐，所以，检修中发现拉钩、挂钩烧坏时，要打开炉墙将水冷壁拉回原位，恢复拉钩、挂钩。

（4）水冷壁管磨损仅发生在燃烧器、三次风口、吹灰器打焦孔口等周围的个别地方，对于燃烧器、三次风口的磨损，可以装防磨条和护瓦；对于吹灰器口、打焦孔周围的磨损，可以从调整喷嘴来完成；磨损超过原壁的 1/3 时，要更换新管。

（5）水冷壁管内壁结垢、腐蚀，经化学鉴定超过标准时应更新。

Je1F4053　水冷壁的形式主要有哪几种？采用膜式水冷壁的优点有哪些？

答：锅炉水冷壁主要有以下几种：① 光管式水冷壁；② 膜

式水冷壁；③ 内壁螺旋槽水冷壁；④ 销钉式水冷壁（也叫刺管水冷壁）。这种水冷壁是在光管表面按要求焊上一定长度的圆钢，以利敷设和固定耐火材料，主要用于液态排渣炉、旋风炉及某些固态排渣炉的燃烧器区域。

膜式水冷壁有两种形式，一种是用轧制成型的鳍片管焊成，另一种是在光管之间焊钢而形成。主要优点有：① 膜式水冷壁将炉膛严密地包围起来，充分地保护着炉墙，因而炉墙只需敷上保温材料及密封涂料，而不用耐火材料。所以，简化了炉墙结构，减轻了锅炉总质量。② 炉膛气密性好，漏风少，减少了排烟损失，提高了锅炉热效率。③ 易于造成水冷壁的大组合件，因此，安装快速方便。

Je1F4054　锅炉受热面管子焊接前，对焊口有哪些要求？

答：（1）受热面管的对接焊缝，不允许布置在管子的弯曲部分，而应布置在管子的直段部分，其焊口距弯曲起点不小于管直径，且不小于100mm。

（2）除冷拉焊口外，不得强力对口。

（3）管子对口端面的偏斜值应符合下列要求：

$D \leqslant 60mm$　　$\Delta f \leqslant 0.5mm$

$D \leqslant 159mm$　　$\Delta f \leqslant 1mm$

$D \leqslant 219mm$　　$\Delta f \leqslant 1.5mm$

$D > 219mm$　　$\Delta f \leqslant 2mm$

其中：D 为管子外径；Δf 为偏斜值。

（4）按要求在管端加工出坡口，管子对口的端头内外壁10～15mm范围内，应清除油垢、铁锈，露出金属光泽。

（5）对口中心线的偏差值，用直尺或样板检查，在距焊缝中心200mm处，离缝不大于2mm。

（6）焊口应内壁平齐，错口值应符合下列要求：

单面焊接的局部不应大于壁厚的10%，且不大于1mm。

双面焊接的局部不应大于壁厚的10%，且不大于3mm。

Je1F5055　一次上升管屏的直流锅炉为什么要把管屏分成许多独立的回路？为什么用小口径水冷壁管？

答：在一次垂直上升的管屏中，各管屏的受热总是不均匀的。当个别管屏的热负荷较大时，工质热焓及平均比体积增大，水阻力增加，该屏流量减少，而该屏中流量的减少又进一步增大工质的热焓和比体积，使热偏差达到相当严重的程度，发生膜态沸腾，这种不正常的工况容易导致该管屏金属温度剧增而使管子爆破。如果把管屏的宽度减少，即减少同一管屏的并联管数，则在同样的炉膛温度场分布情况下，可减少各屏或同屏各管间的热力不均，因而可减少热偏差。所以一次垂直上升管屏的直流锅炉都是沿炉膛四周把管屏分成许多独立的回路，然后在各回路入口前装节流调节阀，并根据炉壁上热负荷的分布情况，对进水量作相应的调节，使各个管屏的管壁温度大致一样。

当锅炉工况变动时，在并联工作的管子间，可能出现脉动现象。由于直流锅炉各受热面之间并无固定分界，脉动将引起流量、蒸发量及出口汽温的周期性波动。消除脉动最有效的方法是在加热区段进口加装节流阀(或节流圈)，使进口压力提高，减小汽水密度差；当蒸发开始点产生的局部压力升高时，对进口工质流量影响减小。因节流阀易被侵蚀，一般在加热区采用较小直径的管子，以提高该区段流动阻力，来防止脉动。另外，采用较小直径水冷壁管，在相同的炉膛和管子中心节距时，可提高质量流速，有利于水动力特性的稳定，又可防止沸腾传热恶化。

Je1F5056　论述带压缩空气附加装置的弹簧安全阀调整程序。

答：（1）做好调整前准备工作。① 检查安全阀各部位、系统，确认其正常。② 在集汽联箱上装好经过校验的标准压力表，装好汽包上的压力表。③ 准备好专用工具，通信设施、临时照明良好。④ 压缩空气系统投入运行，接通压力继电器电源。⑤ 进行技术交底、安全交底工作。

（2）按照规程，锅炉点火升压。

（3）安全门吹洗检验。当汽压升至接近动作压力时，按各安全阀的起座顺序（先高后低）手动操作，使每个安全阀起座一次。

（4）按照起跳压力从高到低的顺序，逐个安全阀进行机械动作的调整。调整时，其他安全阀卡死，以免误动作。具体办法为汽压缓慢上升，预先解除该安全阀压缩空气，待到起跳压力（过高或过低时的动作都不算）时不能自行起跳，则降压至工作压力后，调整盘形弹簧的松紧。再继续升压，直至安全阀自行跳与回座，并且起跳压力符合要求为止。

（5）投入附加装置进行调整。当汽包及过热器全部安全阀自跳压力都符合要求后，全部投入压缩空气，接通压力继电器电源，升压至安全门接近机械起跳压力，使每个安全阀均自动、手动各起跳一次。

Je1F5057　受热面管子为什么要进行通球？球直径如何选取？怎样进行通球？

答：通球检查管子内径变小情况，是否畅通，弯头处截面变形等情况。通球的球直径应按管子外径 D_1 和弯头处弯曲半径 R 的值来选定，见表 F-1。

通球试验应在通球之前先用压缩空气吹扫管子内部 1～2min，清除灰屑等物，然后选取相应的球。第一次先用钢球，以除去焊瘤、药渣、锈垢等物；第二次可用木球，通球压力一般选用 0.4～0.6MPa。若通不过，可用多球连续或提高压力来冲击；仍不过时可通烧红钢球，摸热处即是堵塞处，割管去除，再焊上。

表 F-1　球径的确定

弯曲半径 R ＼ 管子外径 D_1 (mm)	$D_1 \geqslant 60$	$32 < D_1 < 60$	$D_1 \leqslant 32$
$2.5D_1 \leqslant R$	$0.90D_0$*	$0.85D_0$	$0.75D_0$
$1.8D_1 \leqslant R \leqslant 2.5D_1$	$0.80D_0$	$0.80D_0$	$0.75D_0$
$1.4D_1 \leqslant R \leqslant 1.8D_1$	$0.75D_0$	$0.75D_0$	$0.75D_0$
$R < 1.4D_1$	$0.70D_0$	$0.70D_0$	$0.70D_0$

* D_0—管子内径，mm。

Je1F5058　合金钢管或壁厚大于 36mm 的低碳钢管焊接后为什么要进行热处理？

答：主要是为了提高焊口的质量。对合金钢管子焊口进行热处理的目的是：① 消除焊口的应力，防止焊口和热影响区产生裂纹；② 提高焊口和热影响区的金属机械性能，增加韧性；③ 改善焊口和热影响区管壁的金属组织。

但是对于用氩弧焊或低氢焊条施焊的焊缝：① 壁厚小于或等于 10mm 的 15CrMo 钢；② 壁厚小于或等于 6mm 的 12Cr1MoV；③ 壁厚小于或等于 6mm，且含碳小于或等于 0.15%，铬小于或等于 2.5%的铬钼钢。属于以上条件之一者可不做热处理。

Jf4F3059　金属外壳上为什么要装接地线？

答：在金属外壳上安装保护地线是一项安全用电的措施，它可以防止人体触电事故。设备内的电线外层绝缘磨损，灯头开关等绝缘外壳破裂，以及电动机绕组漏电等，都会造成该设备的金属外壳带电。当外壳的电压超过安全电压时，人体触及后就会危及生命安全，如果在金属外壳上接入可靠的地线，就能使机壳与大地保持等电位（即零电位），人体触及后不会发生触电事故，从而保证人身安全。

La2F3060　循环流化床锅炉固体物料回送装置应满足哪些要求？

答：（1）使物料能够稳定、通畅地流动。

（2）能克服负压差，有效防止气体返窜，并成功将固体颗粒送回床层。

（3）方便控制物料流量，以适应锅炉运行工况变化的要求。

Lc2F5061　技术交底的方式有哪些？

答：（1）书面交底。这种以书面方式进行交底的优点是内容明确，有据可查，能够责任到人，交底效果好。

（2）会议交底。以会议的方式传达交底内容，适用于多工种同时交叉作业时，既可以传达各专业交底内容，还可以将组织布置和协作意图交代给与会者。

（3）口头交底。用于工作人员少，操作时间短，工作内容简单的项目。

（4）挂牌交底。将交底内容、质量要求写在标牌上，挂在施工场所，这种方式适用于操作内容及人员固定的分项工程。

（5）样板交底。对质量和外在感观要求较高的项目，可组织高水平工人先作样板，其他工人现场观摩，使公式依此为样板。

（6）模型交底。为使操作者直观深刻理解系统的相互关系和关键部位，可做成模型进行交底。

以上方式各具特点，可灵活运用，也可并用。

Lc1F5062　施工项目管理的主要内容有哪些？

答：（1）建立施工项目管理组织。项目管理的首要职能是建立高效率的管理体制和组织机构，这是项目成功的自制保证。

（2）施工项目的计划管理。是对施工项目预期目标进行统筹安排等一系列活动的总称，对总体目标进行计划，对施工项目各项活动进行周密安排，从而使施工项目在合理的工期内，以较低的造价，高质量地完成任务。

（3）施工项目的目标控制。对施工项目的各项目标进行全过程的科学监控，包括进度目标、质量目标、成本目标、安全目标、施工现场目标等。

（4）施工项目的生产要素管理。对劳动力、材料、资金、技术、设备等生产要素进行优化配置和动态管理。

（5）合同管理。合同中规定了建设单位和施工单位的经济关系，确定了工程实施和工程管理的目标，是解决争执的依据，也是工程施工顺利进行的基本保障。因此，必须从项目开始就加强合同管理。

（6）施工项目的信息管理。对施工项目的技术、经济、施工、人事等信息，用先进的管理手段，是信息流与物资流接近同步，缩短管理周期。

Jd2F4063　循环流化床锅炉的燃烧系统工作过程是什么？

答：在燃煤循环流化床锅炉的燃烧系统中，首先将煤加工成一定粒度范围的宽筛分煤，由给料机经给煤口送入炉膛流化床密相区进行燃烧，细颗粒物料将进入稀相区继续燃烧，并有部分随烟气飞出炉膛。飞出炉膛的大部分细颗粒由固体物料分离器分离后，经返料器送回炉膛多次循环燃烧，可进行多次循环，颗粒在循环过程中进行燃烧和传热。燃烧过程中产生的大量高温烟气流入尾部烟道，分别经过热器、再热器、省煤器、空气预热器等受热面进入除尘器进行除尘，最后由引风机排至烟囱进入大气。

Jd1F3064　循环流化床锅炉布风装置的作用是什么？

答：布风装置的主要作用有：

（1）支撑床料。

（2）使空气均匀地分布，并提供足够的动压头，使床料和物料均匀地流化，避免勾流、腾涌、气泡尺寸过大、流化死区等不良现象的出现。

（3）及时排出那些已基本烧透、流化性能差、有在布风板上沉积倾向的大颗粒，避免流化分层，保证正常流化状态不被破坏，维持安全生产。

Jd1F4065　请简要叙述一下MPS磨的工作原理。

答：磨煤机通过碾磨、干燥和分离三个过程把原煤磨制成具有一定细度和水分要求的合格煤粉。

（1）碾磨。在电动机驱动下，通过减速机带动磨煤机磨盘转动，磨盘上的三个辊子在磨盘的带动下转动，经落煤管进来的原煤分布在磨盘上，由于加载力的作用，磨辊与磨盘之间产生挤压使大颗粒煤被压碎。靠磨辊与磨盘的相对运动产生的滑动摩擦力实现小颗粒煤被碾碎。

（2）干燥。原煤在磨内被碾磨的同时，一次热风进入磨内进行干燥，达到规定的要求。

（3）分离。碾磨后的煤粉，通过一次风携带输送进入分离器进行分离。分离器将合格煤粉输送出磨煤机送入直吹式燃烧器进行燃烧，不合格的粗煤粉回到磨盘上进行重磨。煤中的杂物，如石子煤和铁块、石块、木块等，由于自重不能被吹起输送，通过离心力作用甩到喷嘴口处，落入一次风室经刮板将其刮入排渣箱内。

Jf2F3066　多台起重机台吊同一重物时，应遵循哪些规定？

答：（1）绑扎时应根据各起重机的允许起重量按比例分配负荷。

（2）在起重过程中，各台起重机的吊钩、钢丝绳应保持垂直，升降行走应保持同步。各台起重机所承受的载荷不得超过各自的允许起重量。

Jf1F3067　季节性施工安全技术措施主要应做好什么工作？

答：（1）夏季施工安全措施。夏季气候炎热，高温时间长，主要应做好防暑降温工作。

（2）雨季施工安全措施。雨季主要应做好防汛、防触电、防坍塌、防台风的工作。

（3）冬季施工安全措施。冬季作业主要应做好防风、防火、防滑、防煤气中毒等工作。

4.2 技能操作试题

4.2.1 单项操作

行业：电力工程　　工种：锅炉受热面安装　　等级：中

编号		C04A001	行为领域	e	鉴定范围	4
考核时限		30min	题型	A	题分	20
试题正文		检修油枪				
其他需要说明的问题和要求		1. 油枪点火杆卡位 2. 要求单独进行操作处理 3. 现场就地操作、演示，不得触动运行设备 4. 注意安全，要文明操作、演示				
工具、材料、设备、场地		工具：扳手等 设备：运行中的油枪 环境场地：运行中的油枪停火后不能正常点火，发现油枪点火杆卡位				
评分标准	序号	操作步骤及方法	质量要求		满分	扣分
	1	检查 仔细检查油枪状况，对点火杆进行几次手工操作	检查认真、细致		4	操作不认真，扣1～3分
	2	拔出点火杆 放冷后检查是否变形，如有变形，进行校正	检查、校正准确		6	检查不认真，校正不准确，扣1～5分
	3	校正后，插入套管，手工推进，如顺利，则完成处理；否则检测是否有棱角的阻碍，最后提出解决方案	处理成功，或者阐明问题原因，并提出合理的解决方案		10	校正后不能顺利进出或不能提出处理方案，扣1～5分

行业：电力工程　　工种：锅炉受热面安装　　等级：初/中

编　号	C54A002	行为领域	e	鉴定范围	2
考核时限	20min	题　型	A	题　分	20
试题正文	安装滑动支架				
其他需要说明的问题和要求	1. 在一已安装好的管道上安装滑动支架 2. 要求单独进行操作处理 3. 现场就地操作、演示 4. 注意安全，要文明操作、演示 5. 光谱分析员配合工作				
工具、材料、设备、场地	工具：电焊设备、扳手 材料：滑动支架及其附件 场地：施工现场				

评分标准	序号	操作步骤及方法	质　量　要　求	满分	扣　分
	1	清点设备，对合金部件进行光谱分析	清点细致，光谱分析无漏项	5	对每件合金件进行光谱分析，如未检查，扣3～5分
	2	支吊架生根部分安装	动作熟练，安装正确	8	生根部位不正确，扣1～3分
	3	根部找正点焊	找正准确，点焊牢靠	3	找正不正确，点焊不牢靠，扣1～3分
	4	调整根部，进行焊接	调整正确，焊接可靠	4	调整不到位，焊接不可靠，扣2分

行业：电力工程　　工种：锅炉受热面安装　　等级：初/中

<table>
<tr><td>编　　号</td><td>C54A003</td><td>行为领域</td><td>e</td><td>鉴定范围</td><td>1</td></tr>
<tr><td>考核时限</td><td>1h</td><td>题　　型</td><td>A</td><td>题　　分</td><td>20</td></tr>
<tr><td>试题正文</td><td colspan="5">制作弯头样板</td></tr>
<tr><td>其他需要说明的问题和要求</td><td colspan="5">1. 制作一个ϕ108 的虾米弯弯头样板（要求为 90° 四节弯头）
2. 要求单独进行操作处理
3. 现场就地操作、演示，不得触动运行设备
4. 注意安全，要文明操作、演示</td></tr>
<tr><td>工具、材料、设备、场地</td><td colspan="5">工具：尺子、圆规、钢笔、剪刀
材料及设备：硬纸
场地：施工现场</td></tr>
<tr><td rowspan="7">评分标准</td><td>序号</td><td>操作步骤及方法</td><td>质　量　要　求</td><td>满分</td><td>扣　　分</td></tr>
<tr><td>1</td><td>做坐标线，以 O 点为圆心，以弯管半径 R 面弧交于两坐标</td><td>动作熟练，方法正确</td><td>4</td><td>方法不正确，扣 3 分</td></tr>
<tr><td>2</td><td>以 $a=\frac{\phi}{2n-2}$ 等分 90°，并过 O 作射线（ϕ=90°，n=4）</td><td>公式运用正确</td><td>2</td><td>公式运用不正确，扣 2 分</td></tr>
<tr><td>3</td><td>过等分射线与半径所过圆弧的交点，作射线的垂线，得各节的中心线</td><td>思路清晰，方法正确</td><td>4</td><td>方法不正确，扣 3 分</td></tr>
<tr><td>4</td><td>在各节中心线两旁画出圆管的投影线，为弯头立面图</td><td></td><td>4</td><td>投影线不正确，扣 3 分</td></tr>
<tr><td>5</td><td>根据首尾节立面图做圆周，展开图即为首尾节样板</td><td></td><td>2</td><td>展开不正确，扣 2 分</td></tr>
<tr><td>6</td><td>将首尾节样图直线边在相反方向再做一道尾节，合起来即得到中间节样板</td><td>中间节样板正确</td><td>4</td><td>中间节样板不正确，扣 4 分</td></tr>
</table>

行业：电力工程　　工种：锅炉受热面安装　　等级：中

编　号	C04A004	行为领域	e	鉴定范围	4
考核时限	30min	题　型	A	题　分	20
试题正文	检修漏油的油枪				
其他需要说明的问题和要求	1. 对一试运期间经常出现漏油的油枪进行现场处理 2. 要求单独进行操作、处理 3. 现场就地操作、演示，不得触动运行设备 4. 注意安全，要文明操作、演示				
工具、材料、设备、场地	工具：扳手 材料：油枪垫片、破布 现场：试运现场				

评分标准	序号	操作步骤及方法	质量要求	满分	扣分
	1	办理工作票，检修油枪	办理工作票后方可检修	10	未办工作票，扣10分
	2	检查漏点 如果发现油枪进油管接口漏油，说明其结合面内专用垫片被损坏，打开后部锁紧装置，更换垫片，装好锁紧装置。如果是螺纹连接处漏油，则用扳手拧紧螺纹连接装置	动作熟练，判断准确，措施得当	10	检查漏点不准确，措施不得当，扣5分

行业：电力工程　　工种：锅炉受热面安装　　等级：初

编　　号	C05A005	行为领域	e	鉴定范围	2
考核时限	20min	题　　型	A	题　　分	20
试题正文	研磨阀门				
其他需要说明的问题和要求	1. DN50，PN4 的截止阀已解体，要求单独进行操作处理 2. 现场就地操作、演示，不得触动运行设备 3. 注意安全，要文明操作、演示				
工具、材料、设备、场地	工具：研磨头、扳手 材料：研磨膏、阀门 场地：施工现场				

评分标准	序号	操作步骤及方法	质　量　要　求	满分	扣　　分
	1	加工研磨头、研磨座、研磨杆等工具	加工件有可操作性	5	加工件无操作性，扣 4 分
	2	粗磨	粗磨细致	4	粗磨不细致，扣 3 分
	3	细磨	细磨细致	5	细磨不细致，扣 3 分
	4	精磨。阀芯、阀座对磨，用研磨膏加机油轻轻来回研磨，顺时针转 60°～100°，反时针转 40°～90°，直至研磨合格，并在阀芯和阀座上可以看到一圈很细的黑线即可	动作熟练，精磨细致，轻拿轻放	6	精磨不细致，扣 3 分

行业：电力工程　　工种：锅炉受热面安装　　等级：初/中

<table>
<tr><td>编　号</td><td colspan="2">C54A006</td><td>行为领域</td><td>e</td><td>鉴定范围</td><td>1</td></tr>
<tr><td>考核时限</td><td colspan="2">40min</td><td>题　型</td><td>A</td><td>题　分</td><td>20</td></tr>
<tr><td>试题正文</td><td colspan="6">制作导向支座</td></tr>
<tr><td>其他需要说明的问题和要求</td><td colspan="6">1. δ=3mm 的钢板，[10 槽钢，∟30×3 的角钢做长为 160mm 的导向支座
2. 要求单独进行操作处理
3. 现场就地操作演示，不得触动运行设备
4. 注意安全，要文明操作、演示</td></tr>
<tr><td>工具、材料、设备、场地</td><td colspan="6">工具：电焊设施和工具、火焊设施和工具、直尺
材料：δ=3mm 的钢板，[10 的槽钢，∟30×3 的角钢
场地：施工现场</td></tr>
<tr><td rowspan="5">评分标准</td><td>序号</td><td>操作步骤及方法</td><td colspan="2">质量要求</td><td>满分</td><td>扣　分</td></tr>
<tr><td>1</td><td>划线下料
分别下 L=160mm 的 [10 槽钢一段，240mm×200mm 的钢板一块，L=240mm 的角钢两段。（其中 240mm 为一大约值，具体可在 220～260mm）</td><td colspan="2">要求划线准确，动作熟练</td><td>5</td><td>下料不正确，扣 5 分</td></tr>
<tr><td>2</td><td>在钢板上划线，要求对称，且两线相距 100mm</td><td colspan="2">划线准确</td><td>5</td><td>划线不正确，扣 3 分</td></tr>
<tr><td>3</td><td>以第二步的定位线为依据，将角钢点焊在钢板上</td><td colspan="2">工艺美观，点焊牢固</td><td>5</td><td>工艺不美观，点焊不牢固，操作不正确，扣 3 分</td></tr>
<tr><td>4</td><td>将 L=160mm 的槽钢焊在两角钢之间</td><td colspan="2">焊接可靠</td><td>5</td><td>焊接不可靠，扣 3 分</td></tr>
</table>

行业：电力工程　　工种：锅炉受热面安装　　等级：初/中

编　号	C54A007	行为领域	e	鉴定范围	3
考核时限	60min	题　型	A	题　分	20
试题正文	单片蛇形管排水压试验				
其他需要说明的问题和要求	1. 要求单独进行操作处理 2. 现场就地操作、演示，不得触动运行设备 3. 注意安全，要文明操作、演示				
工具、材料、设备、场地	工具：扳手、升压泵、电焊设施和工具、火焊设施和工具 材料：压力表、阀门、钢管、堵板 场地：施工现场				

评分标准	序号	操作步骤及方法	质　量　要　求	满分	扣　分
	1	制作水压堵头	制作正确	4	制作不正确，扣2分
	2	制作放气点	制作正确	4	制作不正确，扣2分
	3	进行升压 当达到实验压力的10%时，初步检查，如无泄漏，则升至工作压力	升压速度不应大于0.3MPa/min	6	升压速度不准确，扣4分
	4	检查无泄漏，则升到实验压力，保持20min	升到试验压力，压力保持时间正确	3	压力保持不够，扣3分
	5	保持20min后降至工作压力，彻底检查	检查彻底	3	检查不彻底，扣2分

行业：电力工程　　工种：锅炉受热面安装　　等级：初/中

编　号	C43A008	行为领域	e	鉴定范围	1
考核时限	30min	题　型	A	题　分	20
试题正文	圆钢一端套丝				
其他需要说明的问题和要求	1. ϕ16、L=1000mm 的圆钢一端套出 L=200mm 的右螺纹 2. 要求单独进行操作处理 3. 现场就地操作、演示，不得触动运行设备 4. 注意安全，要文明操作、演示				
工具、材料、设备、场地	工具：直尺、虎钳、板牙 材料：ϕ16、L=1000mm 的圆钢 场地：施工现场				

评分标准	序号	操作步骤及方法	质量要求	满分	扣分
	1	将坯杆端部倒30°角，以使板牙找正	动作熟练，倒角正确	3	倒角不正确，扣2分
	2	将坯杆夹在虎钳中间，不许露出过长，以免变形	方法准确	3	方法不正确，扣2分
	3	两手顺时针旋转板牙架，用力要均匀，板牙架要保持水平，每旋转1/2周时，应倒转1/4周，以便切断切屑。攻丝时加注适量的冷却润滑液	操作方法正确	6	方法不正确，扣3分
	4	在套丝过程中，应采用可调板牙，分2～3次套成，这样既省力，又能保证螺纹质量	螺纹质量符合要求	8	未保证螺纹质量，扣4分

行业：电力工程　　工种：锅炉受热面安装　　　等级：初

<table>
<tr><td colspan="2">编　　号</td><td>C05A009</td><td>行为领域</td><td>e</td><td>鉴定范围</td><td>1</td></tr>
<tr><td colspan="2">考核时限</td><td>30min</td><td>题　　型</td><td>A</td><td>题　　分</td><td>20</td></tr>
<tr><td colspan="2">试题正文</td><td colspan="5">配制平垫铁</td></tr>
<tr><td colspan="2">其他需要说明的问题和要求</td><td colspan="5">1. 配制 δ=20mm、120mm×240mm 平垫铁，要求单独进行操作处理
2. 现场就地操作、演示，不得触动运行设备
3. 注意安全，要文明操作、演示
4. 平垫铁需四周倒角</td></tr>
<tr><td colspan="2">工具、材料、设备、场地</td><td colspan="5">工具：1.5m 钢板尺、火焊设施和工具、角磨机
材料：δ=20mm 钢板
场地：施工现场</td></tr>
<tr><td rowspan="5">评分标准</td><td>序号</td><td>操作步骤及方法</td><td colspan="2">质　量　要　求</td><td>满分</td><td>扣　　分</td></tr>
<tr><td>1</td><td>操作前准备：安装皮带，调整压力待用，钢板按要求划线</td><td colspan="2">准备完善</td><td>5</td><td>准备不完善，扣4分</td></tr>
<tr><td>2</td><td>切割、修整</td><td colspan="2">切割平整，放线时预留 5mm 左右的切割余量</td><td>10</td><td>切割不平整，扣5分</td></tr>
<tr><td>3</td><td>用角磨机打去毛刺，并将垫铁四周倒角</td><td colspan="2">打磨必须彻底</td><td>3</td><td>打磨不彻底，扣2分</td></tr>
<tr><td>4</td><td>复查尺寸</td><td colspan="2">尺寸复查准确</td><td>2</td><td>复查尺寸不准确，扣1分</td></tr>
</table>

行业：电力工程　　工种：锅炉受热面安装　　等级：高/技师

<table>
<tr><td colspan="2">编　　号</td><td>C32A010</td><td>行为领域</td><td>e</td><td>鉴定范围</td><td>2</td></tr>
<tr><td colspan="2">考核时限</td><td>4h</td><td>题　　型</td><td>A</td><td>题　　分</td><td>20</td></tr>
<tr><td colspan="2">试题正文</td><td colspan="5">组合受热面</td></tr>
<tr><td colspan="2">其他需要说明的问题和要求</td><td colspan="5">1. 在搭设好的支架上进行组合
2. 要求单独进行操作处理
3. 现场就地操作、演示，不得触动运行设备
4. 注意安全，要文明操作、演示</td></tr>
<tr><td colspan="2">工具、材料、设备、场地</td><td colspan="5">工具：电焊设施和工具、火焊设施和工具、玻璃管水平仪、水平尺、记号笔、光谱分析仪
材料：设备、型材、钢球
场地：施工现场</td></tr>
<tr><td rowspan="5">评分标准</td><td>序号</td><td>操作步骤及方法</td><td colspan="2">质　量　要　求</td><td>满分</td><td>扣　　分</td></tr>
<tr><td>1</td><td>组合前各项准备，如清点编号，设备检查，光谱分析等</td><td colspan="2">设备清点必须认真、细致</td><td>5</td><td>各项准备工作不到位，扣4分</td></tr>
<tr><td>2</td><td>联箱划线、就位、找正</td><td colspan="2">联箱找正准确</td><td>5</td><td>找正不正确，扣3分</td></tr>
<tr><td>3</td><td>管子通球，对口，焊接</td><td colspan="2">对口时杜绝出现错口、拆口等现象</td><td>7</td><td>出现错口、拆口等现象，扣5分</td></tr>
<tr><td>4</td><td>其他附件的组合</td><td colspan="2">附件组合正确</td><td>3</td><td>附件组合不正确，扣2分</td></tr>
</table>

行业：电力工程　　工种：锅炉受热面安装　　等级：中/高

<table>
<tr><td>编　　号</td><td colspan="2">C43A011</td><td>行为领域</td><td>e</td><td>鉴定范围</td><td>2</td></tr>
<tr><td>考核时限</td><td colspan="2">60min</td><td>题　　型</td><td>A</td><td>题　　分</td><td>2</td></tr>
<tr><td>试题正文</td><td colspan="6">组合对流过热器</td></tr>
<tr><td>其他需要说明的问题和要求</td><td colspan="6">1. 要求单独进行操作处理
2. 现场就地操作演示，不得触动运行设备
3. 注意安全，要文明操作、演示</td></tr>
<tr><td>工具、材料、设备、场地</td><td colspan="6">工具：电焊设施和工具、火焊设施和工具、玻璃管水平仪、水平尺、记号笔、光谱分析仪
材料：设备、型材及管材、钢球
场地：施工现场</td></tr>
<tr><td rowspan="5">评分标准</td><td>序号</td><td>操作步骤及方法</td><td colspan="2">质　量　要　求</td><td>满分</td><td>扣　　分</td></tr>
<tr><td>1</td><td>组合前应对管排进行清点、编号、通球、清理、光谱复查</td><td colspan="2">联箱的标高偏差不超过±5mm</td><td>3</td><td>各项准备工作不到位，扣2分</td></tr>
<tr><td>2</td><td>搭设组合支架。组合支架搭好后，要经过验收，符合要求后方可使用</td><td colspan="2">联箱的水平偏差不超过3mm</td><td>5</td><td>组合支架搭设不可用，扣4分</td></tr>
<tr><td>3</td><td>联箱就位、找正、固定</td><td colspan="2">联箱间中心线距离误差不超过±5mm</td><td>5</td><td>找正不正确，扣3分</td></tr>
<tr><td>4</td><td>管排组合。为了使蛇形管与联箱对口方便，可在联箱上部横梁临时装设一幅Π形门架和链条葫芦，在单片对口组合时可灵活、方便得多</td><td colspan="2">联箱间对角线偏差不超过10mm
管排间的间隙应均匀，偏差不超过±5mm
管排中个别管子凸出不平齐度不超过20mm
蛇形管自由端不齐误差不超过±10mm</td><td>7</td><td>组合方法不正确，扣4分</td></tr>
</table>

行业：电力工程　　工种：锅炉受热面安装　　　　等级：中

编　　号	C04012	行为领域	e	鉴定范围	1
考核时限	20min	题　　型	A	题　　分	20
试题正文	制作大小头				
其他需要说明的问题和要求	1. 用ϕ133×4.5mm 的无缝钢管做成 L=250mm、ϕ133×108mm 的大小头 2. 单独进行操作处理 3. 现场就地操作、演示，不得触动运行设备 4. 注意安全，要文明操作、演示				
工具、材料、设备、场地	工具：电焊设施和工具、火焊设施和工具 材料：ϕ133 管子 1m，榔头 场地：施工现场				

评分标准	序号	操作步骤及方法	质　量　要　求	满分	扣　　分
	1	下料 下大于 260mm 管段，两管口修平	管口平整，无缝隙	3	管口不平整，扣 2 分
	2	割管 将管子的一端割出 100mm 长的缝隙若干条	割线均匀平行，且与管子中心线平行，割线数目大于 6	5	割线不均匀，扣 3 分
	3	加工定形 用榔头将割开的一端加工成 ϕ108 的圆口	ϕ108 圆口尺寸误差小于 5，过渡管过渡自然	8	定形误差大，扣 4 分
	4	检查，修改 将多余的长度去掉	长度及其他尺寸符合要求，工艺美观	4	检查，不符合要求，扣 2 分

行业：电力工程　　工种：锅炉受热面安装　　等级：技师/高技

编号	C21A013	行为领域	e	鉴定范围	2
考核时限	60min	题型	A	题分	20
试题正文	吊装受热面组件				
其他需要说明的问题和要求	1. 受热面吊装前的准备 2. 单独进行操作处理 3. 现场就地操作、演示，不得触动运行设备 4. 注意安全，要文明操作、演示				
工具、材料、设备、场地	工具：钢卷尺、弹簧秤、机具、索具 材料：安全网、临时走道 场地：施工现场				

评分标准	序号	操作步骤及方法	质量要求	满分	扣分
	1	现场的临时设施基本完成	消防水源在现场已接通，电焊机电源、夜间施工照明都已准备就绪	2	每项操作完一项要检查良好，未检查，扣1～5分
	2	所有吊装用的机具、索具等均已配齐，经检查、维护已具备使用条件	孔洞临时封闭，临时走道扶梯已搭设，安全网已布置，组件的检查工作必须认真、细致	4	若有漏项，扣1～5分，漏重要项目全题不得分
	3	现场的安全设施是否已完全按规定布置好，并经过全面检查		4	
	4	对组件进行一次全面检查：检查人力、工具材料等是否已准备就绪	安全带经过试验合格，高空工具加好绑绳；施工交底让每个人员明了自己的任务，以便相互之间能更好地协助、配合	6	未交底施工，扣4分
	5	组织一次吊装前的技术全面交底会议		4	

行业：电力工程　　工种：锅炉受热面安装　　　等级：中/高

<table>
<tr><td colspan="2">编　　号</td><td>C43A014</td><td>行为领域</td><td>e</td><td>鉴定范围</td><td>2</td></tr>
<tr><td colspan="2">考核时限</td><td>30min</td><td>题　　型</td><td>A</td><td>题　　分</td><td>20</td></tr>
<tr><td colspan="2">试题正文</td><td colspan="5">联箱划线</td></tr>
<tr><td colspan="2">其他需要说明的问题和要求</td><td colspan="5">1. 要求单独进行操作处理
2. 现场就地操作、演示，不得触动运行设备
3. 注意安全，要文明操作、演示</td></tr>
<tr><td colspan="2">工具、材料、设备、场地</td><td colspan="5">工具：线绳、玻璃管水平仪、样冲、榔头
现场：支架上放置一联箱
场地：设备组合场</td></tr>
<tr><td rowspan="7">评分标准</td><td>序号</td><td>操作步骤及方法</td><td>质量要求</td><td>满分</td><td colspan="2">扣　　分</td></tr>
<tr><td>1</td><td>沿一排管座两边拉两面三刀条平等的切线，做此两线的一部分线，即为管座中心线</td><td>划线方法精确</td><td>3</td><td colspan="2">划线方法不正确，扣3分</td></tr>
<tr><td>2</td><td>按图核对各排管座中心线的实际弧长，从而检查各排管间的实际夹角。弧长公式：
$$C=\frac{\pi ad}{360}$$</td><td>公式运用正确，计算严密</td><td>4</td><td colspan="2">公式运用不正确，扣4分</td></tr>
<tr><td>3</td><td>按图画出联箱纵向中心线</td><td>中心线正确</td><td>3</td><td colspan="2">中心线不正确，扣3分</td></tr>
<tr><td>4</td><td>按联箱实际长度，参照各管座中心线位置，找出纵向中心线中点。以此为准向联箱两边分别量出相等距离，定出两个基准点，并打上冲眼。然后用垂直线法，分别做出通过这两个基准点的圆周线</td><td>方法得当</td><td>4</td><td colspan="2">方法不正确，扣4分</td></tr>
<tr><td>5</td><td>用钢卷尺分别围在两个圆周线上，从基准点开始，定出四个等分点，从而定出联箱纵向十字中心线</td><td>十字中心线正确</td><td>3</td><td colspan="2">十字中心线不正确，扣3分</td></tr>
<tr><td>6</td><td>垫平联箱，用玻璃管水平仪检查两端对应等分点是否在同一水平面上。如有扭曲，则向扭曲的反方向转移两端某等分点，重新定出两端的四个等分点</td><td>测量方法正确</td><td>3</td><td colspan="2">测量方法不正确，扣2分</td></tr>
</table>

行业：电力工程　　工种：锅炉受热面安装　　等级：初/中

编　　号	C54A015	行为领域	e	鉴定范围	2
考核时限	30min	题　　型	A	题　　分	20
试题正文	组合吊杆				
其他需要说明的问题和要求	1. 一根水冷壁吊杆 2. 单独进行操作处理 3. 注意安全，要文明操作、演示				
工具、材料、设备、场地	工具：榔头、扳手 材料：螺栓松动剂、润滑剂 场地：设备组合场				

评分标准	序号	操作步骤及方法	质　量　要　求	满分	扣　　分
	1	吊杆放置 吊杆可在吊车配合下放在道木上	动作熟练	4	吊杆放置不平整，扣2分
	2	螺母从内向外旋出	螺母完全旋出	2	螺母未完全旋出，扣2分
	3	定位 将螺母由外向里旋入，根据图纸要求预留在外边的螺纹数	外留螺纹数正确	4	外留螺纹数不正确，扣3分
	4	根据图纸安装吊夹	安装方法正确	7	方法不正确，扣3分
	5	根据设计对锁紧螺母进行点焊	点焊位置与图纸相符	3	点焊不牢靠，扣2分

行业：电力工程　　工种：锅炉受热面安装　　等级：高

编　　号	C32A016	行为领域	e	鉴定范围	1
考核时限	40min	题　　型	A	题　　分	20
试题正文	制作漏斗				
其他需要说明的问题和要求	1. 制作一个大径$\phi 200$，小径$\phi 38$，高 h=160mm 的漏斗 2. 单独进行操作处理 3. 现场就地操作、演示，不得触动运行设备 4. 注意安全，要文明操作、演示				
工具、材料、设备、场地	工具：圆规、直尺、剪刀 材料：δ=2mm 的白铁皮 场地：施工现场				

评分标准	序号	操作步骤及方法	质　量　要　求	满分	扣　　分
	1	计算：根据勾股定理计算出 R $\sqrt{r_1^2+(r_1-r_2)^2}+\dfrac{\sqrt{r_1^2+(r_1-r_2)^2}}{r_1-r_2}\times r_2$	计算准确	6	计算不正确，扣 5 分
	2	以 R 为半径画弧，在弧上截取 $L_1=\phi_1 200R$，过其中点引圆心的直线	计算准确		方法不正确，扣 3 分
	3	以 $\dfrac{\sqrt{r_1^2+(r_1-r_2)^2}}{r_1-r_2}\times r_2$ 为半径画弧，取弧 L_2 使其 $L_2=\phi 38$，且按步骤 2 的连线平分此弧	计算准确	5	计算不正确，扣 5 分
	4	连接步骤 2 和步骤 2 形成的弧端点，则两条连线与两个弧共同形成了漏斗的表面	步骤正确	5	步骤不正确，扣 3 分

行业：电力工程　　工种：锅炉受热面安装　　等级：中/高

编　　号	C43A017	行为领域	e	鉴定范围	2
考核时限	50min	题　　型	A	题　　分	20
试题正文	安装疏水管道				
其他需要说明的问题和要求	1. 无布置图 2. 单独进行操作处理 3. 现场就地操作、演示，不得触动运行设备 4. 注意安全，要文明操作、演示				
工具、材料、设备、场地	工具：电焊设施和工具、火焊设施和工具、葫芦、钢板尺、水平尺 材料：疏水管、阀门、支吊架 场地：施工现场				

评分标准	序号	操作步骤及方法	质　量　要　求	满分	扣　　分
	1	考察现场，统筹规划，进行布局	布置合理	3	布置不合理，扣2分
	2	管线走向不影响通道，力求整齐、美观、简捷	走向正确	3	走向影响通道，扣2分
	3	阀门布置便于操作，多个阀门区要排列整齐，间隔均匀	阀门布置合理	5	阀门布置不合理，扣4分
	4	管道应有不少于0.2%的坡度，并能自由膨胀，不影响其他部件的热膨胀	坡度准确	5	坡度不准确，扣2分
	5	支吊架间距合理，结构牢固，不影响膨胀	支吊架布置正确	4	支吊架布置不正确，扣3分

行业：电力工程　　工种：锅炉受热面安装　　等级：中/高

<table>
<tr><td>编　　号</td><td colspan="2">C43A018</td><td>行为领域</td><td>e</td><td>鉴定范围</td><td>2</td></tr>
<tr><td>考核时限</td><td colspan="2">60min</td><td>题　　型</td><td>A</td><td>题　　分</td><td>20</td></tr>
<tr><td>试题正文</td><td colspan="6">组合包墙过热器</td></tr>
<tr><td>其他需要说明的问题和要求</td><td colspan="6">1. 组合支架已搭设好
2. 要求单独进行操作处理
3. 现场就地操作、演示，不得触动运行设备
4. 注意安全，要文明操作、演示</td></tr>
<tr><td>工具、材料、设备、场地</td><td colspan="6">工具：电焊设施和工具、火焊设施和工具、葫芦、钢板尺、水平尺、玻璃管水平仪
材料：包墙过热器管排、集箱、型材及管材（搭设支架）
场地：施工现场</td></tr>
<tr><td rowspan="6">评分标准</td><td>序号</td><td>操作步骤及方法</td><td colspan="2">质量要求</td><td>满分</td><td>扣分</td></tr>
<tr><td>1</td><td>设备的清点、检查、划线、编号</td><td colspan="2">组件长度偏差不超过±10mm</td><td>3</td><td>设备清点不彻底，扣2分</td></tr>
<tr><td>2</td><td>集箱上架进行找正</td><td colspan="2">联箱自身水平误差应不超过2mm</td><td>6</td><td>找正方法不正确，扣4分</td></tr>
<tr><td>3</td><td>基准管的组合</td><td colspan="2">联箱间中心线垂直距离允许误差不超过±3mm</td><td>4</td><td>组合位置不正确，扣2分</td></tr>
<tr><td>4</td><td>管子对口组合</td><td colspan="2">包墙管屏平面个别管子突出不超过±5mm</td><td>4</td><td>对口出现错口、拆口现象，扣3分</td></tr>
<tr><td>5</td><td>刚性梁的组合</td><td colspan="2">组件两端联箱间两根对角线之差不超过±10mm
包墙组件宽度误差每米允许2mm，全宽误差不超过15mm</td><td>3</td><td>组合方法不正确，扣3分</td></tr>
</table>

行业：电力工程　　工种：锅炉受热面安装　　等级：初

<table>
<tr><td>编　号</td><td>C05A019</td><td>行为领域</td><td>e</td><td>鉴定范围</td><td>1</td></tr>
<tr><td>考核时限</td><td>50min</td><td>题　型</td><td>A</td><td>题　分</td><td>20</td></tr>
<tr><td>试题正文</td><td colspan="5">安装截止阀</td></tr>
<tr><td>其他需要说明的问题和要求</td><td colspan="5">1. 两端固定的管段上加装截止阀（DN50，pN4）
2. 要求单独进行操作处理
3. 现场就地操作、演示，不得触动运行设备
4. 注意安全，要文明操作、演示</td></tr>
<tr><td>工具、材料、设备、场地</td><td colspan="5">工具：扳手（15″）、电焊设施和工具、割把、其他火焊切割设施和工具
材料：pN25，DN80 的截止阀一只，对焊法兰，两条双头螺栓，16 套 TS908 垫片
场地：有一根长 2m 两端焊孔的ϕ89 套管</td></tr>
<tr><td rowspan="7">评分标准</td><td>序号</td><td>操作步骤及方法</td><td>质量要求</td><td>满分</td><td>扣分</td></tr>
<tr><td>1</td><td>在地面对法兰和截止阀进行组装（不加垫片），然后对其长度进行测量，得长度L_1</td><td>组合方法正确</td><td>2</td><td>组合方法不正确，扣 2 分</td></tr>
<tr><td>2</td><td>依据步骤 1 得到的数据 L_1，在直管上截取等于 L_1 或稍小于 L_1 的直管</td><td>计算准确</td><td>3</td><td>计算不准确，扣 2 分</td></tr>
<tr><td>3</td><td>将组件拆开，采用合理的方法将一片法兰与直管的一端对口焊接</td><td>拆开合理</td><td>4</td><td>拆开不合理，扣 3 分</td></tr>
<tr><td>4</td><td>将截止阀与步骤 3 安装的法兰连接，连接后进行水平找正，然后将另一片法兰与其连接</td><td>连接方法正确</td><td>3</td><td>连接方法不正确，扣 3 分</td></tr>
<tr><td>5</td><td>对另一端管子进行尺寸测量，最后划线切割，然后与法兰对口焊接</td><td>切割工艺美观</td><td>3</td><td>切割工艺不美观，扣 2 分</td></tr>
<tr><td>6</td><td>检查安装结果，加上垫片，对螺栓进行紧固</td><td>螺栓紧固方法正确</td><td>5</td><td>螺栓紧固方法不正确，扣 3 分</td></tr>
</table>

行业：电力工程　　工种：锅炉受热面安装　　等级：高/技师

编　　号		C32A020	行为领域	e	鉴定范围	1
考核时限		40min	题　　型	A	题　　分	20
试题正文		整定弹簧组件				
其他需要说明的问题和要求		1. 要求单独进行操作处理 2. 现场就地操作、演示，不得触动运行设备 3. 注意安全，要文明操作、演示				
工具、材料、设备、场地		工具：千斤顶、电焊工具、钢板尺、石笔 材料：弹簧、弹簧盒、圆钢 场地：安装现场				
评分标准	序号	操作步骤及方法	质　量　要　求	满分	扣　　分	
	1	安装前应该核对、验收弹簧组件与图纸（支架一览表）的要求是否符合	核对认真	5	核对不认真，扣3分	
	2	看清弹簧上的指示牌，指示牌上标明有名称和支吊架编号，并有绿色箭头和黄色箭头，表示运行荷载位置和冷态荷载位置	检查细致	5	检查不细致，扣3分	
	3	水压前不得将定位销取出，水压后根据定位销的状态对花篮螺丝进行调整，直到轻松取出定位销	操作合理	5	操作不合理，扣3分	
	4	运行前检查位移指示器是否在，运行后检查位移指示器是否在原处，记录备案	施工记录齐全	5	无施工记录，扣2分	

行业：电力工程　　工种：锅炉受热面安装　　等级：初/中

编　号		C54A021	行为领域	e	鉴定范围	2
考核时限		40min	题　型	A	题　分	20
试题正文		安装膨胀指示器				
其他需要说明的问题和要求		1. 在包墙下集箱右后角安装 2. 要求单独进行操作处理 3. 现场就地操作、演示，不得触动运行设备 4. 注意安全，要文明操作、演示				
工具、材料、设备、场地		工具：电焊设施和工具、火焊设施和工具、记号笔 材料及设备：膨胀指示牌 2 个、指针 2 个、∟36×3 角钢、指针套管 现场：未保温的包墙下集箱				
评分标准	序号	操作步骤及方法	质　量　要　求	满分	扣　分	
	1	清点设备，设计安装思路		5	清点设备不仔细，扣 3 分	
	2	对指针套管进行安装，两个套管共用一根角钢，角钢生根于集箱的护带上	指针套管和角钢连接，美观牢固，但不能直接生根在联箱上	5	安装位置不正确，扣 3 分	
	3	根据两个指针的安装位置，分别对两个指示牌进行安装，指示牌要满足向后、向下和向右膨胀量的指示。指示牌角钢生根于锅炉的平台上	角钢安装布置合理，不影响旁边其他设备的运行和人员通行。指示牌位置方向正确，能实现对集箱处向后、向右、向下膨胀量的记录	5	指示方向不正确，扣 5 分	
	4	在指示器上用记号笔标上零点	标记正确，整个指示器安装工艺美观	5	标记零点不正确，扣 4 分	

行业：电力工程　　工种：锅炉受热面安装　　等级：高/技师

<table>
<tr><td colspan="2">编　　号</td><td>C32A022</td><td>行为领域</td><td>e</td><td>鉴定范围</td><td>2</td></tr>
<tr><td colspan="2">考核时限</td><td>50min</td><td>题　　型</td><td>A</td><td>题　　分</td><td>20</td></tr>
<tr><td colspan="2">试题正文</td><td colspan="5">安装焊接流量孔板</td></tr>
<tr><td colspan="2">其他需要说明的问题和要求</td><td colspan="5">1. 要求单独进行操作处理
2. 现场就地操作、演示，不得触动运行设备
3. 注意安全，要文明操作、演示</td></tr>
<tr><td colspan="2">工具、材料、设备、场地</td><td colspan="5">工具：电焊、火焊设施和工具、钢卷尺、水平尺
材料：流量孔板
现场：一根已安装好的ϕ89×4.5mm 立管，符合流量孔板的直管段要求</td></tr>
<tr><td rowspan="5">评分标准</td><td>序号</td><td>操作步骤及方法</td><td colspan="2">质　量　要　求</td><td>满分</td><td>扣　　分</td></tr>
<tr><td>1</td><td>测量划线：对流量孔板计算书进行阅读，得到对孔板前后直管段的要求长度，对流量孔板进行长度测量，根据所测结果在管子上划线</td><td colspan="2">测量准确，直管上节流孔板前后的直管段长度满足说明书要求</td><td>5</td><td>划线方法不正确，扣5分</td></tr>
<tr><td>2</td><td>根据划线割管，在割管时要采取措施保证氧化铁和其他杂物不掉入管口内</td><td colspan="2">管内未掉入杂物</td><td>5</td><td>管内掉入杂物，扣3分</td></tr>
<tr><td>3</td><td>对流量孔板组件在地面组合，组合时保证孔板方向为“小进大出”，并在组件外表标上记号。并且保证热工测点在同一侧，然后进行焊接</td><td colspan="2">孔板方向正确，并标记号</td><td>5</td><td>孔板方向不正确，扣5分</td></tr>
<tr><td>4</td><td>对组合好的孔板进行安装焊接，保证孔板方向，不出现错口、折口</td><td colspan="2"></td><td>5</td><td>未保证孔板方向，出现错口、折口，扣5分</td></tr>
</table>

行业：电力工程　　工种：锅炉受热面安装　　等级：中/高

编　号	C43A023	行为领域	e	鉴定范围	1
考核时限	30min	题　型	A	题　分	20
试题正文	制作椭圆垫子的模板				
其他需要说明的问题和要求	1. 要求单独进行操作处理 2. 现场就地操作、演示，不得触动运行设备 3. 注意安全，要文明操作、演示				
工具、材料、设备、场地	工具：圆规、三角板、铅笔、剪刀 材料：硬纸 场地：施工现场				

评分标准	序号	操作步骤及方法	质 量 要 求	满分	扣　分
	1	作长轴 AB 和短轴 CD，连接 AC，并在 AC 上取 $E1=OA-OC$	动作熟练，方法正确	7	方法不正确，扣5分
	2	作出 AE 的垂直一部分线，与长短轴分别交于 O_1，O_2，再找出对称点 O_3，O_4	思路清晰，计算准确	6	计算不准确，扣5分
	3	以 O_1，O_2，O_3，O_4 各点为圆心，以 O_1A，O_2C，O_3B，O_4D 为半径，分别画弧，即得所求的相似椭圆	工艺美观	7	思路不清，扣3分

行业：电力工程　　工种：锅炉受热面安装　　等级：初/中

编　号	C54A024	行为领域	e	鉴定范围	1
考核时限	40min	题　型	A	题　分	20
试题正文	解体检查 J41H-25K　DN32 阀门				
其他需要说明的问题和要求	1. 要求单独进行操作处理 2. 现场就地操作、演示，不得触动运行设备 3. 注意安全，要文明操作、演示				
工具、材料、设备、场地	工具：扳手、印泥 材料及设备：J41H-25K　DN32 阀门 场地：施工现场				

评分标准	序号	操作步骤及方法	质量要求	满分	扣分
	1	松开阀盖和阀体连接螺栓，拔起阀盖	方法正确	5	方法不正确，扣3分
	2	拆掉阀芯	工作细致	5	工作不细致，扣3分
	3	外观检查： 对检查结果完成技术记录	检查结果正确	5	检查结果不正确，扣3分
	4	色印检查结合面： 对检查结果完成技术记录，如有问题，提出解决方案	检查结果正确，提出方案可行	5	检查结果不正确，提出方案不可行，扣5分

行业：电力工程　　工种：锅炉受热面安装　　等级：中/高

编　　号		C43A025	行为领域	e	鉴定范围	1
考核时限		50min	题　　型	A	题　　分	20
试题正文		制作一个弯管器				
其他需要说明的问题和要求		1. 主要弯制ϕ10 和ϕ12 钢管 2. 要求单独进行操作处理 3. 注意安全，要文明操作、演示				
工具、材料、设备、场地		工具：火焊、电焊设备，扳手，角磨机 材料：一大一小两个钢轮（带内槽），ϕ16 圆钢铁，ϕ42×5mm 钢管 1m，钢板 场地：施工现场				
评分标准	序号	操作步骤及方法	质　量　要　求	满分	扣　　分	
	1	下料 在钢板上割下一块作为弯管器底座	思路清晰，动作熟练	3	下料方法不正确，扣 3 分	
	2	将大盘固定在底座上	工艺美观	3	固定不正确，扣 3 分	
	3	用圆钢制作弯管器主臂，在确定好位置后将小盘安装在主臂上	步骤正确，动作熟练	4	步骤不正确，扣 3 分	
	4	将做好的立臂组件安装在大盘上的轴上，采用适当方法安装，使立臂能自由转动	大小盘间距适当，工艺美观	4	大小盘间距不适当，工艺不美观，扣 3 分	
	5	试弯一根ϕ12 的管子	弯管器弯管效果良好	6	弯管器弯管效果不好，扣 4 分	

<table>
<tr><td>编　　号</td><td>C54A026</td><td>行为领域</td><td>e</td><td>鉴定范围</td><td>1</td></tr>
<tr><td>考核时限</td><td>40min</td><td>题　　型</td><td>A</td><td>题　　分</td><td>20</td></tr>
<tr><td>试题正文</td><td colspan="5">制作 90° 弯管</td></tr>
<tr><td>其他需要说明的问题和要求</td><td colspan="5">1. 用热弯方法，将ϕ42×5mm 的管子弯成一个半径为 160mm 的 90° 弯管一个
2. 要求单独进行操作处理
3. 现场就地操作，演示，不得触动运行设备
4. 注意安全，要文明操作、演示</td></tr>
<tr><td>工具、材料、设备、场地</td><td colspan="5">工具：火焊设施和工具、钢卷尺
材料：ϕ42×5mm 的管子、砂子
场地，施工现场</td></tr>
</table>

<table>
<tr><td rowspan="7">评分标准</td><td>序号</td><td>操作步骤及方法</td><td>质　量　要　求</td><td>满分</td><td>扣　　分</td></tr>
<tr><td>1</td><td>烘砂</td><td>动作熟练</td><td>3</td><td>动作不熟练，扣 1 分</td></tr>
<tr><td>2</td><td>装砂</td><td>动作熟练</td><td>3</td><td>动作不熟练，扣 1 分</td></tr>
<tr><td>3</td><td>加热</td><td>不能过度加热，出现起皮甚至局部烧化现象</td><td>4</td><td>过度加热，扣 2 分</td></tr>
<tr><td>4</td><td>弯制</td><td>用力恰当，速度无效</td><td>4</td><td>用力不恰当，扣 2 分</td></tr>
<tr><td>5</td><td>清砂</td><td>动作熟练</td><td>2</td><td>动作不熟练，扣 1 分</td></tr>
<tr><td>6</td><td>尺寸检查</td><td>弯曲半径符合 160mm 弯管角度 90°，弯管椭圆度不超标，弯管没有起皮等过热现象，弯管外形美观</td><td>4</td><td>尺寸检查不细致，扣 2 分</td></tr>
</table>

行业：电力工程　　工种：锅炉受热面安装　　等级：初/中

编　　号	C54A027	行为领域	e	鉴定范围	1
考核时限	30min	题　　型	A	题　　分	20
试题正文	钢板钻孔				
其他需要说明的问题和要求	1. 给一个 200mm×200mm，δ=3mm 的钢板中央钻一个ϕ8 的孔 2. 要求单独进行操作处理 3. 现场就地操作、演示，不得触动运行设备 4. 注意安全，要文明操作、演示				
工具、材料、设备、场地	工具：样冲、三角尺、台钻 材料：200mm×200mm，δ=3mm 的 A3 钢板一块 场地：施工现场				

评分标准	序号	操作步骤及方法	质量要求	满分	扣分
	1	工件画线：画线后要用样冲打出深眼	动作熟练，画线正确	3	画线不正确，扣3分
	2	选择和安装钻头，根据孔径选钻头，检查钻头是否锋利和对称	动作熟练	3	动作不熟练，扣1分
	3	装夹工作	动作熟练，用时少	3	动作不熟练，扣1分
	4	调整机床，按钻关直径调整转速	动作步骤正确，钻后的孔径为ϕ8	5	动作步骤不正确，扣2分
	5	钻孔操作：先试钻，检查孔中心是否正确，校正后再钻深，快钻透时减速，在钻的过程中加冷却液		6	钻孔操作不正确，扣3分

行业：电力工程　　工种：锅炉受热面安装　　等级：高

<table>
<tr><td colspan="2">编　　号</td><td>C03A028</td><td>行为领域</td><td>e</td><td>鉴定范围</td><td>1</td></tr>
<tr><td colspan="2">考核时限</td><td>50min</td><td>题　　型</td><td>A</td><td>题　　分</td><td>20</td></tr>
<tr><td colspan="2">试题正文</td><td colspan="5">制作对口卡子</td></tr>
<tr><td colspan="2">其他需要说明的问题和要求</td><td colspan="5">1. 制作一个螺纹丝杆结构的对口卡子
2. 要求单独进行操作处理
3. 现场就地操作演示，不得触动运行设备
4. 注意安全，要文明操作、演示</td></tr>
<tr><td colspan="2">工具、材料、设备、场地</td><td colspan="5">工具：电焊设施和工具，乙炔，氧气割把等设备
材料：L45×3mm 角钢、长螺杆、弓形弯钢、螺母
场地：施工现场</td></tr>
<tr><td rowspan="5">评分标准</td><td>序号</td><td>操作步骤及方法</td><td colspan="2">质　量　要　求</td><td>满分</td><td>扣　　分</td></tr>
<tr><td>1</td><td>根据对口卡子的实际情况下料</td><td colspan="2">卡子的角钢每段不能小于 50mm，不能大于 150mm</td><td>3</td><td>下料不正确，扣 3 分</td></tr>
<tr><td>2</td><td>将螺母和弓形钢焊接，将角钢的一段和另一段焊接</td><td colspan="2">动作熟练</td><td>4</td><td>方法不正确，扣 2 分</td></tr>
<tr><td>3</td><td>螺杆无螺纹的一端，焊一个手柄，将组合件旋入螺母，在螺杆的另一头焊接另一段角钢</td><td colspan="2">两段角钢平等正对，卡子调节性能良好</td><td>10</td><td>卡子调节性能不好，扣 5 分</td></tr>
<tr><td>4</td><td>找两段 $\phi 45$ 的管子试用对口卡子</td><td colspan="2">能方便地实现对口卡子功能</td><td>3</td><td>对口卡子不可用，扣 2 分</td></tr>
</table>

行业：电力工程　　工种：锅炉受热面安装　　等级：高

编　号	C03A029	行为领域	e	鉴定范围	1
考核时限	40min	题　型	A	题　分	20
试题正文	制作下料样板				
其他需要说明的问题和要求	1. 在ϕ159 的管道上垂直插入一等直径支管，作出此支管的下料样板 2. 要求单独进行操作处理 3. 现场就地操作、演示，不得触动运行设备 4. 注意安全，要文明操作、演示				
工具、材料、设备、场地	工具：划规、直尺、三角板、铅笔 材料；硬纸 场地：施工现场				

评分标准	序号	操作步骤及方法	质量要求	满分	扣分
	1	做直插三通的正投影图	动作熟练，测量数据准确	2	测量数据不准确，扣 2 分
	2	在正投影上方中心线做半径圆，并等分此圆周	计算准确，动作连贯	2	计算不准确，扣 2 分
	3	由各等分点向正投影图做垂线，并交于相贯线	方法正确		方法不正确，扣 2 分
	4	在支管上合适高度做与支管中心线垂直的线，以此量取到正投影相贯线各点的长度	计算准确	4	计算不准确，扣 3 分
	5	做一直线，使之长度为支管周长，并按支管等分圆等分此直线，并在各等分点做垂线	思路清晰	4	思路不清晰，扣 2 分
	6	将步骤 4 量取的长度在相应等分点垂线上取长	步骤正确	3	步骤不正确，扣 2 分
	7	连接步骤 6 各取长点，即为支管下料样板	下料正确	2	下料结果不正确，扣 2 分

行业：电力工程　　工种：锅炉受热面安装　　等级：技师

编　　号		C02A030	行为领域	e	鉴定范围	1
考核时限		50min	题　　型	A	题　　分	20
试题正文		锅炉酸洗工序				
其他需要说明的问题和要求		1. 要求单独进行操作处理 2. 现场就地操作、演示，不得触动运行设备 3. 注意安全，要文明操作、演示				
工具、材料、设备、场地		工具：阀门扳手 材料及设备：酸洗药品、清洗泵、加酸泵 场地：施工现场				
评分标准	序号	操作步骤及方法	质　量　要　求	满分	扣　　分	
	1	系统试验，清水冲洗。向溶液箱进除盐水，启动循环泵，系统进行冲洗	受热面内壁表面洁净，无残留的氧化铁皮和焊渣	3	系统试验不彻底，扣2分	
	2	碱洗。系统内充满除盐水，系统加热到一定温度后加碱，循环8～10h	内表面应无二次浮铁，并形成了保护膜	5	方法不正确，扣2分	
	3	酸洗。系统加酸，循环1～2h	腐蚀率应小于10g/（m^2·h）	5	循环时间不够，扣3分	
	4	漂洗。用大量除盐水冲洗系统		4	除盐水水量不够，扣3分	
	5	钝化。系统加入药品，循环钝化3～4h		2	钝化效果不好，扣2分	
	6	废液排放		1	废液排放不合理，扣1分	

行业：电力工程　　　工种：受热面安装工　　　等级：初/中

序　　号	C54A031	行为领域	e	鉴定范围	1
考核时间	40min	难度等级	A	题　　分	20
试题正文	管子对口				
需要说明的问题和要求	1. 组对一个管子对口，点焊好，具备焊接条件 2. 要求单独进行操作处理 3. 注意安全，要文明操作				
工具、材料、设备、场地	工具：对口卡子、半圆锉、砂布、对口样板或500mm钢板尺、直角尺、塞尺或塞规、磨光机、卷尺、扳手、小榔头等常用工具 材料：φ60×6.5mm、材料20 G的管子两根 设备：电焊工具一套、台虎钳等固定管子的设备				
评分标准	序号	操作步骤及方法	质　量　要　求	满分	扣　　分
	1	工器具的检查	工器具检查	3	工器具未检查或不正确，扣3分
	2	对口	对口前，应将焊口做出坡口，坡口面及管内外壁10～15mm范围内清除铁锈、泥土、漆、油等污物	4	清理不干净，扣4分
			两根管子的中心线应在一条直线上，对口间隙应符合规定1～2mm	4	对口间隙不符合规定，扣4分
	3	点焊固定	管口对好后，用点焊法固定	2	点焊不牢固，扣2分
	4	复查中心线偏差	管口点焊好后，应检查管子中心线的偏差值，距离焊口中心200mm处的偏差值不得大于2mm	4	未复查中心线偏差，扣4分
	5	文明施工	工完料净场地清	3	不文明施工扣3分

行业：电力工程　　工种：受热面安装工　　等级：中/高

<table>
<tr><td>序　　号</td><td>C43A032</td><td>行为领域</td><td>e</td><td>鉴定范围</td><td>3</td></tr>
<tr><td>考核时限</td><td>60min</td><td>难度等级</td><td>A</td><td>题　　分</td><td>20</td></tr>
<tr><td>试题正文</td><td colspan="5">修复紫铜垫</td></tr>
<tr><td>需要说明的问题和要求</td><td colspan="5">1. 要求单独进行操作处理
2. 注意安全，要文明操作演示</td></tr>
<tr><td>工具、材料、设备、场地</td><td colspan="5">紫铜垫、烤把工具一套、80～120 目的砂布、一盆冷水</td></tr>
</table>

<table>
<tr><td rowspan="6">评分标准</td><td>序号</td><td>操作步骤及方法</td><td>质　量　要　求</td><td>满分</td><td>扣　　分</td></tr>
<tr><td>1</td><td>工器具的检查</td><td>工器具检查不正确</td><td>2</td><td>工器具未检查或检查不当，扣 2 分</td></tr>
<tr><td>2</td><td>检查旧紫铜垫表面</td><td>应无沟槽，紫铜垫内、外径 1/3 内应无其他缺陷</td><td>5</td><td>未检查旧紫铜垫表面，扣 5 分</td></tr>
<tr><td>3</td><td>退火</td><td>用烤把将紫铜垫加热至红色，放入事先准备好的冷水中急速冷却</td><td>5</td><td>未退火或操作步骤不正确，扣 5 分</td></tr>
<tr><td>4</td><td>擦亮</td><td>用 80～120 目的砂布擦亮即可重复使用</td><td>5</td><td>未擦亮，扣 5 分</td></tr>
<tr><td>5</td><td>文明施工</td><td>工完料净场地清</td><td>3</td><td>不文明施工扣 3 分</td></tr>
</table>

行业：电力工程　　　工种：受热面安装工　　　等级：高/技师

<table>
<tr><td>编　　号</td><td>C32A033</td><td>行为领域</td><td>e</td><td>鉴定范围</td><td colspan="2">3</td></tr>
<tr><td>考核时限</td><td>120min</td><td>难度等级</td><td>B</td><td>题　　分</td><td colspan="2">30</td></tr>
<tr><td>试题正文</td><td colspan="6">更换阀门盘根</td></tr>
<tr><td>需要说明的问题和要求</td><td colspan="6">1. 要求单独进行操作
2. 注意安全，文明操作</td></tr>
<tr><td>工具、材料、设备、场地</td><td colspan="6">工具：切盘根的裁刀、盘根钩，及 15in 活扳手、改锥等常用专用工具
材料：PN25，DN80 的截止阀一个、盘根、石墨粉及棉丝等耗材
设备：固定阀门的配套设备</td></tr>
<tr><td rowspan="5">评分标准</td><td>序号</td><td>操作步骤及方法</td><td>质　量　要　求</td><td>满分</td><td colspan="2">扣　　分</td></tr>
<tr><td>1</td><td>工器具的准备与检查</td><td>工器具的检查正确</td><td>2</td><td colspan="2">工器具，检查不正确扣 2 分</td></tr>
<tr><td>2</td><td>更换盘根时，应将盘根分层压入，并应在每层之间加入少许石墨粉，各层盘根的接头处应错开 90°～120°</td><td>将盘根分层压入，并应在每层之间加入少许石墨粉，各层盘根的接头处应错开 90°～120°</td><td>15</td><td colspan="2">盘根未分层压入，扣 5 分；每层之间未加入少许石墨粉，扣 5 分；各层盘根的接头处未错开 90°～120°，扣 5 分</td></tr>
<tr><td>3</td><td>压紧盘根压盖</td><td>盘根压盖不应偏斜，并应留有供继续压紧盘根的间隙，其预留间隙为 20～40mm（DN100mm 以下的阀门为20mm 左右，DN100mm 以上的阀门为 30～40mm）</td><td>10</td><td colspan="2">压盖偏斜，扣 5 分；预留间隙不正确，扣 5 分</td></tr>
<tr><td>4</td><td>文明施工</td><td>工完料净场地清</td><td>3</td><td colspan="2">不文明施工扣 3 分</td></tr>
</table>

4.2.2 多项操作

行业：电力工程　　工种：锅炉受热面安装　　等级：初/中

<table>
<tr><td>编　号</td><td colspan="2">C54B001</td><td>行为领域</td><td>e</td><td>鉴定范围</td><td>2</td></tr>
<tr><td>考核时限</td><td colspan="2">80min</td><td>题　型</td><td>A</td><td>题　分</td><td>30</td></tr>
<tr><td>试题正文</td><td colspan="6">ϕ32×3mm 钢管煨制 45° 等差弯</td></tr>
<tr><td>其他需要说明的问题和要求</td><td colspan="6">1. 用氧–乙炔割炬加热，直管段间距 300mm，弯曲半径 3.5D
2. 要求单独进行操作处理
3. 现场就地操作、演示
4. 注意安全，要文明操作、演示</td></tr>
<tr><td>工具、材料、设备、场地</td><td colspan="6">工具：氧–乙炔割炬、测量工具、电焊设备、弯管平台、手锤、石笔
材料：ϕ32×3mm 钢管。河沙、制作管堵用的厚 4mm 钢板
场地：施工现场</td></tr>
<tr><td rowspan="5">评分标准</td><td>序号</td><td>操作步骤及方法</td><td>质量要求</td><td>满分</td><td colspan="2">扣　分</td></tr>
<tr><td>1</td><td>管子外观检查</td><td>检查管子无麻点、裂纹、变形、凹坑，检查椭圆度、壁厚，管内无杂物堵塞</td><td>6</td><td colspan="2">如未检查，扣 1～6 分</td></tr>
<tr><td>2</td><td>充沙</td><td>沙子炒干，填砂充实，管堵焊牢</td><td>8</td><td colspan="2">沙子未炒干扣 1～3 分；充沙不实扣 3～6 分；振打时砸伤管子，扣 1～3 分</td></tr>
<tr><td>3</td><td>平台放样、焊限位</td><td>放样正确，限位铁焊位合理</td><td>8</td><td colspan="2">划线不正确，扣 5 分，限位摆放不正确扣 1～3 分</td></tr>
<tr><td>4</td><td>加热、煨制</td><td>加热弧长段正确；加热均匀；加热温度符合要求；成型后角度、直管间距正确，管子平整</td><td>8</td><td colspan="2">加热不均匀扣 1～3 分；弯头椭圆度超标扣 1～4 分；成型不正确扣 1～8 分</td></tr>
</table>

行业：电力工程　　工种：锅炉受热面安装　　等级：高/技师

<table>
<tr><td>编　　号</td><td>C32B002</td><td>行为领域</td><td>e</td><td>鉴定范围</td><td>2</td></tr>
<tr><td>考核时限</td><td>60min</td><td>题　　型</td><td>B</td><td>题　　分</td><td>30</td></tr>
<tr><td>试题正文</td><td colspan="5">组合中温再热器</td></tr>
<tr><td>其他需要说明的问题和要求</td><td colspan="5">1. 在组合架上进行
2. 要求单独进行操作处理
3. 现场就地操作、演示，不得触动运行设备
4. 注意安全，要文明操作、演示</td></tr>
<tr><td>工具、材料、设备、场地</td><td colspan="5">工具：对口卡子、电焊设施和工具、角磨机、电磨机
材料：中温再热器管排
场地：受热面组合场</td></tr>
<tr><td rowspan="4">评分标准</td><td>序号</td><td>操作步骤及方法</td><td>质　量　要　求</td><td>满分</td><td>扣　　分</td></tr>
<tr><td>1</td><td>通球，清点设备，对合金部件进行光谱分析</td><td>球径符合规范</td><td>5</td><td>检查不清，扣3分</td></tr>
<tr><td>2</td><td>联箱找正、固定</td><td>动作熟练，联箱找正合格</td><td>10</td><td>找正方法不正确，扣5分</td></tr>
<tr><td>3</td><td>安装蛇形管排
首先安装基准蛇形管，在基准蛇形管安装中，应仔细检查蛇形管与联箱管头对接情况和联箱中心距蛇形管端部的长度、偏差。待基准蛇形管找正、固定后，再安装其余管排</td><td>安装尺寸准确，步骤正确，对口无锯口、折口，安装工艺美观</td><td>15</td><td>安装不到位，步骤不正确，扣10分</td></tr>
</table>

行业：电力工程　　工种：锅炉受热面安装　　等级：中/高

<table>
<tr><td>编　　号</td><td colspan="2">C43B003</td><td>行为领域</td><td>e</td><td>鉴定范围</td><td>2</td></tr>
<tr><td>考核时限</td><td colspan="2">40min</td><td>题　　型</td><td>B</td><td>题　　分</td><td>30</td></tr>
<tr><td>试题正文</td><td colspan="6">安装压力表</td></tr>
<tr><td>其他需要说明的问题和要求</td><td colspan="6">1. 用所给的$\phi 12\times 2$mm 的钢管截止阀，一个针形阀，压力表，$L45$mm×3mm 的角钢等所给材料制作压力表框架，并安装压力表
2. 有一焊工配合
3. 现场就地演示操作，不得触动运行设备
4. 注意安全，要文明操作、演示</td></tr>
<tr><td>工具、材料、设备、场地</td><td colspan="6">工具：扳手，火焊、电焊设备，弯管器
材料设备：1 个针形阀，2 个截止阀，$\phi 12\times 2$mm 钢管，$L45$mm×3mm 角钢，紫铜垫
场地：施工现场</td></tr>
<tr><td rowspan="6">评分标准</td><td>序号</td><td>操作步骤及方法</td><td colspan="2">质　量　要　求</td><td>满分</td><td>扣　　分</td></tr>
<tr><td>1</td><td>框架制作</td><td colspan="2">工艺美观</td><td>5</td><td>工艺不美观，扣 2 分</td></tr>
<tr><td>2</td><td>表弯制作
用弯管器弯制一表弯</td><td colspan="2">表弯弧度圆滑，管圈圆度好</td><td>5</td><td>制作工艺粗糙，扣 3 分</td></tr>
<tr><td>3</td><td>在表弯上端焊接压力表接头</td><td colspan="2">动作熟练</td><td>5</td><td>动作不熟练，扣 2 分</td></tr>
<tr><td>4</td><td>在支架上布置安装表弯</td><td colspan="2">布置合理，卡子将管子固定牢固，工艺美观</td><td>10</td><td>安装方法不正确，扣 2 分</td></tr>
<tr><td>5</td><td>加紫铜垫，加装压力表</td><td colspan="2"></td><td>5</td><td>加装不牢靠，扣 2 分</td></tr>
</table>

行业：电力工程　　工种：锅炉受热面安装　　等级：高

编　号	C03B004	行为领域	e	鉴定范围	1
考核时限	40min	题　型	B	题　分	30
试题正文	矫正膜式水冷壁				
其他需要说明的问题和要求	1. 有一膜式水冷壁在吊装、搬运中变形、弯曲，进行矫正 2. 在助手吊车的配合下工作 3. 注意安全，要文明操作，演示				
工具、材料、设备、场地	工具：螺旋千斤顶（30t 左右） 设备：膜式水冷壁 场地：施工现场				

评分标准	序号	操作步骤及方法	质量要求	满分	扣分
	1	制作专用管排矫正用的龙门校面架	校面架长度和宽度与管排一致	7	制作不适用，扣5分
	2	使用两个 30t 左右的千斤顶顶倒立固定在矫正架Ⅱ形横梁下	动作熟练	7	方法不正确，扣3分
	3	找到管排弯形最大处，并将管排倒扣在矫正架上，将弯形最高面放在Ⅱ形架处	动作熟练	8	放置不正确，扣3分
	4	放上道木，用千斤顶顶压	管排恢复平整	8	管排恢复不平整，扣5分

行业：电力工程　　工种：锅炉受热面安装　　等级：中/高

编号		C43B005	行为领域	e	鉴定范围	2
考核时限		40min	题型	B	题分	30
试题正文		安装低温、高温再热器联络管				
其他需要说明的问题和要求		1. 可以在助手配合下操作 2. 注意安全，要文明操作、演示				
工具、材料、设备、场地		工具：对口卡子、电焊设施和工具、角磨机、电磨头 材料及设备：低温、高温再热器联络管 场地：安装现场				
评分标准	序号	操作步骤及方法	质量要求	满分	扣分	
	1	通球，光谱复查	动作熟练	5	检查不彻底，扣3分	
	2	对联络管的位置进行编号	编号与图纸相符	5	编号不正确，扣3分	
	3	打磨两端坡口及内外壁	打磨出金属光泽	5	打磨不彻底，扣3分	
	4	进行安装：首先安装基准联络管，基准联络管应先靠两边的两组	基准管位置确定正确	7	安装方法不正确，扣4分	
	5	对口	无错口、折口，联络管工艺美观	8	出现错口、折口，联络管工艺不美观，扣4分	

行业：电力工程　　工种：锅炉受热面安装　　等级：中/高

编　号	C43B006	行为领域	e	鉴定范围	2
考核时限	40min	题　型	B	题　分	30
试题正文	安装吹灰器				
其他需要说明的问题和要求	1. 在助手配合下工作 2. 现场就地操作演示，不得触动运行设备 3. 注意安全，要文明操作、演示				
工具、材料、设备、场地	工具：电焊、火焊设施和工具，玻璃管水平仪，水平尺，葫芦 材料：吹灰器 场地：施工现场				

评分标准	序号	操作步骤及方法	质量要求	满分	扣分
	1	检查设备，对合金部件进行光谱检查	对设备结构熟悉	5	检查不清，扣4分
	2	以水冷壁预留孔为准划定位线	划线准确	5	划线不准确，扣3分
	3	套管安装位置正确，要与水冷壁垂直	套管安装正确，与水冷壁垂直	5	套管安装不正确，扣4分
	4	对吹灰器支架或吊架进行安装，根据膨胀量调整吹灰器的水平斜度和向后的膨胀量	吹灰器支吊架安装方法正确，吹灰器的倾斜度符合图纸要求，支吊架工艺美观	15	支吊架安装不正确，膨胀量不够，扣10分

行业：电力工程　　工种：锅炉受热面安装　　等级：中/高

编　号	C32B007	行为领域	e	鉴定范围	2
考核时限	40min	题　型	B	题　分	30
试题正文	安装汽包水位计				
其他需要说明的问题和要求	1. 要求单独进行操作处理 2. 现场就地操作、演示，不得触动运行设备 3. 注意安全，要文明操作、演示				
工具、材料、设备、场地	工具：扳手 材料设备：水位计 场地：汽包小室				

	序号	操作步骤及方法	质　量　要　求	满分	扣　分
评分标准	1	检查			检查不彻底，扣10分
	1.1	检查汽水管道是否有杂物	汇报清楚无误	4	
	1.2	检查玻璃压板及云母片盖板结合面是否平整、严密，必要时进行研磨	汇报清楚无误	4	
	1.3	检查、合汽水阀的开关	汇报准确无误	4	
	1.4	检查水位计和汽包的汽连接管，应向水位计方向倾斜	汇报准确无误	4	
	1.5	检查云母的情况		4	
	2	安装 根据图纸进行安装，以汽包中心线为基准在水位计上标出正常高低水位线，其偏差不大于1mm，安装时结合面要加装紫铜垫	动作熟练，工艺美观，划线准确	10	安装方法不正确，扣10分

行业：电力工程　　工种：锅炉受热面安装　　等级：中/高

<table>
<tr><td>编　　号</td><td>C43B008</td><td>行为领域</td><td>e</td><td>鉴定范围</td><td>2</td></tr>
<tr><td>考核时限</td><td>30min</td><td>题　　型</td><td>B</td><td>题　　分</td><td>30</td></tr>
<tr><td>试题正文</td><td colspan="5">测量水冷壁管排的平整度</td></tr>
<tr><td>其他需要说明的问题和要求</td><td colspan="5">1. 现有组合好的水冷壁一片，放置在组合支架上，请对其平整度进行测量
2. 在两人配合下操作
3. 注意安全，要文明操作、演示</td></tr>
<tr><td>工具、材料、设备、场地</td><td colspan="5">工具：小钢尺3把
材料；线绳
现场：组合完成的受热面一片</td></tr>
</table>

<table>
<tr><td rowspan="5">评分标准</td><td>序号</td><td>操作步骤及方法</td><td>质　量　要　求</td><td>满分</td><td>扣　　分</td></tr>
<tr><td>1</td><td>设计测量方案</td><td>测量方法正确</td><td>4</td><td>设计测量方法不正确，扣4分</td></tr>
<tr><td>2</td><td>在受热面的一端清除受热面的杂物及沙土，用圆钢垂直立于受热面上，线绳绕在圆钢上，此处使线绳距受热面为200mm</td><td>测量思路清晰，效果明了</td><td>8</td><td>方法不正确，扣5分</td></tr>
<tr><td>3</td><td>在受热面的另一侧也立起小段圆钢，上面绕着步骤2的线绳，线绳距受热面表面200mm</td><td>施工方法正确</td><td>8</td><td>方法不正确，扣5分</td></tr>
<tr><td>4</td><td>测量：
两个助手拉紧线绳，在线绳上取五个距离相等的点，测量受热面到线绳索的距离，记下结果</td><td>测量结果准确，施工记录齐全</td><td>10</td><td>测量结果不正确，无施工记录，扣5分</td></tr>
</table>

行业：电力工程　　工种：锅炉受热面安装　　等级：中/高

<table>
<tr><td colspan="2">编　号</td><td>C43B009</td><td>行为领域</td><td>e</td><td>鉴定范围</td><td>2</td></tr>
<tr><td colspan="2">考核时限</td><td>30min</td><td>题　型</td><td>B</td><td>题　分</td><td>30</td></tr>
<tr><td colspan="2">试题正文</td><td colspan="5">找正水冷壁联箱</td></tr>
<tr><td colspan="2">其他需要说明的问题和要求</td><td colspan="5">1. 可以在助手协作下，但主要由其单独操作
2. 现场就地操作、演示，不得触动运行设备
3. 注意安全，要文明操作、演示
4. 组合支架已搭设好</td></tr>
<tr><td colspan="2">工具、材料、设备、场地</td><td colspan="5">工具：玻璃管水平仪、水平尺等
设备：水冷壁
现场：组合现场</td></tr>
<tr><td rowspan="5">评分标准</td><td>序号</td><td>操作步骤及方法</td><td colspan="2">质量要求</td><td>满分</td><td>扣　分</td></tr>
<tr><td>1</td><td>用水平尺对联箱进行初步找正，用玻璃水平仪成吊线锤的方法将联箱转正</td><td colspan="2">方法正确，动作熟练</td><td>7</td><td>方法不正确，动作不熟练，扣4分</td></tr>
<tr><td>2</td><td>用玻璃管水平仪找正联箱两端的水平</td><td colspan="2">测量方法准确</td><td>8</td><td>测量方法不准确，扣4分</td></tr>
<tr><td>3</td><td>用玻璃管水平仪测量联箱和组合架的标高，使管排与联箱标高关系正确</td><td colspan="2">数据准确，联箱得到找正</td><td>8</td><td>标高找正不正确，扣4分</td></tr>
<tr><td>4</td><td>水平、标高找好后，采取限位、固定措施</td><td colspan="2">动作熟练</td><td>7</td><td>固定不牢靠，扣5分</td></tr>
</table>

行业：电力工程　　工种：锅炉受热面安装　　等级：高

编号		C03B010	行为领域	e	鉴定范围	1
考核时限		60min	题型	B	题分	30
试题正文		安装连续排污管道				
其他需要说明的问题和要求		1. 要操作处理 2. 不得触动运行设备 3. 注意操作、演示				
工具、材料、设备、场地		工具：电焊、火焊设施和工具，玻璃管水平仪、水平尺、葫芦 材料：排污管道 场地：施工现场				
评分标准	序号	操作步骤及方法	质量要求	满分	扣分	
	1	管道下料加工	下料尺寸准确	5	下料尺寸不准确，扣4分	
	2	管道组合连接	组件划分适当	5	组件划分不适当，扣3分	
	3	支吊架生根结构安装	安装工艺美观	5	安装工艺不美观，扣3分	
	4	管道安装就位	动作熟练	5	动作不熟练，扣1分	
	5	对口焊接	无错口、折口	5	出现错口、折口，扣3分	
	6	支吊架根部管部安装	工艺美观，吊架受力	5	工艺不美观，吊架受力不均，扣3分	

行业：电力工程　　工种：锅炉受热面安装　　等级：中/高

编　　号	C32B011	行为领域	e	鉴定范围	2
考核时限	24h	题　　型	B	题　　分	30
试题正文	组合受热面				
其他需要说明的问题和要求	1. 要求在2名助手配合下操作处理 2. 现场就地操作、演示 3. 注意安全，要文明操作、演示				
工具、材料、设备、场地	工具：电焊、火焊设施和工具、记号笔 材料及设备：受热面设备 现场：现场组合				

评分标准	序号	操作步骤及方法	质量要求	满分	扣分
	1	受热面设备的清点、编号，通球试验，光谱分析	联箱间中心线平行，垂直距离和设计尺寸的误差为±3mm	4	清点不彻底，扣3分
	2	受热面组合支架的搭设	组合件联箱间两根对角线相差不应大于10mm	5	支架搭设不牢靠，扣3分
	3	联箱的画线、找正，管子就位、对口、焊接	联箱水平误差不大于2mm	9	找正方法不正确，扣8分
	4	铁件、刚性梁及其他附件的组合	相邻两管中心距离误差为±2mm	4	安装方法不正确，扣3分
	5	组合件单片的水压试验	管排平面个别管子突出、不平为±5mm 铁件安装标高误差为±2mm 组合件宽度误差每米不超过2mm，总宽不大于15mm	8	水压试验不合规范要求，扣5分

行业：电力工程　　工种：锅炉受热面安装　　等级：中

编　　号	C04B012	行为领域	e	鉴定范围	2
考核时限	40min	题　　型	B	题　　分	30
试题正文	安装汽水阀门				
其他需要说明的问题和要求	1. 要求在2名助手配合下操作处理 2. 现场就地操作、演示 3. 注意安全，要文明操作、演示				
工具、材料、设备、场地	工具：倒链、钢卷尺、三脚架 材料及设备：阀门DN100、PN4 场地：一根已安装好的ϕ89×4.5mm水平管段上安装阀门				

评分标准	序号	操作步骤及方法	质　量　要　求	满分	扣　　分
	1	阀门研磨，并经过严密性实验及光谱分析	阀门安装的位置，必须正确合理，一定要便于操作和检修，不影响通行	10	准备工作不到位，扣5分
	2	在吊装阀门时，绳索应绑扎在阀体或法兰上	阀门安装过程中，一定要保证阀门清洁，防止杂物落入阀内	10	施工方法不正确，扣5分
	3	阀门在就位及安装时，一定要弄清介质流动的方向，防止装反		10	安装方向不正确，扣10分

行业：电力工程　　工种：锅炉受热面安装　　等级：中/高

编　　号	C43B013	行为领域	e	鉴定范围	2
考核时限	4h	题　　型	B	题　　分	30
试题正文	水冷壁管排拼缝				
其他需要说明的问题和要求	1. 要求在两名助手配合下操作、处理 2. 现场就地操作、演示 3. 注意安全，要文明操作、演示				
工具、材料、设备、场地	工具：倒链，撬杠，千斤顶，电焊、火焊设施和工具 材料及设备：已安装就位的水冷壁管排 场地：锅炉现场				

	序号	操作步骤及方法	质　量　要　求	满分	扣　　分
评分标准	1	按照图纸，对水冷壁管排进行找正	管排拼缝前必须对组件的整体尺寸、垂直度、标高等精确测量	10	找正不正确，扣5分
	2	将找正好的水冷壁管排进行临时加固	拼缝间隙不易过大，否则容易烧坏拼缝材料，产生泄漏	10	加固方法不正确，扣5分
	3	对水冷壁管排进行拼缝	在拼缝点焊接时注意防止烧坏管子	10	拼缝不符要求，扣5分

行业：电力工程　　工种：锅炉受热面安装　　等级：技师

编　　号	C01B014	行为领域	e	鉴定范围	1
考核时限	4h	题　　型	B	题　　分	30
试题正文	水压试验前的检查与准备				
其他需要说明的问题和要求	1. 要求在2名助手配合下进行操作、处理 2. 现场就地操作、演示，不得触动运行设备 3. 注意安全，要文明操作、演示				
工具、材料、设备、场地	工具：手电筒 材料：记号笔、记录本 场地：安装现场				

评分标准	序号	操作步骤及方法	质　量　要　求	满分	扣　　分
	1	承压部件的安装工作是否全部完成	安装技术记录、焊接、热处理、光谱复查等记录应整理好，并齐全	5	检查不彻底，扣4分
	2	组合及安装时所用的一些临时设施是否已全部割除，并清理干净	锅炉水压试验的环境温度一般应在5℃以上，否则应有可靠的防寒防冻措施	4	检查漏项，扣2分
	3	对图纸规定的所有热膨胀部位应检查一遍，并记录其间隙尺寸		4	膨胀量不足，扣2分
	4	所有合金钢部件的光谱复查工作要全部完成		2	光谱分析不完整，扣1分
	5	临时上水、升压、放水及放汽等系统是否已装好，并且可用		5	系统不可用，扣3分
	6	对具有汽包加热装置的锅炉，应检查汽包加热系统是否装好和可靠		4	加热系统不可用，扣2分
	7	凡与其他系统连接暂无法接的，应加堵板，所有安全门在试验前应暂时卡死		6	系统不完善，扣3分

行业：电力工程　　工种：锅炉受热面安装　　　等级：初

<table>
<tr><td>编　　号</td><td colspan="2">C05B015</td><td>行为领域</td><td>e</td><td>鉴定范围</td><td>2</td></tr>
<tr><td>考核时限</td><td colspan="2">30min</td><td>题　　型</td><td>B</td><td>题　　分</td><td>30</td></tr>
<tr><td>试题正文</td><td colspan="6">受热面通球</td></tr>
<tr><td>其他需要说明的问题和要求</td><td colspan="6">1. 要求在2名助手配合下进行操作、处理
2. 现场就地操作、演示
3. 注意安全，要文明操作、演示工</td></tr>
<tr><td>工具、材料、设备、场地</td><td colspan="6">工具：空压机、橡胶软管、钢球、接球器，记号笔
材料及设备：已清点的一片受热面管排
场地：受热面组合场</td></tr>
<tr><td rowspan="5">评分标准</td><td>序号</td><td>操作步骤及方法</td><td colspan="2">质　量　要　求</td><td>满分</td><td>扣　　分</td></tr>
<tr><td>1</td><td>管子通球之前，先用压缩空气吹扫管内1～2min，以清除内部灰屑杂物</td><td colspan="2">用压缩空气将管内的杂物清理干净</td><td>5</td><td>清理不干净，扣3分</td></tr>
<tr><td>2</td><td>通球时可先吹气后放球；接球时，用接球器</td><td colspan="2">通球球径必须符合规范要求</td><td>10</td><td>方法不正确，扣5分</td></tr>
<tr><td>3</td><td>当遇到管子内有焊瘤，管内有杂物，使球不过而堵塞时，一般可先用倒吹气法将球吹出，然后适当提高气压，用两只或三只钢球连续放入管内，冲击障碍物</td><td colspan="2">通球结束后，管端必须封口</td><td>10</td><td>方法不正确，扣5分</td></tr>
<tr><td>4</td><td>如仍不过，确定被阻位置，割管处理，重新焊上新管段，直至畅通合格</td><td colspan="2"></td><td>5</td><td>处理结果不合理，扣3分</td></tr>
</table>

行业：电力工程　　工种：锅炉受热面安装　　等级：初

<table>
<tr><td colspan="2">编　　号</td><td>C05B016</td><td>行为领域</td><td>e</td><td>鉴定范围</td><td>2</td></tr>
<tr><td colspan="2">考核时限</td><td>30min</td><td>题　　型</td><td>B</td><td>题　　分</td><td>30</td></tr>
<tr><td colspan="2">试题正文</td><td colspan="5">检查设备外观</td></tr>
<tr><td colspan="2">其他需要说明的问题和要求</td><td colspan="5">1. 要求在一名助手配合下进行操作、处理
2. 现场就地操作、演示
3. 注意安全，要文明操作、演示</td></tr>
<tr><td colspan="2">工具、材料、设备、场地</td><td colspan="5">工具：钢卷尺、游标卡尺、弹簧秤
材料：钢丝、一片受热面管排
场地：设备堆放场</td></tr>
<tr><td rowspan="8">评分标准</td><td>序号</td><td>操作步骤及方法</td><td>质　量　要　求</td><td>满分</td><td colspan="2">扣　　分</td></tr>
<tr><td>1</td><td>表面缺陷检查</td><td>当缺陷深度不超过壁厚的10%时，用锉刀锉平即可。如超过壁厚的10%，要进行修补，必要时应更换</td><td>5</td><td colspan="2">每项操作完一项要检查良好，未检查扣1～5分</td></tr>
<tr><td>2</td><td>管子通球检查</td><td>联箱的长度误差不大于10mm，联箱弯曲度允许长度为0.15%</td><td>5</td><td colspan="2">若有漏项扣1～5分，重要项目全题不得分</td></tr>
<tr><td>3</td><td>管子外径与壁厚检查</td><td></td><td>4</td><td colspan="2">操作完了无施工记录，扣1～5分</td></tr>
<tr><td>4</td><td>复核钢种</td><td></td><td>4</td><td colspan="2"></td></tr>
<tr><td>5</td><td>联箱长度及弯曲度检查</td><td></td><td>4</td><td colspan="2"></td></tr>
<tr><td>6</td><td>联箱管孔（管座）中心距检查</td><td></td><td>4</td><td colspan="2"></td></tr>
<tr><td>7</td><td>清除联箱内杂物</td><td></td><td>4</td><td colspan="2"></td></tr>
</table>

行业：电力工程　　工种：锅炉受热面安装　　等级：中

编　号	C04B017	行为领域	e	鉴定范围	2
考核时限	4h	题　型	B	题　分	30
试题正文	清理汽包内部				
其他需要说明的问题和要求	1. 要求在两名助手配合下进行操作、处理 2. 现场就地操作、演示，不得触动运行设备 3. 注意安全，要文明操作、演示				
工具、材料、设备、场地	工具：钢丝刷、油漆刷 材料及设备：砂纸、破布、汽包 场地：汽包小室				

评分标准	序号	操作步骤及方法	质量要求	满分	扣分
	1	将汽包内的下降管管口进行临时封闭	下降管管口封闭及时	4	下降管管口不封闭，扣4分
	2	将汽包内的旋风分离器、波形板分离器拆除，逐件清理，编号	旋风分离器、波形板分离器除锈、除尘，露出金属光泽	8	清理不彻底，扣4分
	3	对汽包内的各种管道表面进行清理，汽包内部及筒体进行清理，复查各处焊缝有无漏焊，所有法兰结合应严密	对汽包内各种排污管道除锈，焊皮清理，所有蒸汽、给水的连接隔板应严密不漏，连接牢固可靠	8	清理不彻底，扣4分
	4	安装已清理干净的旋风分离器、波形板分离器	安装方法正确	6	安装方法不正确，扣3分
	5	拆除临时封堵	彻底拆除临时封堵	2	临时封堵不拆除，扣2分
	6	封闭汽包人孔	汽包人孔封闭严密	2	汽包人孔封闭不严密，扣2分

4.2.3 综合操作

行业：电力工程　　工种：锅炉受热面安装　　等级：中

<table>
<tr><td>编　号</td><td colspan="2">C04C001</td><td>行为领域</td><td>e</td><td>鉴定范围</td><td>2</td></tr>
<tr><td>考核时限</td><td colspan="2">60min</td><td>题　型</td><td>C</td><td>题　分</td><td>50</td></tr>
<tr><td>试题正文</td><td colspan="6">安装安全阀排汽管</td></tr>
<tr><td>其他需要说明的问题和要求</td><td colspan="6">1. 汽包安全阀阀座已经安装就位，排汽管垂直安全阀
2. 要求单独进行操作处理
3. 现场就地操作、演示，不得触动运行设备
4. 注意安全，要文明操作、演示</td></tr>
<tr><td>工具、材料、设备、场地</td><td colspan="6">工具：葫芦，机具，电焊、火焊设施和工具，记号笔，记录本
材料：安全阀排汽管道
场地：安装现场</td></tr>
<tr><td rowspan="6">评分标准</td><td>序号</td><td>操作步骤及方法</td><td>质　量　要　求</td><td>满分</td><td colspan="2">扣　分</td></tr>
<tr><td>1</td><td>检查安装阀疏水盘，并清理干净其内的杂物</td><td>工作彻底，清除干净</td><td>3</td><td colspan="2">工作不彻底，清除不干净，扣2分</td></tr>
<tr><td>2</td><td>用倒链将排汽管移至安全阀疏水盘上方</td><td>动作熟练</td><td>7</td><td colspan="2">动作不熟练，扣2分</td></tr>
<tr><td>3</td><td>用倒链控制使排汽管慢慢向疏水盘内下落，并在适当时候用倒链校正排汽管道垂直</td><td>要求留出热膨胀间隙，使汽包和管道都能自由膨胀，排汽管与疏水盘底部预留 20～30mm 空隙</td><td>10</td><td colspan="2">方法不正确，扣3分</td></tr>
<tr><td>4</td><td>用线锤复查安合阀垂直度，如不垂直，再进行调整，并对水平位置和与疏水盘的间隙进行调整</td><td>工艺美观，安装牢固</td><td>15</td><td colspan="2">调整不到位，扣5分</td></tr>
<tr><td>5</td><td>对排汽管支架进行安装</td><td>安装方法正确</td><td>15</td><td colspan="2">安装方法不正确，扣3分</td></tr>
</table>

行业：电力工程　　　工种：锅炉受热面安装　　　　等级：初/中

<table>
<tr><td>编　　号</td><td>C54B002</td><td>行为领域</td><td>e</td><td>鉴定范围</td><td>2</td></tr>
<tr><td>考核时限</td><td>80min</td><td>题　　型</td><td>A</td><td>题　　分</td><td>30</td></tr>
<tr><td>试题正文</td><td colspan="5">φ32×3mm 钢管煨制 45°等差弯</td></tr>
<tr><td>其他需要说明的问题和要求</td><td colspan="5">1. 用氧–乙炔割炬加热，直管段间距 300mm，弯曲半径 3.5D
2. 要求单独进行操作处理
3. 现场就地操作、演示
4. 注意安全，要文明操作、演示</td></tr>
<tr><td>工具、材料、设备、场地</td><td colspan="5">工具：氧–乙炔割炬、测量工具、电焊设备、弯管平台、手锤、石笔
材料：φ32×3mm 钢管。河沙、制作管堵用的厚 4mm 钢板
场地：施工现场</td></tr>
<tr><td rowspan="5">评分标准</td><td>序号</td><td>操作步骤及方法</td><td>质　量　要　求</td><td>满分</td><td>扣　　分</td></tr>
<tr><td>1</td><td>管子外观检查</td><td>检查管子无麻点、裂纹、变形、凹坑，检查椭圆度、壁厚，管内无杂物堵塞</td><td>6</td><td>如未检查，扣 1～6 分</td></tr>
<tr><td>2</td><td>充沙</td><td>沙子炒干，填砂充实，管堵焊牢</td><td>8</td><td>沙子未炒干扣 1～3 分；充沙不实扣 3～6 分；振打时砸伤管子，扣 1～3 分</td></tr>
<tr><td>3</td><td>平台放样、焊限位</td><td>放样正确，限位铁焊位合理</td><td>8</td><td>划线不正确，扣 5 分，限位摆放不正确扣 1～3 分</td></tr>
<tr><td>4</td><td>加热、煨制</td><td>加热弧长段正确；加热均匀；加热温度符合要求；成型后角度、直管间距正确，管子平整</td><td>8</td><td>加热不均匀扣 1～3 分；弯头椭圆度超标扣 1～4 分；成型不正确扣 1～8 分</td></tr>
</table>

行业：电力工程　　工种：锅炉受热面安装　　等级：中

编　　号	C04C003	行为领域	e	鉴定范围	2
考核时限	40min	题　　型	C	题　　分	50
试题正文	安装省煤器防磨瓦				
其他需要说明的问题和要求	1. 可在一名助手配合下操作 2. 现场就地操作、演示，不得触动运行设备 3. 注意安全，要文明操作、演示				
工具、材料、设备、场地	工具：电焊、火焊设施和工具 材料设备：防磨瓦及卡子 场地：省煤器组合场地				

评分标准	序号	操作步骤及方法	质　量　要　求	满分	扣　　分
	1	清点设备，对合金部件进行光谱复查	清点细致，复查彻底	20	清点不细致，复查不彻底，扣 10 分
	2	按照图纸对防磨瓦安装，先放置防磨瓦，然后对卡子进行点焊	动作熟练，防磨瓦内型和图纸一致，位置准确	30	方法不正确，扣 20 分

行业：电力工程　　工种：锅炉受热面安装　　等级：中

编　　号	C04C004	行为领域	e	鉴定范围	2
考核时限	60min	题　　型	C	题　　分	50
试题正文	安装饱和蒸汽管				
其他需要说明的问题和要求	1. 假设［8 槽钢的平面为汽包上的饱和蒸汽管最高的耳面，现在请在［8 槽钢上立起四个 L=400mm 的短管（成一条直线，管间距小于 1m，但不等），并用四个三通和 ϕ28×4mm 的管子将其连接 2. 有一高压焊工配合 3. 现场就地操作、演示，不得触动运行设备 4. 注意安全，要文明操作、演示				
工具、材料、设备、场地	工具：氩弧焊工具、割把、氧气乙炔、电磨头、角磨机 材料：四个 PN28.22，DN20 的三通，ϕ28×4mm，长 6mm 的 20G 钢管，［8 槽钢 4m 场地：施工现场				

评分标准	序号	操作步骤及方法	质　量　要　求	满分	扣　　分
	1	清点材料及设备，并划线下料，将 L_1=400mm 的短管垂直焊接在［8 的平面上（上端打好坡口的除锈）	思路清晰，动作熟练	5	下料方法不正确，扣 3 分
	2	将三通分别对正在立管上，请配合焊工点焊	三通成一条线，方向一致，对口无错口、折口	15	对口出现错口、折口，扣 10 分
	3	根据四个立管之间的距离进行下料，并将其两端打磨好坡口和去锈	动作熟练，坡口合乎规范，两端内外打磨出金属光泽	15	打磨不彻底，扣 5 分
	4	将短管放入立管上的三通之间，将四个立管连在一起	第三部下的管段能准确地将立管连接，最终连接成功，并无错口、折口，连线成一直线	15	连接不准确，扣 10 分

行业：电力工程　　工种：锅炉受热面安装　　等级：中

编号	C04C005	行为领域	e	鉴定范围	2
考核时限	60min	题型	C	题分	50
试题正文	安装顶棚管				
其他需要说明的问题和要求	1. 顶棚管穿过后屏及高温再热器 2. 两名助手配合下完成 3. 现场就地操作、演示，不得触动运行设备 4. 注意安全，要文明操作、演示				
工具、材料、设备、场地	工具：倒链、火焊设施和工具、对口卡子 材料：顶棚管一根 场地：锅炉顶棚过热器的安装现场				

评分标准	序号	操作步骤及方法	质量要求	满分	扣分
	1	通球，对合金管材进行光谱复查	通球球径符合规范要求	5	通球方法不正确，光谱分析不清，扣4分
	2	根据图纸，将顶棚管对号就位，放入安装位置	对号入座，就位正确	20	就位不正确，扣10分
	3	调整 将顶棚管的前一道焊口调整好，进行对口前准备	动作熟练，经修面和调整后具备对口条件	15	调整不到位，扣5分
	4	对口 将安装的管子和前一道管子对口焊接	对口无错口、无折口	10	对口出现错口、折口，扣5分

行业：电力工程　　工种：锅炉受热面安装　　等级：中

编　　号	C04C006	行为领域	e	鉴定范围	2
考核时限	4h	题　　型	C	题　　分	50
试题正文	安装刚性梁				
其他需要说明的问题和要求	1. 受热面组合时刚性梁安装 2. 要求在两名助手配合下操作处理 3. 现场就地操作演示 4. 注意安全，要文明操作、演示				
工具、材料、设备、场地	工具：电焊、火焊设施和工具，记号笔 材料及设备：2 根刚性梁 现场：已组合好的受热面管排上				

评分标准	序号	操作步骤及方法	质量要求	满分	扣分
	1	清点设备，编号	刚性梁标高（以上联箱为准）允许偏差±5mm	5	清点不细致，扣2分
	2	以受热面组件上集箱为基准，对刚性梁的标高位置进行定位	与受热面管中心距允许偏差±5mm	25	基准点不正确，扣10分
	3	刚性梁的安装位置用记号笔作出明显标记	刚性梁的弯曲或扭曲值允许偏差≤10mm	5	标记不明显，扣2分
	4	刚性就位后与组件连接		15	连接方式不正确，扣10分

行业：电力工程　　工种：锅炉受热面安装　　等级：初

编　号	C05C007	行为领域	e	鉴定范围	2
考核时限	8h	题　型	C	题　分	50
试题正文	搭设受热面组合支架				
其他需要说明的问题和要求	1. 要求在几名助手配合下进行操作处理 2. 现场就地操作、演示，不得触动运行设备 3. 注意安全，要文明操作、演示				
工具、材料、设备、场地	工具：电焊、火焊设施和工具，玻璃管水平仪，水平尺等 材料；搭设支架所用型材 场地：组合场				

评分标准	序号	操作步骤及方法	质　量　要　求	满分	扣　分
	1	划分组合场地，布置支墩，相互之间连接好	组合支架的尺寸符合组件的外形尺寸	15	支架搭设不适用，扣10分
	2	支架搭设必须牢固，相互连接必须可靠	组合支架应稳固牢靠，有足够的刚性	15	支架搭设不牢固，相互连接不可靠，扣15分
	3	用玻璃管水平仪，水平尺对所搭支架进行找正、找平	组合支架不应阻碍组合工作的进行，特别是不能影响施焊	20	找正方法不正确，扣15分

行业：电力工程　　工种：锅炉受热面安装　　等级：高

<table>
<tr><td colspan="2">编　　号</td><td>C03C008</td><td>行为领域</td><td>e</td><td>鉴定范围</td><td>2</td></tr>
<tr><td colspan="2">考核时限</td><td>4h</td><td>题　　型</td><td>C</td><td>题　　分</td><td>50</td></tr>
<tr><td colspan="2">试题正文</td><td colspan="5">锅炉大件找正</td></tr>
<tr><td colspan="2">其他需要说明的问题和要求</td><td colspan="5">1. 要求在两名助手配合下操作处理
2. 现场就地操作、演示
3. 注意安全，要文明操作、演示</td></tr>
<tr><td colspan="2">工具、材料、设备、场地</td><td colspan="5">工具：玻璃管水平仪、钢卷尺、水平尺
现场：已就位的受热面组件</td></tr>
<tr><td rowspan="5">评分标准</td><td>序号</td><td>操作步骤及方法</td><td>质　量　要　求</td><td>满分</td><td colspan="2">扣　　分</td></tr>
<tr><td>1</td><td>对组件的上（下）集箱（高顶板）进行标高、纵横向中心线进行找正</td><td rowspan="3">联箱与汽包之间（对汽包而言）水平方向的中心线距离，或联箱之间相互中心线距离的偏差不超过±3mm；联箱（及汽包）标高偏差不超过±5mm；汽包两端水平差不超过2mm，联箱两端水平差不超过3mm；联箱（汽包）纵横向中心线与锅炉梁柱中心线距离偏差不超过±5mm；按图纸要求，正确留出热胀间隙、拼缝间隙，应不超过30mm</td><td>15</td><td colspan="2">找正不准确，扣5分</td></tr>
<tr><td>2</td><td>对组件的垂直度进行找正</td><td>10</td><td colspan="2">找正不准确，扣5分</td></tr>
<tr><td>3</td><td>组件间的开档尺寸进行找正</td><td>10</td><td colspan="2">找正不准确，扣5分</td></tr>
<tr><td>4</td><td>在找正时首先应保证上部的准确性，然后再找正中部及下部。找正好应随即临时固定好</td><td>组件的各吊杆冷态时，应保持正、直，丝扣松紧适当</td><td>15</td><td colspan="2">施工步骤不正确，扣5分</td></tr>
</table>

行业：电力工程　　工种：锅炉受热面安装　　等级：中

<table>
<tr><td colspan="2">编　号</td><td>C04C009</td><td>行为领域</td><td>e</td><td>鉴定范围</td><td>2</td></tr>
<tr><td colspan="2">考核时限</td><td>8h</td><td>题　型</td><td>C</td><td>题　分</td><td>50</td></tr>
<tr><td colspan="2">试题正文</td><td colspan="5">组合省煤器管排</td></tr>
<tr><td colspan="2">其他需要说明的问题和要求</td><td colspan="5">1. 要求在两名助手配合下进行操作处理
2. 现场就地操作、演示，不得触动运行设备
3. 注意安全，要文明操作、演示</td></tr>
<tr><td colspan="2">工具、材料、设备、场地</td><td colspan="5">工具：电焊、火焊设施和工具，记号笔，对口卡子
材料及设备：省煤器上下管排组件
场地：省煤器组合场</td></tr>
<tr><td rowspan="6">评分标准</td><td>序号</td><td>操作步骤及方法</td><td>质量要求</td><td>满分</td><td colspan="2">扣　分</td></tr>
<tr><td>1</td><td>对通球试验合格的管排加装防蚀装置</td><td>组件宽度允许误差±5mm</td><td>10</td><td colspan="2">安装方法不正确，扣5分</td></tr>
<tr><td>2</td><td>按照省煤器上下管排的外形尺寸，相对位置等搭设组合支架</td><td>组件相应对角线允许误差≤10mm</td><td>10</td><td colspan="2">支架搭设不合理，扣4分</td></tr>
<tr><td>3</td><td>按尺寸分别将省煤器上下组件放置于组合支架上</td><td>放置方向正确</td><td>5</td><td colspan="2">放置不正确，扣3分</td></tr>
<tr><td>4</td><td>省煤器管子对口焊接</td><td>无错口、折口</td><td>15</td><td colspan="2">出现错口、折口，扣5分</td></tr>
<tr><td>5</td><td>对整个组件外形尺寸进行复查</td><td>尺寸复查必须准确</td><td>10</td><td colspan="2">尺寸复查不准确，扣5分</td></tr>
</table>

行业：电力工程　　　工种：锅炉受热面安装　　　　等级：高

编　　号	C03C010	行为领域	e	鉴定范围	2
考核时限	2h	题　　型	C	题　　分	50
试题正文	水冷壁的二次找正				
其他需要说明的问题和要求	1. 要求在两名助手配合下进行操作处理 2. 现场就地操作、演示，不得触动运行设备 3. 注意安全，要文明操作、演示				
工具、材料、设备、场地	工具：扳手、管钳、榔头 材料及设备：已安装到位的受热面设备 场地：现场				

评分标准	序号	操作步骤及方法	质　量　要　求	满分	扣　　分
	1	找正各组合件联箱纵向和横向中心线的位置	联箱与汽包之间的中心距离或联箱之间的中心距离误差为±3mm	20	中心线位置不正确，扣10分
	2	找正各组合件联箱的水平和标高	联箱标高误差为±5mm	5	标高误差大，扣4分
	3	找正各组合件管屏的垂直度	联箱两端的水平误差不大于2mm	5	垂直度不正确，扣2分
	4	检查组合件之间拼缝间隙、热膨胀间隙以及各吊杆的受力情况等	联箱中心线与锅炉梁柱中心线距离误差为±5mm 组合件垂直度误差不大于5mm	20	膨胀量不够，吊杆受力不均，扣10分
	5	将角钢放入联箱端部的两侧，并用电焊将角钢与联箱支架焊牢，防止联箱滚动	按图纸规定组合件间隙留有足够的膨胀间隙	10	加固不牢靠，扣5分
	6	一联箱找正后，以此联箱为基准，再用同样的方法进行另一联箱的找正	每一组件上的吊杆应垂直，受力均匀	15	步骤不正确，扣4分

行业：电力工程　　工种：锅炉受热面安装　　等级：中

编号		C04C011	行为领域	e	鉴定范围	2
考核时限		1h	题型	C	题分	50
试题正文		找正受热面联箱				
其他需要说明的问题和要求		1. 受热面组合时联箱找正 2. 要求在两名助手配合下进行操作、处理 3. 现场就地操作、演示 4. 注意安全，要文明操作设施和工具演示				
工具、材料、设备、场地		工具：电焊、火焊设施和工具，记号笔 材料及设备：已清理的受热面联箱 场地：受热面组合场				
评分标准	序号	操作步骤及方法	质量要求	满分	扣分	
	1	将联箱置于组合架上，先对上联箱或下联箱进行找正	两联箱中心线间的距离误差为±3mm以内，两联联箱对角线误差不大于10mm，水平度误差不大于2mm	5	找正不正确，扣2分	
	2	用水平尺检查联箱是否水平，进行初步找正		5	方法不正确，扣2分	
	3	用玻璃管水平仪测量联箱两端是否水平		5	方法不正确，扣2分	
	4	用玻璃管水平仪测量联箱的中心标高与组合架承托面的标高，联箱中心线标高比组合承托面标高高，数值等于管子的半径		10	计算不正确，扣3分	
	5	将角钢放入联箱端部的两侧，并用电焊将角钢与联箱支架焊牢，防止联箱滚动		10	加固不牢靠，扣5分	
	6	一联箱找正后，以此联箱为基准，再用同样的方法进行另一联箱的找正		15	步骤不正确，扣4分	

行业：电力工程　　工种：锅炉受热面安装　　等级：中

编　号		C04C012	行为领域	e	鉴定范围	2
考核时限		30min	题　型	C	题　分	50
试题正文		安装锅炉本体汽水连接管				
其他需要说明的问题和要求		1. 要求在两名助手配合下进行操作、处理 2. 现场就地操作、演示 3. 注意安全，要文明操作、演示				
工具、材料、设备、场地		工具：电焊、火焊设施和工具、记号笔、葫芦 材料及设备：2 根汽水连接管 场地：安装现场				
评分标准	序号	操作步骤及方法	质　量　要　求		满分	扣　分
	1	按照图纸清点连接管，并进行清理，进行光谱检查	清理细致，无漏项		5	清理漏项，扣 3 分；未进行光谱检查，扣 2 分
	2	用吊车将这些管子吊至适当的位置后，即可用链条葫芦逐根起吊就位，对口焊接	动作熟练，方法正确		10	动作不熟练，方法不正确，扣 3 分
	3	连接管的就位程序，一般是先将长的管子就位，再将短的管子就位	管道要安装得横平竖直，对口正确		15	方法不正确，扣 5 分
	4	连接管在安装中，要求对口必须对正	管道安装要有一定的坡度值		10	出现错口、折口，扣 4 分
	5	连接管在对口时，不应强形对口，可利用烘把加热弯头的方法来解决	任何事物都不得对管道的热膨胀发生阻碍		10	施工方法不得当，扣 3 分

5 试卷样例

中级锅炉受热面安装工知识要求试卷

一、选择题（每题 1 分，共 25 分）

下列每题都有 4 个答案，其中只有一个正确答案，将正确答案的标号填入括号内。

1. 为防止省烟器磨损，我们一般采用（　　）的方法。

（A）限制流速；（B）焊防磨钢条；（C）加防磨护瓦；（D）降低烟气中颗粒浓度。

2. 锅炉启动时间，对（　　）而言是指从点火至并汽所需要的时间。

（A）母管制锅炉；（B）单元制锅炉；（C）以上两种制式锅炉；（D）不能确定。

3. 为防止炉水中沉渣、铁锈在水冷壁内壁上结垢，从蒸发受热面的（　　）进行定期排污。

（A）顶端；（B）中部；（C）最低点；（D）两侧。

4. 汽包内汽水分离装置波形板分离器主要是利用（　　）原理。

（A）重力分离；（B）惯性分离；（C）离心分离；（D）水膜分离。

5. 直流锅炉实际上适宜（　　）。

（A）低压；（B）中压；（C）亚临界、超临界；（D）高、超高压力。

6. 电源为三角形连接时，线电流是相电流的（　　）。

（A）1 倍；（B）$\sqrt{2}$ 倍；（C）$\sqrt{3}$ 倍；（D）2 倍。

7. 锅炉有效利用热量占输入锅炉热量的百分数叫做锅炉

的（　　）。

（A）热能利用系数；（B）热效率；（C）制冷系数；（D）热量利用系数。

8. 表明材料导热性能的主要物理量是（　　）。

（A）热阻；（B）热流密度；（C）热导率；（D）导热面积。

9. 钳工的主要任务是对产品进行零件（　　），此外还担负机械设备的维护和修理等。

（A）加工；（B）加工和装配；（C）维护；（D）维护和修理。

10.（　　）导热系数可达到减小导热热阻的目的。

（A）降低；（B）增大；（C）不变；（D）不确定。

11. 当对已全部汽化的水继续定压加热时，其温度（　　）此压力下的饱和温度。

（A）小于；（B）等于；（C）大于；（D）不确定。

12. 当蒸汽初温和初压保持不变，排汽压力升高时，循环热效率（　　）。

（A）减小；（B）不变；（C）增大；（D）不确定。

13. 蒸汽参数对循环热效率的影响是：蒸汽初压和排汽压力不变，提高蒸汽初温，热效率（　　）；若蒸汽初温与排汽压力不变，要使热效率提高，可以（　　）蒸汽初压。

（A）增大；（B）减小；（C）不变；（D）不确定。

14. 材料的导热能力越强，则其导热系数（　　）。

（A）越小；（B）无关系；（C）越大；（D）不确定。

15. 功和（　　）是能量传递的两种基本方式。

（A）热量；（B）动能；（C）位能；（D）内能。

16. 质量管理的目的在于通过让顾客和本组织所有成员及社会受益而达到长期成功的（　　）。

（A）技术途径；（B）经营途径；（C）管理途径；（D）科学途径。

17. 质量检验按检验方式分可分为（　　）。

（A）自检、互检、专检；（B）免检、全检、抽检；（C）自检、免检、专检；（D）免检、全检、专检。

18. 单位时间内通过固体壁面的导热热量与两壁表面温度差成（　　），与壁厚成（　　）。

（A）正比；（B）反比；（C）线性关系；（D）不确定。

19. 电压 U_{ab} 是电场力移动（　　）由 a 到 b 所做的功。

（A）单位负电荷；（B）单位正电荷；（C）中子；（D）电子。

20. 现场管理是对生产或服务现场进行（　　）。

（A）质量监督；（B）质量管理；（C）质量形成；（D）质量评估。

21. 任何热力循环的热效率永远（　　）。

（A）小于 1；（B）大于 1；（C）等于 1；（D）小于零。

22. （　　）用主钩和副钩同时升降载荷。

（A）禁止；（B）可以；（C）必须；（D）不可以。

23. 桥式起重机大小钩制动轮壁厚磨损已减小到原来壁厚的（　　）时，不许再继续使用。

（A）1/3；（B）1/2；（C）2/3；（D）3/4。

24. 钢直尺使用完毕，将其擦拭干净，悬挂起来或平放在平板上，主要是为了防止钢直尺（　　）。

（A）碰毛；（B）弄脏；（C）变形；（D）生锈。

25. 普通低合金结构钢焊接时，最容易出现的焊接裂纹是（　　）。

（A）裂纹；（B）再热裂纹；（C）冷裂纹；（D）层状撕裂。

二、判断题（每题 1 分，共 25 分）

判断下列描述是否正确。对的在括号内打“√”，错的在括号内打“×”。

1. 电荷在导体中做定向运动，称为电流。（　　）

2. 分子运动和物质的温度无关。（　　）

3. 比体积和密度是互不相关联的概念。（　　）

4. 工质熵的变化量 Δs 若是增加的，表明工质吸热；反之为放热。（ ）

5. 温度是指物体的冷热程度，热量是指靠温差而传递的能量，所以二者的含义不同。（ ）

6. 理想气体或可以被视作理想气体的工质，当其温度不变时，压力和比体积成反比。（ ）

7. 因为温度不变，所以工质肯定不吸热，也不放热。（ ）

8. 如果工质对外做功，则其肯定吸热了。（ ）

9. 钢是铁和碳的合金，含碳量在 2%以下的铁碳合金属于钢，即可被称作钢。（ ）

10. 壁温≤500℃的受热面管，以及水冷壁管、省煤器管所用钢材一般为优质碳素钢 20 号钢。（ ）

11. 把淬火后的钢再进行高温回火的热处理方法管为调质处理。（ ）

12. 钢的弹性极限，是指材料未发生永久变形时达到的最大应力。（ ）

13. 法定计量单位中，长度单位千米，其单位符号用 km 表示。（ ）

14. 法定计量单位中，时间单位小时，其单位符号用 h 表示。（ ）

15. 一般在常温、常压下，选用金属垫片。（ ）

16. 高压阀门的衬垫主要使用金属齿形垫。（ ）

17. 力矩反映的是力对某一点的转动效果。（ ）

18. 将大小相等，方向相反，作用线在一条直线上的两个力称为力偶。（ ）

19. 一个工程大气压等于 9800mm 水柱产生的压力。（ ）

20. $1kgf/cm^2$ 等于 1 个工程大气压。（ ）

21. 锅炉每小时产生蒸汽的量，称为锅炉出力，常用符号

D 表示，单位 t/h。（ ）

22. 锅炉受热面部件主要包括汽包、联箱、水冷壁、下降管、空气预热器、省煤器、过热器及再热器等。（ ）

23. 分部试运是对各单项设备或系统，在投入整套试运前进行单独试运行，其目的是尽可能提前发现和消除缺陷，以保证机组整套联合试运安全顺利地进行。（ ）

24. 火力发电厂的三大主机是指锅炉、汽轮机、主变压器。（ ）

25. 过热器作用是把水加热成一定参数的过热蒸汽。（ ）

三、简答题（每题 5 分，共 15 分）

1. 什么叫电流和电流强度？

2. 水压试验分为哪两种？其合格标准如何？

3. 膜式水冷壁组合有什么特点？

四、计算题（每题 7.5 分，共 15 分）

1. 在 1.296t 负荷下，弹簧长度由 218mm 变成 148mm，试计算弹簧刚度。

2. 有 R_1、R_2 两个电阻，并联后接入电压是 6V 的电路中。已知通过 R_2 的电流强度是 0.1A，R_1=30Ω，求干路上的电流强度和并联后的总电阻。

五、绘图题（10 分）

由立体图图 1 作三视图。

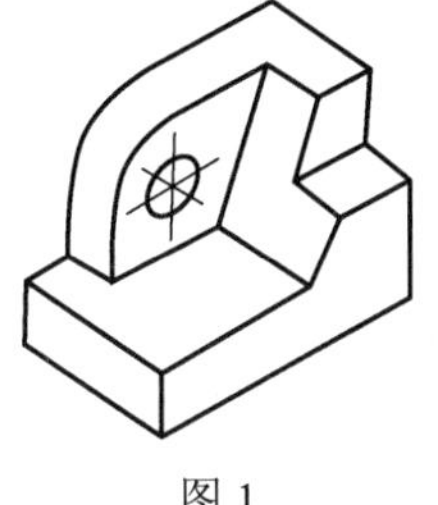

图 1

六、论述题（10 分）

试述锅炉受热面组合时，哪些设备需要进行单根单排管水压试验？哪些组件需进行整体水压试验？为什么？

中级锅炉受热面安装工技能要求试卷

一、安装滑动支架（20 分）

二、安装刚性吊架（30 分）

三、安装安全阀排汽管（50 分）

中级锅炉受热面安装工知识要求试卷答案

一、选择题

1.（C）；2.（A）；3.（C）；4.（D）；5.（C）；6.（C）；7.（B）；8.（C）；9.（B）；10.（B）；11.（C）；12.（A）；13.（A）；14.（C）；15.（A）；16.（C）；17.（A）；18.（B）；19.（B）；20.（B）；21.（A）；22.（A）；23.（C）；24.（C）；25.（C）

二、判断题

1.（√）；2.（×）；3.（×）；4.（√）；5.（√）；6.（√）；7.（×）；8.（×）；9.（√）；10.（√）；11.（√）；12.（√）；13.（×）；14.（×）；15.（×）；16.（√）；17.（√）；18.（×）；19.（×）；20.（√）；21.（√）；22.（×）；23.（√）；24.（×）；25.（×）

三、简答题（每题 5 分，共 15 分）

1. 答：电流是指在电场力的作用下，自由电子或离子所发生的有规则的运动称为电流。电流强度指单位时间内通过导体某一截面电荷量的代数和，它是衡量电流强弱的物理量。可用公式 $I=Q/t$ 表示。式中 I 为电流强度（A）；Q 为电荷量（C）；t 为电流通过的时间（s）。

2. 答：水压试验可分为两种：① 试验压力为工作压力的水压试验；② 试验压力为 1.25 倍工作压力的水压试验；

水压试验的合格标准：① 关闭上水门，停止给水泵后，经过 20min，汽包压力下降值不大于 0.5MPa；② 受压元件金属壁和焊缝没有漏泄现象；③ 受压元件没有明显的残余变形。

3. 答：① 管排在组合架上要进行外形尺寸的检查和调整。② 管排对接不同于光管单根管子的对接。在对口焊接前，要预先对该管排全部焊口的对口间隙进行全面测量，并按对口间隙大小分类标出。对间隙适中的焊口先进行焊接，由于焊口焊接收缩，将使间隙稍大焊口改变成可以焊接的接口。对于间隙过小或大焊口均采取割管或接管处理，不允许采用热胀对口，在焊接顺序上还要考虑对称和交叉焊的方法。

四、计算题（每题 7.5 分，共 15 分）

1. 解：求出弹簧变形量

$$\delta=218-148=70\text{mm}=7\text{cm}$$

将负荷化为 $P=\dfrac{1296\times9.8}{1000}=12.7\text{kN}$

计算出弹簧刚度

$$c=\frac{P}{\delta}=\frac{12.7}{7}=1.81\text{（kN/cm）}$$

答：弹簧刚度为 1.81kN/cm。

2. 解：先画出电路图，如图 2 所示，已知 U=6V，R_1=30Ω，I_2=0.1A。

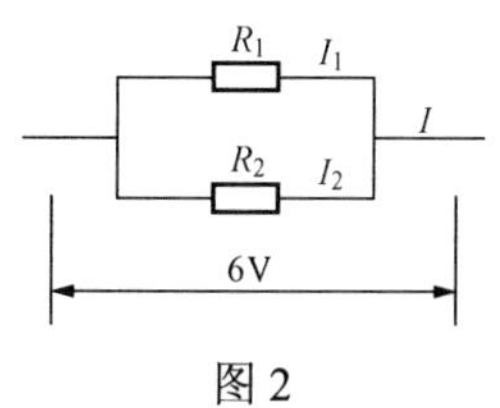

图 2

根据公式计算

$$I_1=\frac{U}{R}=\frac{6}{30}=0.2\text{A}$$

$$I=I_1+I_2=0.2+0.1=0.3\text{A}$$

$$R=\frac{U}{I}=\frac{0.6}{0.3}=20\Omega$$

答：干路上的电流强度是 0.3A，并联后的总电阻是 20Ω。

五、绘图题（10 分）

答：见图 3。

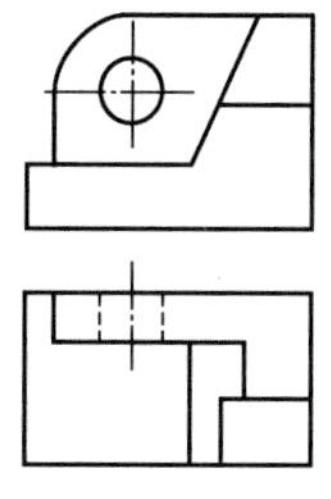
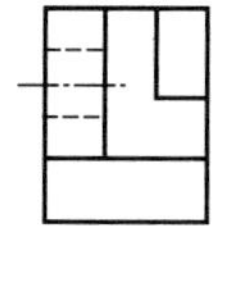
图 3

六、论述题（10 分）

答：（1）对组装后发现缺陷不易处理的管子，需进行一次单管水压试验。对省煤器蛇形管，过热管、再热器蛇形管一般都应进行单排水压试验；因为省煤器在组合后管排密集，不易发现与消除缺陷；过热器、再热器蛇形管组合后不进行组件水压试验，待到锅炉整体水压试验时发现缺陷也不便于处理。因此，省煤器、过热器、再热器蛇形管需进行单排管水压试验，以便及时发现缺陷，予以消除。

（2）带炉墙的水冷壁组件，带炉墙的包覆过热器组件在组合炉墙前应先做组件水压试验。因为炉墙施工后，受热面管缺陷不易检查和消除，预先进行水压试验，便于及时发现和消除缺陷。

中级锅炉受热面安装工技能要求试卷答案

一、答：见表 1。

表 1

编　　号	C54A002	行为领域	e	鉴定范围	2
考核时限	20min	题　　型	A	题　　分	20
试题正文	安装滑动支架				
其他需要说明的问题和要求	1. 在一已安装好的管道上安装滑动支架 2. 要求单独进行操作处理 3. 现场就地操作、演示 4. 注意安全，要文明操作、演示 5. 光谱分析员配合工作				
工具、材料、设备、场地	工具：电焊设备、扳手 材料：滑动支架及其附件 场地：施工现场				
评分标准	序号	操作步骤及方法	质　量　要　求	满分	扣　　分
	1	清点设备，对合金部件进行光谱分析	清点细致，光谱分析无漏项	5	对每件合金件进行光谱分析，如未检查，扣 3～5 分
	2	支吊架生根部分安装	动作熟练，安装正确	8	生根部位不正确，扣 1～3 分
	3	根部找正点焊	找正准确，点焊牢靠	3	找正不正确，点焊不牢靠，扣 1～3 分
	4	调整根部，进行焊接	调整正确，焊接可靠	4	调整不到位，焊接不可靠，扣 2 分

二、答：见表2。

表2

编号	C54B001	行为领域	e	鉴定范围	2
考核时限	40min	题型	B	题分	30
试题正文	安装刚性吊架				
其他需要说明的问题和要求	1. 已知吊架生根点与管子中心线（管子为108）距离为2m，安装标高为2m 2. 要求单独进行操作处理 3. 现场就地操作、演示，不得触动运行设备 4. 注意安全，要文明操作、演示				
工具、材料、设备、场地	工具：扳手、电焊设施和工具 材料：螺纹吊杆$\phi 12$，L=1710，单槽钢座，F8.01；垫板，F3.12；六角螺耳，F1.12；六角扁螺纹 F2.12（两个）；环形垫片 F4.12；环形耳子 L7.12；三孔矩管夹 D2.1085 一个 现场：现场有一假定标高1m的基准，生根点有一处预留标高为4m				
评分标准	序号	操作步骤及方法	质量要求	满分	扣分
	1	由基准标高确定管子标高，把基准1m引到吊架下方，依此找出2m标高	测量方法正确，找到的标高正确 测量数据正确，划线清晰	5	标高不正确，扣4分
	2	测量划线：用米尺测量管子中心到生根点的距离，在3m标高处划线	环形耳子与吊杆组合时，六角扁螺母要加在环形耳子上，以起到锁紧作用	5	测量划线方法不准确，扣4分
	3	安装三孔管夹，将环形耳子、方角扁螺母及吊杆进行组合，对组合长度进行测量。依此测量数据确定单槽钢管座的安装位置，并点焊	六角扁螺母、六角螺母、环形垫圈垫板依次安装，安装位置顺序正确，吊架重，悦目，三孔管夹中心位置与要求标高误差小于3mm	10	安装方法不正确，扣5分
	4	安装调整：对吊架进行安装，调整螺母及环形耳子，使吊夹符合标高要求		10	安装调整不到位，扣5分

三、答：见表3。

表3

编　　号	C04C001	行为领域	e	鉴定范围	2
考核时限	60min	题　　型	C	题　　分	50
试题正文	安装安全阀排汽管				
其他需要说明的问题和要求	1. 汽包安全阀阀座已经安装就位，排汽管垂直安全阀 2. 要求单独进行操作处理 3. 现场就地操作、演示，不得触动运行设备 4. 注意安全，要文明操作、演示				
工具、材料、设备、场地	工具：葫芦，机具，电焊、火焊设施和工具，记号笔，记录本 材料：安全阀排汽管道 场地：安装现场				

评分标准	序号	操作步骤及方法	质　量　要　求	满分	扣　　分
	1	检查安装阀疏水盘，并清理干净其内的杂物	工作彻底，清除干净	3	工作不彻底，清除不干净，扣2分
	2	用倒链将排汽管移至安全阀疏水盘上方	动作熟练	7	动作不熟练，扣2分
	3	用倒链控制使排汽管慢慢向疏水盘内下落，并在适当时候用倒链校正排汽管道垂直	要求留出热膨胀间隙，使汽包和管道都能自由膨胀，排汽管与疏水盘底部预留 20～30mm 空隙	10	方法不正确，扣3分
	4	用线锤复查安全阀垂直度，如不垂直，再进行调整，并对水平位置和与疏水盘的间隙进行调整	工艺美观，安装牢固	15	调整不到位，扣5分
	5	对排汽管支架进行安装	安装方法正确	15	安装方法不正确，扣3分

6 组卷方案

6.1 理论知识考试组卷方案

技能鉴定理论知识试卷每卷不应少于五种题型，其题量为45～60题（试卷的题型与题量的分配，参照附表）。

试卷的题型与量的分配（组卷方案）表

题型	鉴定工种等级		配分	
	初级、中级	高级工、技师	初级、中级	高级工、技师
选择	20题（1～2分/题）	20题（1～2分/题）	20～40	20～40
判断	20题（1～2分/题）	20题（1～2分/题）	20～40	20～40
简答/计算	5题（6分/题）	5题（5分/题）	30	25
绘图/论述	1题（10分/题）	1题（5分/题） 2题（10分/题）	10	15
总计	45～55	47～60	100	100

高级技师的试卷，可根据实际情况参照技师试卷命题，综合性、论述性的内容比重加大。

6.2 技能操作考核方案

对于技能操作试卷，库内每一个工种的各技术等级下，应最少保证有5套试卷（考核方案），每套试卷应由2～3项典型操作或标准化作业组成，其选项内容互为补充，不得重复。

技能操作考核由实际操作与口试或技术答辩两项内容组成，初、中级工实际操作加口试进行，技术答辩一般只在高级工、技师、高级技师中进行，并根据实际情况确定其组织方式和答辩内容。